"十三五"职业教育规

DIANLU JI CILU

电路及磁路

主编 路桂明 王 滟
编写 孙飞月
主审 孙爱东

中国电力出版社
CHINA ELECTRIC POWER PRESS

内 容 提 要

本书为"十三五"职业教育规划教材。

本书共分 9 个项目，分别为直流照明电路的分析、等效变换法求解复杂电路、多网孔多支路电路的求解方法、日常家庭照明电路的分析与安装、变压器电路的分析、无线调频耳机的制作、三相彩灯负载电路的接线与测试、晶闸管过电压保护电路的制作、磁路和铁芯线圈电路。

本书可供高职高专电类各专业教学使用，任课教师可根据各专业的特点、需要和学时数，取舍有关内容，也可供从事电子、电力、电信等行业的工程技术人员学习参考。

图书在版编目（CIP）数据

电路及磁路/路桂明，王滟主编. —北京：中国电力
出版社，2016.8
"十三五"职业教育规划教材
ISBN 978-7-5123-9580-0

Ⅰ.①电… Ⅱ.①路… ②王… Ⅲ.①电路-高等职业教育-教材②磁路-高等职业教育-教材 Ⅳ.①TM13 ②TM14

中国版本图书馆 CIP 数据核字（2016）第 169398 号

中国电力出版社出版、发行
（北京市东城区北京站西街 19 号 100005 http://www.cepp.sgcc.com.cn）
北京雁林吉兆印刷有限公司印刷
各地新华书店经售

*

2016 年 8 月第一版 2016 年 8 月北京第一次印刷
787 毫米×1092 毫米 16 开本 18.5 印张 447 千字
定价：**37.00 元**

前　　言

　　本书是依据教育部制定的《高等学校工程专科电路及磁路课程教学基本要求》并结合编者多年讲授该课程的经验编写而成。本书精选了传统电路理论的内容，并增加了应用Multisim10.0软件仿真分析电路和安装、制作、调试一些实用电路的内容。

　　在编写本书的过程中，考虑到高职高专学生数学基础较薄弱的实际情况，编者严格把握深度，内容以适量、实用为度，不贪多求难，力求叙述简练，概念清晰，通俗易懂。由于高职高专教育的目的是培养应用型高级专门人才，侧重于培养学生解决生产实际问题的能力，因而在教学中以掌握概念、强化应用为重点。基于此，对于必需的基本概念、基本定律定理和基本分析方法在要求理解和掌握的基础上，更强调理论的应用。为使理论和实践相结合，编者选择了一些日常生活和生产实际中常接触到的实际电路为电路模型，利用Multisim10.0电路仿真软件加以分析，以加深学生对相关知识点的理解和记忆，并将动手制作调试这些实际电路作为技能点，以锻炼学生的动手能力，实现项目化教学的"学中做，做中学"的培养目标。另外，根据教学实践中学生普遍反映理论易懂、习题难解的情况，本书增加了一些典型习题分析，旨在加深学生对所学理论的进一步理解。本书每个项目均附有小结，对本项目内容作出比较系统、完整的归纳，以帮助学生更深入地理解和全面掌握本项目内容。

　　通过本书的学习，要求学生掌握电路的基本概念、基本定律和基本的分析计算方法，理解磁路的特点，会计算简单的磁路，为学习后续课程准备必要的电路及磁路知识。

　　本书由南通职业大学路桂明和王滟主编。路桂明编写绪论、项目一至项目三、项目五、项目九，并负责全书的组织策划和定稿工作；王滟编写项目四、项目六至项目八。南通职业大学孙飞月和陈卫兵两位教授参与了部分项目的编写工作，江苏现代电力科技股份有限公司顾曹新高级工程师为本书提供了部分项目案例。本书由山西电力职业技术学院孙爱东主审，提出了宝贵的修改意见，另外在编写过程中借鉴了不少同行编写的教材和资料，受到不少启发，在此一并表示衷心的感谢。

　　限于编者水平，书中难免存在不妥和错误之处，恳请读者和使用本书的同行批评指正。

编 者

2016 年 5 月

目　　录

绪论　走进电的奇妙世界

　　电在日常生活中无处不在（见图 0-1、图 0-2），手机、电视、电脑、电梯、电气设备和工厂生产等没有电是运行不起来的。那么电到底是什么，电又是如何产生和发现的呢？

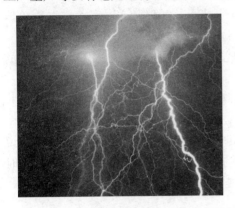

图 0-1　闪电

图 0-2　高压输电线

一、电的产生和发现

　　人们用梳子梳理干燥的头发或在干燥的天气换衣服时，常常会听到噼里啪啦的声音，如果是在光线较暗的地方，还会看到一些微小的火花。这时将摩擦过的梳子或衣服放到一撮纸屑的旁边，纸屑就会被吸起来，这种现象就是摩擦起电。

　　实际这些现象在很多年前，就已被古代的人们发现了。早在 2500 多年前，古希腊有一个叫塞利斯的人发现，用毛皮去摩擦琥珀（一种天然宝石），这块被摩擦过的琥珀能吸引一些像绒毛、麦秆等一些轻小的东西。那时候的人们无法解释这种现象，只好说：琥珀中存在一种特殊神力，他们把这种特殊神力称作"电"。电就是从希腊文的"琥珀"这个词演变而来的。现在大家都知道用丝绸摩擦过的玻璃棒带的电荷为正电荷，用毛皮摩擦过的橡胶棒带的电荷为负电荷。同种电荷互相排斥，异种电荷互相吸引，这是电荷间的相互作用。

　　关于"电力""电磁力"专业术语的来源，相传公元 1600 年，英国医生吉尔伯特发现用摩擦的方法不但可以使琥珀具有吸引轻小物体的性质，而且可以使玻璃棒、硫黄、瓷、松香等也具有吸引轻小物体的性质。吉尔伯特经过多年的实验，发现有两种不同性质的电，一种是用丝绸摩擦玻璃棒，玻璃棒能吸起像纸屑、木屑之类的轻小物体，他称这种吸引力为带电现象。他将两根用丝绸摩擦过的玻璃棒靠在一起，发现它们相互排斥，于是就把玻璃棒带的电，称为"玻璃电"（即正电）；另一种是用毛皮摩擦松香也产生带电现象，用毛皮摩擦过的松香靠近用丝绸摩擦过的玻璃棒，发现这两者相互吸引，于是他将松香所带的电称为"松香电"（即负电）。这就是人们所讲的同种电相互排斥、异种电相互吸引的现象。吉尔伯特把这种吸引力称为"电力""电吸引"，关于电的很多专用术语也是从他而来，因此许多人称他是电学研究之父。

关于电，还有一个莱顿瓶的有趣实验。1745 年，普鲁士（德国的前身）的一位副主教克莱斯特做了一个实验。他利用一根导线将摩擦起电装置上的电引向装有铁钉的玻璃瓶，使瓶子充电，当他的手触及铁钉时，感到猛烈的一击。实际上这是一次放电现象，铁钉上聚集的电穿过人体（人体就是一种导体），使人感受到强烈的电的震动。1746 年，荷兰人莱顿在上述实验的启发下做成了莱顿瓶（见图 0-3）。莱顿瓶实际上是一个玻璃瓶，瓶的外面和里面均贴上像纸一样的银箔，将摩擦起电装置所产生的电用导线引到瓶内的银箔上面，而将瓶外壁的银箔接地，这样就可以使电在瓶内聚集起来。如果用一根导线把瓶内的银箔和瓶外壁的银箔连接起来，则产生放电现象，引起电火花，发生响声，并伴随着一种气味。简单地说，莱顿瓶和我们今天的电容器相同，但莱顿瓶的实验对电学的发展具有很大的推动作用。

关于"电流"术语的提出，18 世纪中叶美国大电学家本杰明·富兰克林（见图 0-4）的第一个重大贡献，就是发现了"电流"，进一步揭示了电的性质。1747 年，他在给朋友的一封信中提出关于电的"单流说"。他认为电是一种没有重量的流体，存在于所有的物体之中，如果一个物体得到了比它正常的分量更多的电，它就被称为带正电（或"阳电"）；如果一个物体失去了比它正常份量更少的电，它就被称为带负电（或"阴电"）。根据富兰克林的说法，经常移动的是正电，所谓放电就是正电流向负电的过程。富兰克林的这个说法，在当时确实能够比较圆满地解释一些电的现象，但对于电的本质的认识与我们现在的看法却相反。

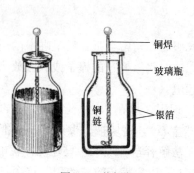

图 0-3　莱顿瓶

图 0-4　本杰明·富兰克林

富兰克林对电学的另一重大贡献，是 1752 年著名的风筝实验。他用金属丝把一个很大的风筝放到云层里去，金属丝的下端接了一段绳子，另外金属丝上还挂了一串钥匙。当时富兰克林一手拉住绳子，用另一手轻轻触及钥匙时，立即感到一阵猛烈的冲击（电击），同时还看到手指和钥匙之间产生了小火花。这个实验表明：与风筝相连接的金属丝变成了导体，将空中闪电的电荷引到手指与钥匙之间，同时也证明，天空的闪电和地面上的电是一回事。

富兰克林对电流现象的研究，对于人们深入研究电学和电磁现象有着重要的意义。现在大家知道，电流就是电荷向一定方向的移动，在金属导体中的电流是靠自由电子的运动形成的。电流通过电路时，会产生许多新的效应，如电流通过电灯的时候，电灯发热发光；电流通过电风扇的时候，电风扇能转动；电流可使蓄电池充电；可带动电动机做功等。这些现象表明，电流也是一种能量传输过程，电能可以通过各种特定的器件转化为其他形式的能量。

关于"伏打电池"，1800 年春季，有关电流起因的争论有了进一步的突破。伏打（见图

0-5）在他自己看法的指导下发明了"伏打电池"（见图 0-6）。这种电池是由一系列圆形锌片和银片相互交叠而成的装置，在每一对银片和锌片之间，用一种在盐水或其他导电溶液中浸过的纸板隔开。银片和锌片是两种不同的金属，盐水或其他导电溶液作为电解液，它们构成了电流回路。现在看来，这只是一种比较原始的电池，是由很多锌电池连接而成为电池组，但在当时的历史时期，伏打能发明这种电池确实是很不容易的。伏打电池可以说是伏打赠给 19 世纪的宝贵礼物。他的发明为电流效应的应用开创了前景，并很快成为进行电磁学和化学研究的有力工具。

图 0-5 伏打　　　　　　　　　　　图 0-6 伏打电池

　　1821 年，英国人法拉第（见图 0-7）完成了一项重大的电发明。1819 年，奥斯特发现如果电路中有电流通过，它附近的普通罗盘的磁针就会发生偏移。法拉第从中得到启发，认为假如磁铁固定，线圈就可能会运动。根据这种设想，他发明了一种装置，在装置内，只要有电流通过线路，线路就会绕着一块磁铁不停地转动。法拉第又坚持研究很久得出结论：金属线与磁石之间的相对运动是产生感应电流的必要条件。他又进一步引入了磁力线的概念，总结出被后人称为法拉第电磁感应定律的定理。为了使磁电为人类所用，他又制造了世界上第一台电磁感应发电机。当然，这一部发电机是很简陋的，却是日后所有发电机的祖先。

　　200 多年过去了，尽管现在发电机的种类繁多，如同步发电机、异步发电机等，容量从几微瓦到上亿瓦，发电方式各不相同，有火力发电、水力发电、风能发电、核能发电等，但是它们的原理却与法拉第造的第一台发电机的原理是相同的，都是法拉第电磁感应原理。

　　随着科技的发展，德国人维尔纳·冯·西门子（Siemens）于 1866 年制成世界上第一台工业用发电机。1869 年，比利时人格拉姆制成了环形电枢，发明了环形电枢发电机，这种发电机是用水力来转动发电机转子的，经过反复改进得到了 3.2kW 的输出功率。由于科技的不断发展和进步，电逐渐进入人们的生活，变成了不可或缺的部分。

二、现代社会，电能的获取

现代社会，电能是如何获得的呢？

图 0-7 法拉第

日常生活中使用的电能主要来自其他形式能量的转换，包括水能（水力发电）、内能（俗称热能、火力发电）、核能（核能发电）、风能（风力发电）、化学能（电池）及光能（光电池、太阳能电池等）等（见图0-8～图0-11）。电能可转换成其他形式的能量，也可以进行远距离传输。

图0-8　水力发电

图0-9　火力发电

图0-10　核能发电

图0-11　风力发电

水力发电是利用河流、湖泊等位于高处具有势能的水流至低处，将其中所含势能转换成水轮机的动能，再借水轮机为原动力，推动发电机产生电能。水力发电厂所发出的电力电压较低，要输送给距离较远的用户，就必须将电压经过变压器增高，再由输电线路输送到用户集中区的变电站，最后降低为适合家庭用户、工厂用电设备的电压，并由配电线路输送到各个工厂及家庭。水能是一种取之不尽、用之不竭、可再生的清洁能源。但为了有效利用天然水能，需要人工修筑能集中水流落差和调节流量的建筑物，如大坝、引水管涵等，因此工程投资大、建设周期长。但水力发电效率高，发电成本低，机组启动快，调节容易。

火力发电是利用煤、石油、天然气等固体、液体、气体燃料燃烧时产生的热能来加热水，使水变成高温、高压水蒸气，然后再由水蒸气推动汽轮机转动，再带动发电机来发电。火力发电中存在着三种型式的能量转换过程：燃料化学能→蒸汽热能→机械能→电能。以煤、石油或天然气作为燃料的发电厂统称为火力发电厂。在火力发电方面，燃气轮机和蒸汽轮机发电厂目前已经实现了迄今最高的能源效率。

核电站用的燃料是铀，铀是一种很重的金属，用铀制成的核燃料在一种叫"反应堆"的设备内发生裂变而产生大量热能，再用处于高压力下的水把热能带出，在蒸汽发生器内产生蒸汽，蒸汽推动汽轮机带着发电机一起旋转，电就源源不断地产生出来，并通过电网送到四面八方。这也是最普通的压水反应堆核电站的工作原理。

　　风力发电是把风的动能转变成机械能，再把机械能转化为电能。风力发电的原理，是利用风力带动风力发电机的叶片旋转，再通过增速机将旋转的速度提升，来促使发电机发电。依据目前的风车技术，大约是 3m/s 的微风速度（微风的风速），便可以开始发电。风力发电正在世界上形成一股热潮，因为风力发电不需要使用燃料，也不会产生辐射或空气污染。

　　电池（见图 0-12）是指盛有电解质溶液和金属电极以产生电流的杯、槽或其他容器或复合容器的部分空间，能将化学能转化成电能的装置，具有正极、负极之分。随着科技的进步，电池泛指能产生电能的小型装置，如太阳能电池。电池的性能参数主要有额定容量、额定电压、充放电速率、阻抗和寿命等。利用电池作为能量来源，可以得到稳定电压和稳定电流，并可以长时间稳定供电。电池结构简单，携带方便，充放电操作简便易行，不受外界气候和温度的影响，在现代社会生活中的各个方面发挥很大作用。

　　太阳能发电有两大类型：一类是太阳光发电（也称太阳能光发电），另一类是太阳热发电（也称太阳能热发电）。太阳能光发电是将太阳能直接转变成电能的一种发电方式，包括光伏发电、光化学发电、光感应发电和光生物发电 4 种形式。太阳能热发电是先将太阳能转化为热能，再将热能转化成电能（见图 0-13）。

图 0-12　电池　　　　　　　　图 0-13　太阳能热发电

　　沼气发电（见图 0-14）是随着大型沼气池建设和沼气综合利用的不断发展而出现的一项沼气利用技术。它将厌氧发酵处理产生的沼气用于发动机上，并装有综合发电装置，以产生电能和热能。沼气发电具有创效、节能、安全和环保等特点，是一种分布广泛且价廉的分布式能源。它利用工业、农业或城镇生活中的大量有机废弃物（如酒糟液、禽畜粪、城市垃圾和污水等），经厌氧发酵处理产生的沼气，驱动沼气发电机组发电，并可充分将发电机组的余热用于沼气生产。

　　地热发电（见图 0-15）将地下热能转换为机械能，然后再将机械能转换为电能。根据地热能的储存形式，地热能可分为蒸汽型、热水型、干热岩型、地压型和岩浆型 5 类。从地热能的开发和能量转换的角度来说，上述 5 类地热资源都可以用来发电，但目前开发利用较多的是蒸汽型及热水型两类资源。地热发电的优点是：一般不需燃料，发电成本多数情况下都比水电、火电、核电要低，设备的利用时间长，建厂投资一般都低于水电站，且不受降雨等季节变化的影响，发电稳定，可以大大降低环境污染等（见图 0-15）。

图 0-14　沼气发电　　　　　　　　　　　　图 0-15　地热发电

三、关于电路及磁路的学习方法

本书按照由简到难，由直流到交流的顺序编排，学习时可以按照书中目录对应的知识点，系统地学习，注重学习质量，减少知识断层。

作为电类专业的一门基础课程，学习电路及磁路时要尽量做到以下几点：

（1）课前预习。课前预习可以对学习内容的重点、难点做到心中有数，带着预习中未解决的问题听课，可以使听课更有目的性，提高听课效率。

（2）作好课堂笔记。课堂笔记记录课程的重点、难点，以及在听课过程中尚未完全理解的内容，以便课后进一步学习。学习时可以参照教师的多媒体课件，或者到网站下载多媒体课件，课后详细观看，帮助整理听课笔记，巩固课堂所学的知识。

（3）课后认真阅读教材。阅读教材时，应先根据教学大纲和教材上学习内容的要求，了解每一个项目的知识要点，重点深入理解基本概念、定义和定理，对某些重点问题可以充分利用 Multisim 仿真学习软件，结合例题或作业题深入思考，勤于练习，前后联系，系统地理解。

（4）独立完成作业，多做练习题。课后独立完成作业，多做练习题，以检验学习效果，巩固课程知识。此处需注意，在完成作业的过程中，电路图的绘制要清晰和规范，各种电路变量要标示单位。多用 Multisim 仿真学习软件帮助分析电路，检验做题结果，养成良好的习惯和专业素养。

（5）注重实践，提高操作技能。多做实验（实物电路实验和仿真实验），有助于对知识点的理解、动手能力和学习兴趣的培养，提高自己的专业技能。

（6）有选择地广泛阅读各种经典电路原理和实践的参考书。不同的书可能会从不同角度进行分析阐述，对于学生理解课程中的难点、重点有所帮助。

希望学生按照书中的学习内容提要，重点掌握基本原理、基本定理和基本方法，解决书中提出的主要任务，不断归纳、概括所学知识，建立自己的知识体系。

项目一　直流照明电路的分析

【项目描述】

　　一般的直流照明电路（见图1-1）采用灯泡或LED灯、开关、电源和导线等分立元件组成。电路具有结构简单、使用方便、性能可靠、效率高的特点，广泛用于户外、野外以及停电时等场合。同样直流照明电路是电路及磁路中的基础部分。通过本项目的学习使学生掌握电路的学习方法，并能够利用Multisim电路仿真软件设计和分析电路。

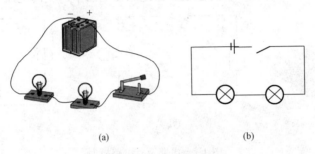

(a)　　　　　　　　　　(b)

图 1-1　直流照明电路
(a) 照明电路；(b) 电路原理图

【学习内容】

　　了解电路模型的概念，识别电路元件，掌握电路的基本物理量；掌握线性电阻元件的伏安特性以及功率计算；熟练掌握应用KCL和KVL定律分析电路；应用全电路欧姆定律进行单回路电路的分析，应用弥尔曼定理分析单节偶电路；掌握电路中电位的计算方法，读懂电子电路中电源的习惯画法；会分析和设计简单直流照明电路；会使用Multisim电路仿真软件。

任务1　认识电路的组成及电路的物理量

　　【任务要求】掌握电路模型的概念，以及电压、电流、功率、能量、电位等电路中的基本物理量；掌握线性电阻元件的伏安特性。

知识点1　电路模型和电路的工作状态

　　电路分析研究的对象是电路模型。分析电路从建立电路模型出发，认识电路的基本物理量，重点讨论欧姆定律、基尔霍夫定律、理想电源和电路的等效变换等重要概念。它们始终贯穿于全书，因此必须充分重视。

一、实际电路的组成

在日常工作和生活中，人们常会遇到实际电路，并通过电路完成各种任务。实际电路是为了实现某种需要，将一些实际的电气设备和电路元件按一定方式连接起来的电流通路。

例如，图1-2（b）是一个简单的手电筒实际电路，是由干电池、开关、小灯泡和连接导线组成的。当开关闭合时，电流通过闭合通路使灯泡发光。可见电路由三部分组成：

（1）提供电能的干电池，它的作用是将其他形式的能量转换为电能，称为电源。

（2）用电器件小灯泡，它将电源供给的电能转换为其他形式的能量［图1-2（a）中灯泡将电能转换为光和热能］，称为负载。

（3）连接电源与负载的金属导线和开关，称为中间环节。

电源、负载、中间环节是任何实际电路都不可缺少的三个组成部分。电压和电流是在电源的作用下产生的，因此电源又称为激励。由激励在电路中产生的电压和电流称为响应。

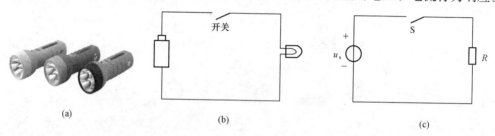

图1-2　电路及其电路模型
（a）手电筒；（b）手电筒电路；（c）电路模型

手电筒是一个简单的实际电路，但有些实际电路十分复杂。例如，由发电、输电、变电、配电和用电等环节组成的庞大的电力系统。由晶体管、二极管、电阻、电容和电感等元件按一定原理和工艺组成的集成电路。实际电路元件种类繁多，电磁性质复杂，难以用一个简单的数学表达式表达其性能，如灯泡消耗电能是它的主要性质，但有电流通过，其周围就要产生磁场，因而又兼有电感的性质。所以由实际电路元件组成实际电路时，一般无法用具体的数学表达式来描述实际电路，这样问题就变得很复杂，给电路分析带来很大的困难。电路分析主要研究流过电路元件的电流和元件两端电压，因此在分析实际电路时，一般将实际元件理想化，抓住其主要特征，忽略其他次要因素，这样可以建立电路模型。

二、电路模型

电路模型可以表征实际电路的主要特性。一般地讲，电路模型越复杂，表征实际电路的特性越准确，但分析起来也越烦琐；电路模型取得太简单，有时候又不足以表征实际电路的真实情况。所以建立电路模型是需要专门研究的，本书不作介绍。电路模型包含理想元件和理想导线，平时所研究的电路都是从实际电路中抽象出来的，理想化了的电路模型。

理想元件是组成电路模型的最小单元，是在一定假想条件下对实际元件加以理想化，仅仅表征实际元件的主要电磁性质，可以用数学表达式来表示其性能。如电灯、电炉和电阻器是实际元件，消耗电能是它们的主要性质，当电流通过它们时，在内部把电能转换为其他形式能量，在电路中就用电阻元件来作为它们的理想元件。

在电路中理想元件用一定的图形符号和相应的参数来表征。本书涉及八种理想元件，即电阻元件、电感元件、电容元件、电压源元件、电流源元件、受控源元件、耦合电感元件、理想变压器元件。下面将一一介绍。

　　理想导线是指既无电阻性，又无电感性、电容性的导线，在电路模型中用理想导线连接起各个理想元件。

　　由理想元件和理想导线组成的电路即为电路模型，如图 1-2（c）所示。由于电路模型中每个理想元件都可用数学式子来精确定义，因而可以方便地建立起描述电路模型的数学表达式，也就可以用数学方法分析、计算电路，从而掌握电路的特性。

三、电路的三种工作状态

　　电路的运行有三种状态，分别是通路、断路和短路，见表 1-1。

　　通路也称为有载工作状态，电源与负载接通时，电路中有电流通过，电路中负载（用电器或电气设备）获得一定的电压和电功率，并能进行能量转换。

　　断路也称为开路，电路的某处被切断或断开，电路中没有电流通过。

　　短路分为电源短路和负载短路。当用导线将电源的正负极或两极连接起来时称为电源短路，当用导线将负载两端连接起来时称为负载短路。当电路短路时，电路中的电流很大，若没有保护措施，电源或电器会烧毁或导致发生火灾。所以在电路或电气设备中需要安装熔断器等保护装置，以避免短路时发生严重的后果。

表 1-1　　　　　　　　　　　　　　　　　　　　**电路的三种工作状态**

状态	概　念	图　例
通路	当电路正常接通时，用电设备能工作的电路	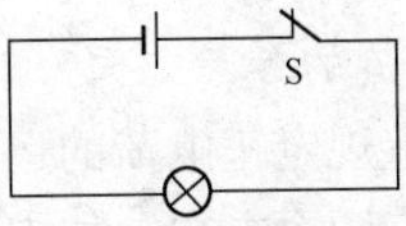
断路	电路的某处被切断或断开	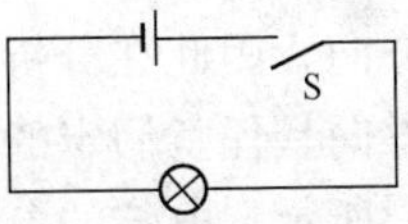
短路　电源短路	用导线将电源的正负极或两极连接起来	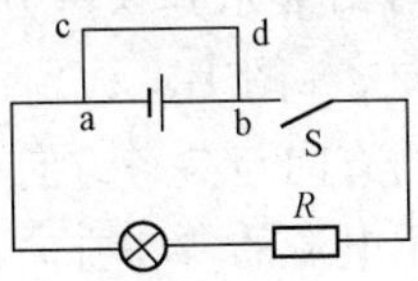
短路　负载短路	用导线将负载两端连接起来	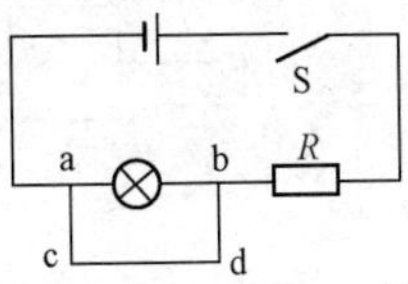

知识点 2　电路的基本物理量

　　在电路分析中，主要关注的物理量有电流、电压和功率，有时也会涉及能量。在具体讨论电路问题之前，首先理解这些物理量的基本概念是很重要的。

一、电流及其参考方向

带电粒子（电子、离子等）的有秩序有规则运动形成电流。衡量电流大小的物理量是电流强度，简称电流。所以电流既是一种物理现象，同时又是一个物理量。

1. 电流的大小

电流的大小就是电流强度，是单位时间内通过导体横截面的电荷量，即

$$i = \frac{\mathrm{d}q}{\mathrm{d}t} \tag{1-1}$$

式中：$\mathrm{d}q$ 为在极短时间 $\mathrm{d}t$ 内通过某横截面的电荷量。

若电流的量值和方向不随时间变动，称为直流电流。大写字母 I 表示直流电流；小写字母 i 则是表示电流的一般符号，既可以表示直流电流，也可以表示随时间变化的电流。

本书物理量采用国际单位制（SI）。电流的 SI 单位是安［培］，符号为 A；电荷量的单位是库［仑］，符号为 C。若每秒通过某处的电荷量为 1C，则该处的电流为 1A。将电流的 SI 单位冠以 SI 词头（见表 1-2），即可得到电流的十进倍数单位和分数单位，常用的有 kA（千安）、mA（毫安）、μA（微安）等。

表 1-2 　　　　　　　　　　　　　　　　　　常用 SI 词头

因数	10^9	10^6	10^3	10^2	10^1	10^{-1}	10^{-2}	10^{-3}	10^{-6}	10^{-9}	10^{-12}
名称	吉	兆	千	百	十	分	厘	毫	微	纳	皮
符号	G	M	k	h	da	d	c	m	μ	n	P

2. 电流的参考方向

习惯上规定正电荷的运动方向为电流的方向，即电流的实际方向。电路中一条支路的电流只可能有两个方向，如支路的两个端钮分别为 a、b，其电流的方向不是从 a 到 b，就是从 b 到 a。电流的方向是客观存在的，但在分析较为复杂的电路时，往往难以事先判定某支路中电流的方向，因此在分析与计算电路时，引入参考方向的概念。

参考方向是任意假定的电流方向，用一个箭头表示在电路图上，并标以电流符号 i，如图 1-3（a）所示。电流的参考方向除用箭头在电路图上表示外，还可用双下标表示，如对某一电流，用 i_{ab} 表示其参考方向，由 a 指向 b，如图 1-3（b）所示；用 i_{ba} 表示其参考方向，则由 b 指向 a［图 1-3（c）］。规定了参考方向以后，电流就是一个代数量，若电流为正值，表明电流的方向与参考方向一致；若电流为负值，表明电流的方向与参考方向相反。这样，就可以利用电流的参考方向和正负值来确定电流的方向。

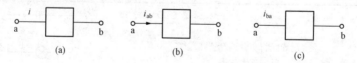

图 1-3　电流的参考方向

分析电路时，应该先假设电流的参考方向，根据参考方向进行电路的分析计算，所得结果可以判断电流的大小和方向。

【例 1-1】 图 1-4 中的方框用来泛指元件，试判断各图中电流的方向。

解 图 1-4 中电流的方向分别为：

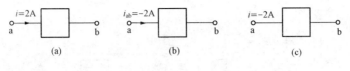

图 1-4　[例 1-1] 电路图

图 1-4（a）中，$i = 2\text{A} > 0$，表示电流的方向与参考方向一致，由 a→b；

图 1-4（b）中，$i_{ab} = -2\text{A} < 0$，表示电流的方向与参考方向相反：由 b→a；

图 1-4（c）中，由于未标出参考方向，所以无法确定电流的方向。

在电路分析中，没有标明参考方向的电流数值的含义是不完整的，今后在分析电路时应该养成先标出参考方向的习惯。

二、电压及其参考极性

1. 电压的定义

当导体中存在电场时，电荷将在电场力的作用下运动，并把电能转换为其他形式的能量。电路中单位正电荷在电场力的作用下由 a 点经任意路径转移到 b 点时所做的功，称为 a 点到 b 点两点间的电压，用符号 u_{ab} 表示，即

$$u_{ab} = \frac{\mathrm{d}w}{\mathrm{d}q} \tag{1-2}$$

式中：$\mathrm{d}q$ 为由 a 点转移到 b 点的电荷量；$\mathrm{d}w$ 为转移过程中电场力所做的功，即电荷所失去的能量。

大写字母 U 表示直流电压；小写字母 u 则是表示电压的一般符号，既可以表示直流电压，也可以表示随时间变化的电压。

电压的 SI 单位是伏［特］，符号为 V；电能的单位是焦［耳］，符号为 J。若 1C 的正电荷从 a 点转移到 b 点减少的电能为 1J，则 a、b 两点间的电压为 1V。

2. 电压的方向

如果单位正电荷由 a 点运动到 b 点确实失去了能量，即该电路确实吸收了能量，称 a、b 两点间存在电位降。将 a 点标上"＋"号表示正极性端，b 点标上"－"号表示负极性端。如果单位正电荷由 a 点运动到 b 点确实获得了能量，称 a、b 两点间存在电位升。电路中任意两点间可能是电位降，也可能是电位升。电压的方向是电位降的方向。

3. 电压的参考方向

在分析电路时往往一下子很难判断电压的真实方向，可以假定一个电位降方向，这就是电压的参考方向。在电路中的两点间标上正（＋）、负（－）号或用一个箭头表示，如图1-5所示。在指定的电压参考方向下，电压值的正、负值就可以反映电压的真实方向。

【例 1-2】图 1-6 中的方框用来泛指元件，试判断各图中电压的真实极性。

解　图 1-6（a）中 $u = 2\text{V} > 0$，表示电压参考方向与真实方向一致，a（＋）、b（－）；

图 1-6（b）中 $u = -4\text{V} < 0$，表示电压参考方向与真实方向相反，a（－）、b（＋）；

图 1-6（c）中　由于未标出参考方向，所以无法确定电压的真实方向。

4. 使用参考方向需要注意的几个问题

（1）电流、电压的方向是客观存在的，但往往难于事先判定，在分析问题时需要先规定参考方向，然后根据规定的参考方向列写方程。

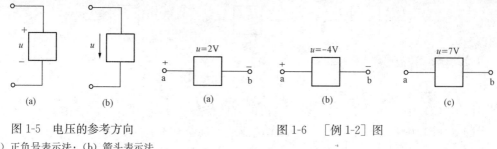

图 1-5　电压的参考方向　　　　　　图 1-6　［例 1-2］图
（a）正负号表示法；（b）箭头表示法

（2）参考方向一经规定，在整个分析计算过程中就必须以此为准，不能变动。

（3）参考方向可以任意规定，因为参考方向相反时，解出的电流、电压值也要改变正负号，最后得到的实际结果是相同的。

（4）不标明参考方向而说某电流或某电压的值为正或负是没有意义的。

（5）电流参考方向和电压参考方向可以分别独立地规定。但为了分析方便，常使同一元件的电流参考方向与电压参考方向一致，即电流从元件电压的正极性端流入负极性端流出，如图 1-7（a）、（b）所示。这时，该元件的电流参考方向与电压参考方向是一致的，称为关联参考方向。反之，电流从元件电压的负极性端流入，正极性端流出，如图 1-7（c）、（d）所示，称为非关联参考方向。

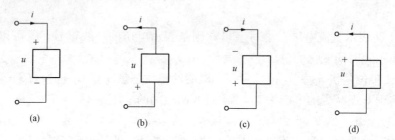

图 1-7　电压和电流的关联参考方向
（a）、（b）关联参考方向；（c）、（d）非关联参考方向

三、电动势

电动势是表示电源特征的一个物理量，是指电源中非静电力对电荷做功的能力。电动势在数值上等于非静电力把单位正电荷从电源低电位端经电源内部移到高电位端所做的功，或者表述为非静电力把单位正电荷从电源的负极，经过电源内部移到电源正极所做的功。电动势用符号 E（e）表示，单位为伏特（V）

如果设 $\mathrm{d}w$ 为电源中非静电力（电源力）把正电荷量 $\mathrm{d}q$ 从负极经过电源内部移送到电源正极所做的功，则电动势大小为

$$E = \frac{\mathrm{d}w}{\mathrm{d}q}$$

电动势的方向规定为从电源的负极经过电源内部指向电源的正极，即与电源两端电压的方向相反，如图 1-8 所示。

电动势与电压是容易混淆的两个概念。电动势是表示电源中非静电力把单位正电荷从负

极经电源内部移到正极所做的功与电荷量的比值，而电压表示静电力把单位正电荷从电场中的某一点移到另一点所做的功与电荷量的比值。它们是完全不同的两个概念。

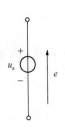

图 1-8　电动势的正方向

四、功率和能量

在电路的分析和计算中，功率和能量的计算也是非常重要的，这是因为电路在工作状态下总伴随着电能与其他形式能量的相互交换过程。另外，电气设备和电器元件本身都有功率的限制，在使用时不能超过其额定电压或额定电流，否则会引起设备和元件的损坏。

1. 功率的定义

理解功率的定义首先要了解两个概念，即二端元件和二端网络。

二端元件是指电路中具有两个端钮的元件，如电阻、电感和电容等。

二端网络是指内部无论如何连接，有二个端钮与外部连接的电路。

功率是一个二端元件或二端网络在单位时间内所吸收或提供的能量，用符号 p 表示，即

$$p = \frac{\mathrm{d}w}{\mathrm{d}t} \tag{1-3}$$

功率的单位是瓦〔特〕，符号为 W，若二端元件或二端网络 1s 内转化的能量为 1J，则功率为 1W。小写字母 p 是表示功率的一般符号，大写字母 P 表示直流电路的功率。

2. 功率与电压和电流的关系

功率与电压和电流关系密切，用电压、电流表示

$$p = \frac{\mathrm{d}w}{\mathrm{d}t} = \frac{\mathrm{d}w}{\mathrm{d}q} \cdot \frac{\mathrm{d}q}{\mathrm{d}t} = ui \tag{1-4}$$

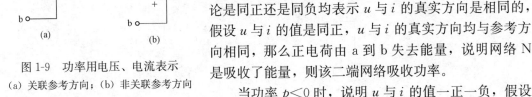

图 1-9　功率用电压、电流表示
(a) 关联参考方向；(b) 非关联参考方向

（1）若二端元件或二端网络的端口 u 与 i 为关联参考方向时，如图 1-9 (a) 所示，此时

当功率 $p > 0$ 时，说明 u 与 i 的值同正或同负，无论是同正还是同负均表示 u 与 i 的真实方向是相同的，假设 u 与 i 的值是同正，u 与 i 的真实方向均与参考方向相同，那么正电荷由 a 到 b 失去能量，说明网络 N 是吸收了能量，则该二端网络吸收功率。

当功率 $p < 0$ 时，说明 u 与 i 的值一正一负，假设 i 的值为正，u 的值为负，那么正电荷由 a 到 b 得到能量，说明网络或元件 N 释放了能量，则此二端网络或二端元件发出功率。

（2）若二端网络的端口 u 与 i 为非关联参考方向，如图 1-9 (b) 所示，此时

$$p = -ui$$

u 与 i 为非关联参考方向。若功率 $p > 0$，则 u 与 i 中有一个量与真实方向相反。假设电流 i 与真实方向相反，则正电荷的运动方向实际上是由 b 到 a，电场力对电荷做正功，说明网络或元件 N 是吸收了能量，则该二端网络或二端元件吸收功率。当功率 $p < 0$ 时，电场力对电荷做负功，二端网络或二端元件发出功率。

在计算功率时，要先判断二端元件或二端网络的电压、电流是否为关联参考方向，若为关联参考方向则 $p=ui$；若为非关联参考方向则 $p=-ui$。根据计算的结果是正是负可以知道是吸收功率还是发出功率。$p>0$ 时，是吸收功率；$p<0$ 时，是发出功率。

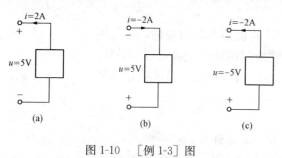

图 1-10　[例 1-3] 图

【例 1-3】 求图 1-10 中二端网络的功率。

解 图 1-10（a）中电压与电流的方向为非关联参考方向，则

$$p=-ui=-5\times2=-10(\text{W})（发出）$$

图 1-10（b）中虽然电流 i 的值为 -2A，但假定的电流的参考方向是从电压的负极流向电压的正极，所以二者为非关联参考方向，则

$$p=-ui=-5\times(-2)=10(\text{W})（吸收）$$

图 1-10（c）中虽然电流 i 的值为 -2A，电压 u 的值为 -5V，但假定的电流的参考方向是从假定的电压的正极流向电压的负极，所以电压和电流为关联参考方向，则

$$p=ui=-5\times(-2)=10(\text{W})（吸收）$$

【例 1-4】 电路如图 1-11 所示，已知元件 A 发出功率 60W，求流过 A 的电流的大小和方向。

解 设电流 i 参考方向为 a 到 b，则电压和电流为关联参考方向，功率 $p=ui$，由于元件发出功率，所以

$$p=-60\text{W}，i=p/u=-60/20=-3(\text{A})$$

电流大小为 3A，实际方向与参考方向相反，为 b 到 a。

【例 1-5】 电路如图 1-12 所示，已知元件 B 吸收功率 20W，求 B 两端电压的大小和极性。

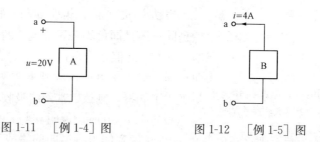

图 1-11　[例 1-4] 图　　　　图 1-12　[例 1-5] 图

解 设电压 u 参考极性为 a（＋）、b（－），则电压和电流为非关联参考方向，功率 $p=-ui$，由于元件吸收功率，所以

$$p=20\text{W}，u=-p/i=-20/4=-5(\text{V})$$

电压大小为 5V，实际极性与参考极性相反，为 a（－）、b（＋）。

3. 能量的计算

能量是指在一段时间内（t_0，t_1）二端网络所吸收的能量，功率是能量对时间的导数，能量则是功率对时间的积分。在 t_0 到 t_1 这一段时间内二端网络的能量为

$$w(t_0, t_1) = \int_{t_0}^{t_1} p\mathrm{d}t = \int_{t_0}^{t_1} ui\,\mathrm{d}t \tag{1-5}$$

　　能量用 w 或 W 表示，大写字母 W 表示不随时间变化的能量，如直流电路的能量，小写字母 w 表示随时间变化的能量和直流电路的能量。能量的单位在国际单位制中是焦耳（J）。

知识点 3　电阻元件及欧姆定律

　　电阻器在日常生活中一般直接称为电阻。电阻元件是电路中最重要的元件之一，它是从实际电阻器抽象出来的理想元件。实际电阻器通常是用电阻材料制成，如绕线电阻器、碳膜电阻器、金属电阻器等。电阻元件对电流呈现阻力，是一个限流元件。将电阻元件接在电路中后，通过它可限制所连支路的电流大小，它是消耗能量的一种元件。

　　元件在电路中的特性可以用元件两端的电压与流过的电流的代数关系表示，这个关系称为元件的电压、电流关系。由于电压和电流的 SI 单位是伏 [特] 和安 [培]，所以电压电流关系也称为元件的伏安关系。在 u-i 坐标平面上表示元件伏安关系的曲线称为伏安特性曲线。

一、线性电阻元件

1. 电路符号

电阻元件的实物如图 1-13（a）所示，在电路中的符号如图 1-13（b）所示。

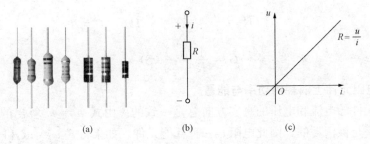

图 1-13　电阻、线性非时变电阻模型及伏安特性
(a) 电阻实物；(b) 电阻符号；(c) 伏安曲线

2. 伏安关系

电阻元件在电路中的特性用伏安关系表示。根据欧姆定律可知电阻元件的伏安关系为

$$u = iR \tag{1-6}$$

式中：u 为电阻两端的电压，单位为伏特（V）；i 为流过的电流，单位为安培（A）；R 为电阻，是常数，单位为欧姆（Ω）。

　　符合欧姆定律定义的电阻是线性电阻。在本书中，如无特别说明，电阻一词均指线性电阻。

　　由于流过电阻的电流与电压的真实方向是一致的，所以只有在电流与电压参考方向为关联参考方向的前提下才可运用式（1-6），如图 1-13（b）所示。如为非关联参考方向，则应改用

$$u = -iR$$

　　如果将电阻的电流取为横坐标（或纵坐标），电压取为纵坐标（或横坐标），可绘出 i-u 平面（或 u-i 平面）上的曲线，称为电阻的伏安特性曲线。显然，线性电阻的伏安特性曲

线是一条经过坐标原点的直线。如图 1-13（c）所示，电阻值可由曲线的斜率来确定。

在电路分析中，有时也用电导表示电阻元件的性质，电阻的倒数称为电导，用符号 G 表示，即

$$G = \frac{1}{R} \tag{1-7}$$

在国际单位制中，电导的单位是西门子，简称西（S）。

电阻、电导是从两个方面来表征电阻特性的两个电路参数。用电导参数来表示电流和电压之间的关系时，欧姆定律形式可写为

$$i = Gu（u、i 为关联参考方向）$$

或

$$i = -Gu（u、i 为非关联参考方向）$$

由电阻的伏安特性曲线可以看到：在任意时刻，电阻的电压是由同一时刻的电流所决定的，或电阻的电流是由同一时刻的电压所决定的。也就是说，电阻的电压（或电流）不能"记忆"电流（或电压）在"历史"上起过的作用。所以电阻元件是无记忆元件，或称为即时元件。

【例 1-6】电路如图 1-13（b）所示，若测得电压为 12V，电流为 2A，求其电阻值和电导值。

解 由式（1-6）及式（1-7）可得

$$R = \frac{u}{i} = \frac{12}{2} = 6(\Omega)$$

$$G = \frac{1}{R} = \frac{1}{6}(S)$$

二、线性电阻元件上消耗的功率与能量

线性电阻元件的电流和电压的真实方向总是一致的。由式 $p = ui$ 算出的功率总是大于零，这部分功率是被消耗的，因此电阻是一种耗能元件。如果将式 $u = iR$ 和 $i = Gu$ 代入式 $p = ui$，可得电阻吸收功率的计算公式为

$$p = Ri^2 = \frac{i^2}{G} \tag{1-8}$$

$$p = \frac{u^2}{R} = u^2 G \tag{1-9}$$

由式（1-8）和式（1-9）可以看出，对于电阻（或电导）而言，其吸收的功率总是大于等于零，所以线性电阻是一种无源元件。需要注意的是，i 必须是流过电阻 R 的电流，u 必须是电阻 R 两端的电压。

若电阻元件的电压和电流为关联参考方向，则从 t_0 到 t 的时间内吸收的能量为

$$w = \int_{t_0}^{t} p(\tau) \mathrm{d}(\tau) \tag{1-10}$$

式中：τ 是为了区别积分上限 t 而新设的一个表示时间的变量。

根据电阻 R 上吸收功率与其上电压、电流关系，将式（1-8）式（1-9）式代入式（1-10），得

$$w = \int_{t_0}^{t} Ri^2(\tau) \mathrm{d}(\tau) \tag{1-11}$$

或
$$w = \int_{t_0}^{t} \frac{u^2(\tau)}{R} \mathrm{d}(\tau) \qquad (1\text{-}12)$$

　　能量的单位为焦耳（J），电力工程中常用千瓦时（kW·h）作为计量电能的单位。1kW·h就是通常所说的 1 度电。1kW·h＝1000W·h＝3.6×10⁶J。

　　电阻器以及电动机、变压器（它们都是用导线来制作，具有一定的电阻）等工作时不可避免地要发热。如果使用时，电流过大，温度过高，设备会被烧坏。因此任何一个电路元件，为了安全可靠地工作，都必须有一定电压、电流和功率的限制和规定值，这种规定值称为额定值。如一个白炽灯额定值为 220V、40W，表示该灯泡在 220V 电压下使用，消耗电功率为 40W，此时灯泡才发光正常，才能保证有规定的使用寿命。若在超过 220V 电压下使用，灯丝温度过高，灯泡会亮些，但寿命会大大缩短，严重时灯丝会立即烧断。在低于 220V 电压下使用，则灯泡亮度不够，效果不能充分发挥，也不经济合理。额定值常常标记在设备的铭牌上。设备和器件工作在额定状态，这种状态称为满载。工作在电流和功率低于额定值的工作状态称为轻载，高于额定值的工作状态称为过载。

　　【例 1-7】一个额定功率为 60W，额定电压为 220V 的灯泡，使用于直流电路，求其额定电流和电阻值。

　　解　由式（1-4）及式（1-9）可得

$$i = \frac{p}{u} = \frac{60}{220} = 0.273(\text{A})$$

$$R = \frac{u^2}{p} = \frac{220^2}{60} = 807(\Omega)$$

　　【例 1-8】一个电阻器的阻值为 300Ω，额定功率为 100W，求此电阻器两端承受的最大电压。

　　解　由式（1-9）得

$$u = \sqrt{pR} = \sqrt{100 \times 300} = 173.2(\text{V})$$

此电阻器两端承受的最大电压为 173.2V。

知识点 4　常用电阻的介绍和电阻的测量

一、常用电阻的介绍

　　电阻分为固定电阻器和滑动电阻器，如图 1-14 所示。固定变阻器有碳膜电阻器、绕线电阻器、金属膜电阻器、热敏电阻器等，可变电阻器有滑动变阻器、带开关电位器和微调电位器等，如图1-15所示。

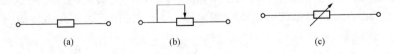

(a)　　　　　　　　(b)　　　　　　　　(c)

图 1-14　电阻

(a) 固定电阻器；(b) 滑动变阻器和电开关的电位器；(c) 微调电位器

　　碳膜电阻器是用有机黏合剂将碳墨、石墨和填充料配成悬浮液涂覆于绝缘基体上，经加热聚合而成。碳膜电阻器常用符号 RT 作标志，R 代表电阻器，T 代表材料是碳膜。例如，一只电子枪外壳上标有 RT47kI 的字样，就表示这是一只阻值为 47kΩ，允许偏差为±5%的

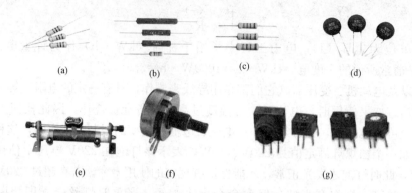

图 1-15　电阻实物

（a）碳膜电阻器；（b）绕线电阻器；（c）金属膜电阻器；（d）热敏电阻器；（e）滑动变阻器；
（f）带开关的电位器；（g）微调电位器

碳膜电阻器。

绕线电阻器是用镍铬线或锰铜线、康铜线绕在瓷管上制成的，分为固定式和可调式两种。

金属膜电阻器是膜式电阻器中的一种。它是采用高温真空镀膜技术将镍铬或类似的合金紧密附在瓷棒表面形成皮膜，经过切割调试阻值，以达到最终要求的精密阻值，然后加适当接头切割，并在其表面涂上环氧树脂密封保护而成的。由于它是引线式电阻，方便手工安装及维修，因此用在大部分家电、通信、仪器仪表上。

热敏电阻器典型特点是对温度敏感，不同的温度下表现出不同的电阻值。正温度系数热敏电阻器（PTC）在温度越高时电阻值越大，负温度系数热敏电阻器（NTC）在温度越高时电阻值越低，它们同属于半导体器件。

滑动变阻器是电学中常用器件之一，它的工作原理是通过改变接入电路部分电阻线的长度来改变电阻的。金属杆一般是电阻小的金属，所以当电阻横截面积一定时，电阻丝越长，电阻越大，电阻丝越短，电阻越小。

电位器由电阻体与转动或滑动系统组成，即靠一个动触点在电阻体上移动，获得部分电压输出。电位器的作用是调节电压（含直流电压与信号电压）和电流的大小。

二、电阻的测量

常用电阻的测量方法有两种。

1. 用伏安法测量电阻

把被测电阻接到电源上，在它通电工作的情况下，用电流表和电压表测量流经电阻的电流 i 和电阻两端的电压 u，根据部分电路欧姆定律 $R=u/i$，代入电压和电流值即可计算出电阻值。

2. 用万用表测量电阻

用万用表的欧姆挡测量电阻的阻值，应注意以下几点：

（1）准备测量电路中的电阻时应先切断电源，切不可带电测量。

（2）首先估计被测电阻的大小，选择适当的倍率挡，然后调零，即将两支表笔相触，旋动调零电位器，使指针指在零位。

（3）测量时双手不可碰到电阻引脚及表笔金属部分，以免接入人体电阻，引起测量误差。

（4）测量电路中某一电阻时，应将电阻的一端断开。

任务2　电源的特性及常用电源

【任务要求】理解理想电源及其特性，实际电源与理想电源的区别；了解受控源，掌握受控源在电路中的画法。

电源是电路中提供能量的元件，在电路中起激励作用，产生电压和电流。实际电源有干电池、蓄电池、光电池、发电机、稳压源和各种信号源等。蓄电池和发电机的工作特性接近于电压源和电阻的串联组合，光电池的工作特性接近于电流源和电阻的并联组合。电压源和电流源是从实际电源抽象出的理想二端元件。

知识点1　理想电压源

一、理想电压源的电路符号和伏安特性

1. 电路符号

理想电压源简称电压源。电压源的符号如图 1-16（a）所示。当端电压 u_s 为恒定值时，这种电压源称为恒定电压源或直流电压源，用图 1-16（b）表示。

2. 伏安特性

图 1-17（a）显示出电压源接外电路的情况。图 1-17（b）显示出电压源在 t_1 时刻的伏安关系，是一条不通过原点且与电流轴平行的直线。当 u_s 随时间改变时，这条平行于电流轴的直线也将随之改变位置。图 1-17（c）是直流电压源的伏安特性，它不随着时间改变。

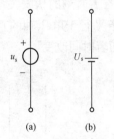

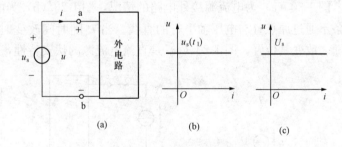

图 1-16　理想电压源

（a）电压源；（b）直流电压源

图 1-17　电压源的伏安特性

（a）电路图；（b）t_1 时刻伏安特性；（c）直流电压源伏安特性

二、理想电压源的基本性质和功率计算

1. 基本性质

由电压源的伏安特性可以得到以下基本性质：

（1）电压源的端钮电压值不受外电路的影响，与通过它的电流大小无关，u 总能保持为 u_s。

（2）流过电压源电流 i 的大小取决于与之相连的外电路，电压源不接外电路时，电流 i 总为 0，相当于电压源开路。

（3）当 $u_s = 0$ 时，电压源相当于短路，电压源短路是没有意义的。

2. 电压源功率的计算

由图 1-17（a）可见，电压源两端电压和通过电流的参考方向通常取为非关联参考方向，此时，电压源发出的功率为

$$p = -ui \tag{1-13}$$

这也是外电路吸收的功率。若两端电压和通过电流取为关联参考方向，则

$$p = ui \tag{1-14}$$

$p > 0$ 时电压源吸收功率，$p < 0$ 时电压源发出功率。

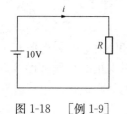

图 1-18　[例 1-9] 的图

【例 1-9】电路如图 1-18 所示，$R = 5\Omega$ 和 $R = 10\Omega$ 时，求电流 i 和电压源的功率 p。

解　图 1-18 中电压源两端的电压和电流为非关联参考方向，所以用 $p = -ui$ 求功率。

$R = 5\Omega$ 时，$i = 10/5 = 2(A)$，电压源的功率为 $p = -10 \times 2 = -20(W)$（发出）

$R = 10\Omega$ 时，$i = 10/10 = 1(A)$，电压源的功率为 $p = -10 \times 1 = -10W$（发出）

知识点 2　理想电流源

一、理想电流源的电路符号和伏安特性

1. 电路符号

理想电流源简称电流源。电流源的符号如图 1-19 所示。当输出电流 i_s 为恒定值时，这种电流源称为恒定电流源或直流电流源。

2. 伏安特性

图 1-20（a）为电流源接外电路的情况，图 1-20（b）为电流源在 t_1 时刻的伏安关系，是一条不通过原点且与电压轴平行的直线。当 i_s 随时间改变时，这条平行于电压轴的直线也将随之改变其位置。图 1-20（c）是直流电流源的伏安特性，它不随着时间改变。

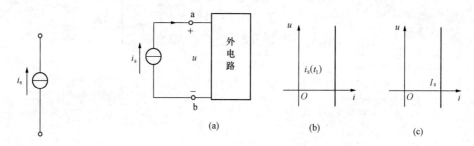

图 1-19　理想电流源　　　　　图 1-20　电流源的伏安特性

（a）外接电路；（b）电流源在 t_1 时刻伏安特性；（c）直流电流源伏安特性

二、理想电流源的基本性质和功率计算

1. 基本性质

由电流源的伏安特性可以得到以下基本性质：

（1）电流源流出的端钮电流值不受外电路的影响总能保持为 i_s，与它两端电压大小

无关。

（2）电流源两端电压的大小取决与之相连的外电路。

（3）当 $i_s=0$ 时，电流源相当于开路，电流源的"开路"是没有意义的，因为开路时输出的电流 i 必须为零，这与电流源的特性不相符。

2. 电流源功率的计算

从图 1-20（a）可见，电流源的电流和加在它两端电压的参考方向通常取为非关联参考方向，此时，电流源发出的功率为

$$p=-ui \tag{1-15}$$

这也是外电路吸收的功率。若电流和加在它两端电压取为关联参考方向则

$$p=ui \tag{1-16}$$

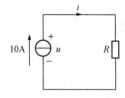

$p>0$ 时则吸收功率，$p<0$ 时则发出功率。

【例 1-10】电路如图 1-21 所示，$R=5\Omega$ 和 $R=10\Omega$ 时，求电压 u 和电流源的功率 p。

图 1-21 [例 1-10]的图

解 图 1-21 中电流源两端的电压和电流为非关联参考方向，所以用 $p=-ui$ 求功率。$R=5\Omega$ 时，$u=10\times5=50\text{V}$，$p=-50\times10=-500\text{W}$（发出）

$R=10\Omega$ 时，$u=10\times10=100\text{V}$，$p=-100\times10=-1\text{kW}$（发出）

知识点 3 受控源

在电路中，某些半导体器件的模型要用受控源表示，受控（电）源又称"非独立"电源。受控源的电压、电流与电压源的电压、电流源的电流有所不同，后者是独立量，前者则受电路中某部分电压或电流控制。例如，晶体管的集电极电流受基极电流控制，如图 1-22 所示，在画它们的电路模型时就要用到相应的受控源。

图 1-23 为受控源元件原理图，受控源是一个四端元件，分为控制支路（又称输入端）和受控支路（又称输出端）。当控制支路的控制变量（电压或电流）确定后，受控支路的受控变量（电压或电流）也就确定了，与其负载无关。

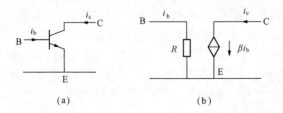
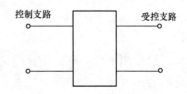

图 1-22 晶体管及其电路模型   图 1-23 受控源原理图
   （a）晶体管；（b）电路模型

受控源因受控变量与控制变量的不同组合可分为电压控制电压源（Voltage Controlled Voltage Source，VCVS）、电压控制电流源（Voltage Controlled Current Source，VCCS）、电流控制电压源（Current Controlled Voltage Source，CCVS）和电流控制电流源（Current Controlled Current Source，CCCS）。这四种受控源的图形符号如图 1-24 所示。为了使受控

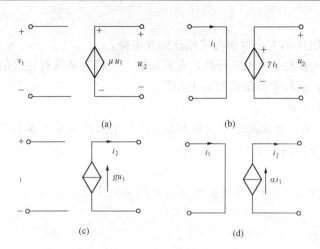

图 1-24　理想受控源模型

(a) VCVS；(b) CCVS；(c) VCCS；(d) CCCS

源与独立源相区别，在电路符号上，用菱形符号表示受控源，用圆圈表示独立源。

受控支路端钮的性能如同电压源和电流源，如受控电压源受控支路端钮电压始终能保持 μu_1 或 γi_1，受控电流源受控支路端钮电流始终能保持 $g u_1$ 或 αi_1，只是其输出的电压或电流是由控制支路的电压或电流确定的，因此其伏安特性可表示为

$$VCVS：u_2 = \mu u_1, \quad CCVS：u_2 = \gamma i_1$$
$$VCCS：i_2 = g u_1, \quad CCCS：i_2 = \alpha i_1$$

μ、γ、g、α 称为受控源的控制系数，若控制系数为常数，被控制量和控制量成正比，则称此类受控源为线性受控源。线性受控源是最基本的受控源。本书只考虑线性受控源，故一般略去"线性"二字。

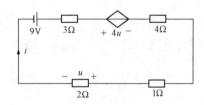

图 1-25　在电路中受控源的画法

在电路中受控源的受控支路与控制支路不一定要画在一起，只需在电路中明确标出控制量即可，如图 1-25 所示。

另外还应该明确，电压源和电流源是独立电源，独立源与受控源在电路中的作用有着本质的区别。独立源作为电路的输入，代表着外界对电路的激励作用，是电路中的响应"源泉"。受控源在电路中不是真正意义上的电源，只是用来反映电路中某处的电压或电流能控制另一处的电压或电流的现象，或者是某一处的电路变量与另一处电路变量之间的耦合关系。

知识点 4　工业常用电源

电源是向电子或电气设备提供功率的装置，也称电源供应器，可分为普通电源和特种电源。普通电源种类繁多，大致可分为开关电源、逆变电源、交流稳压电源、直流稳压电源、通信电源、变频电源、UPS 电源、EPS 应急电源等，如图 1-26 所示。

开关电源是利用电力电子技术，控制开关器件的导通和关断的时间比率，维持稳定输出电压的一种电源。

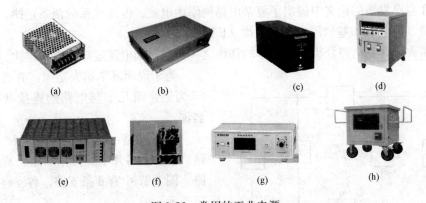

图 1-26 常用的工业电源

(a) 开关电源；(b) 逆变电源；(c) UPS 电源；(d)；变频电源；(e) 通信电源；

(f) 安防电源；(g) 高压电源；(h)；航空军用电源

逆变电源是利用电力电子器件将直流电变成交流电供负载使用或将逆变的电源反馈回电网。

通信电源为通信系统提供稳定可靠的电源，一旦通信电源系统故障引起通信设备的供电中断，就会造成极大的经济和社会效益损失。

变频电源是将市电中的交流电经过交流到直流再到交流的变换，输出为纯净的正弦波，并且输出频率和电压一定范围内可调。

UPS（Uninterruptible Power System/Uninterruptible Power Supply），即不间断电源，是将蓄电池与主机相连接，通过主机逆变器等模块电路将直流电转换成市电的系统设备。

EPS（Emergency Power Supply），即应急电源，是根据消防设施、应急照明、事故照明等一级负荷供电设备需要而组成的电源设备。

特种电源为特殊种类的电源，如岸电电源、安防电源、高压电源、医疗电源、军用电源、航空航天电源、激光电源和其他特种电源。特种电源一般是为特殊负载或场合要求而设计的。所谓特殊，主要是由于衡量电源的技术指标要求不同于常用的电源，如输出电压特别高，输出电流特别大，或者对稳定度、动态响应及纹波要求特别高，或者要求电源输出的电压或电流是脉冲或其他一些要求等。

任务 3 基尔霍夫定律——分析电路的基础

【任务要求】学会用基尔霍夫定律分析电路，掌握电路中电位的计算方法，读懂电子电路中电源的习惯画法。

电路分析是在已知电路结构和参数的情况下，求解各部分的电压和电流，而有了电压和电流，就可以容易地求出各部分的功率和能量。怎样求出各部分的电压和电流，功率和能量呢？方法有很多种，但所有电路分析方法的基本依据都是来源于电路的两个基本规律：

（1）组成电路的各个元件在电路中的规律，即元件的伏安特性（VAR）；

（2）与各元件的连接状况有关的规律，即基尔霍夫定律（KCL 和 KVL）。

基尔霍夫（Gustav Robert Kirchhoff）是一位德国的物理学家。1845 年，年仅 21 岁的基尔霍夫在自己发表的论文中提出了复杂电路网络中电流、电压关系的两条定律，即基尔霍夫电流定律（KCL）和基尔霍夫电压定律（KVL）。

基尔霍夫定律是电路分析中最基本的规律之一，它包括电流定律和电压定律。

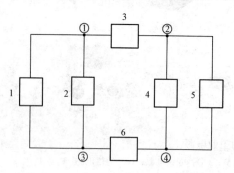

图 1-27 支路、节点、回路、网孔

为了说明基尔霍夫定律，有必要以图 1-27 为例介绍几个与电路的连接状况有关的名词。

（1）支路：每个二端元件称为一条支路。但一般将几个元件串联组合称为一条支路。图 1-27 中有 6 条支路，各支路的标号如图所示。

（2）节点：两条或两条以上支路的连接点。图 1-27 中有 4 个节点，各节点的标号如图所示。

（3）回路：由支路构成的闭合路径。图 1-27 中由支路 2—3—4—6 构成回路，同理还有支路 1—3—4—6、2—3—5—6、1—3—5—6、1—2、4—5 也都构成回路。

（4）网孔：在回路内不包含支路的回路。如图 1-27 中回路 1—2、2—3—4—6、4—5。

知识点 1 基尔霍夫电流定律（KCL）

一、基尔霍夫电流定律的内容

基尔霍夫电流定律反映了电路中与任一节点相连的各支路电流之间相互关系的规律。

1. 表述一

对于任一电路中的任一节点，在任一时刻，流入（或流出）该节点的电流之和恒为零。用数学表达式表示为

$$\sum i = 0 \tag{1-17}$$

式（1-17）称为 KCL 方程或节点电流方程，取和是对连接于该节点的所有支路电流进行的。

例如，图 1-28 中，对节点 a 列 KCL 方程。

设流入节点 a 的电流为"＋"，那么流出节点 a 的电流为"－"则有

$$i_1 + i_2 - i_3 = 0$$

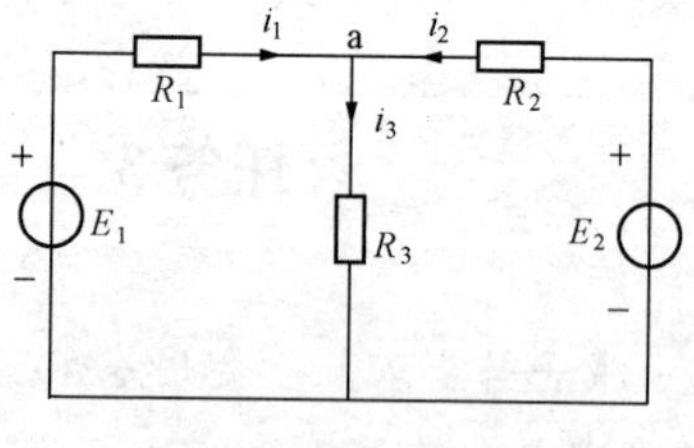

在应用 KCL 时应注意的问题：

（1）必须先标出各支路电流的参考方向。

（2）选定流出节点电流为正，还是流入节点电流为正。若选定流出该节点的电流为"＋"，则流入该节点的电流为"－"号。

图 1-28 KCL 的应用

2. 表述二

对于任一电路中的任一节点，在任一时刻，流入某一节点的电流之和等于流出该节点的电流之和。用数学表达式表示为

$$\sum i_{\text{in}} = \sum i_{\text{out}} \tag{1-18}$$

此时，对图 1-28 中的节点 a 列 KCL 方程

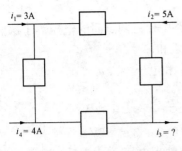

图1-29 ［例1-11］的电路

解 对闭合面列 KCL 方程

则

$$i_1 + i_2 + i_4 = i_3$$

$$i_3 = 3 + 4 + 5 = 12(\text{A})$$

$$i_1 + i_2 = i_3$$

二、基尔霍夫电流定律的推广

基尔霍夫电流定律不但对节点是成立的，对电路中任意闭合面也成立。即对于任一电路中的任一闭合面，在任一时刻，流入该闭合面的电流之和等于流出该闭合面的电流之和。

基尔霍夫电流定律体现了电流的连续性，也是电荷守恒定律的体现。

【例 1-11】 电路如图 1-29 所示，求电流 i_3。

知识点 2   基尔霍夫电压定律（KVL）

一、基尔霍夫电压定律的内容

基尔霍夫电压定律反映了电路中任一回路各支路电压之间相互关系的规律。

1. 表述一

对任一电路的任一回路，沿该回路所有支路电压之和恒等于零。用数学表达式表示为

$$\sum u = 0 \tag{1-19}$$

式（1-19）称为 KVL 方程或回路电压方程，取和是对某一回路中的所有支路电压进行的。基尔霍夫电压定律来源于能量守恒原理。

以图 1-30 为例，列回路 KVL 方程，选顺时针为回路的绕行方向，则

$$u_1 - u_2 - u_3 + u_4 = 0$$

列写 KVL 方程时应注意的问题：

（1）列方程时，需要任意指定一个回路的绕行方向，顺时针或逆时针。在图 1-30 中，绕行方向用虚线及箭头表示。同时还必须标出各支路电压的参考方向。

（2）沿回路的绕行方向，若支路电压的参考方向和回路的绕行方向一致，则该电压前面取正，若支路电压的参考方向和回路的绕行方向相反，则电压前面取负。

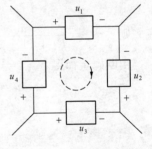

图1-30 KVL 的应用

2. 表述二

对任一电路的任一回路，沿某一绕行方向（顺时针或逆时针），电位降之和等于电位升之和。用数学表达式表示为

$$\sum u_{\text{down}} = \sum u_{\text{up}}$$

此时，对图 1-30 中回路列 KVL 方程

$$u_1 + u_4 = u_2 + u_3 \tag{1-20}$$

二、基尔霍夫电压定律的推广

由式（1-20）可得

$$u_1 = u_2 + u_3 - u_4 \qquad\qquad (1\text{-}21)$$

式（1-21）体现了基尔霍夫电压定律的推广应用，即电路中任意两点间的电压等于从假定的高电位端出发经任一路径绕行到低电位端所有支路电压之和。

【例 1-12】 电路如图 1-31 所示，求电路中电流 i_1、i_2、i_3 和电压 u_1、u_2、u_3。

解　应用 KCL 和 KVL 可得

$$i_1 = 1 - 2 = -1(\text{A})，i_2 = 3 - 2 = 1(\text{A})，i_3 = 1 - 3 = -2(\text{A})$$

$$u_1 = 5 - 4 = 1(\text{V})，u_2 = 4 + 3 = 7(\text{V})，u_3 = 5 + 3 = 8(\text{V})$$

【例 1-13】 图 1-32 为三极管放大电路的等效电路，u_i 为输入电压，u_o 为输出电压。已知 $u_i = 15\text{mV}$，$R_1 = 1\text{k}\Omega$，$R_2 = 2\text{k}\Omega$，$R_3 = 100\Omega$，$\beta = 40$，求输出电压 u_o。

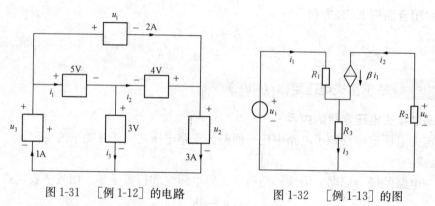

图 1-31　［例 1-12］的电路　　　　图 1-32　［例 1-13］的图

解　由 KVL 及 KCL 可得

$$i_1 R_1 + i_3 R_3 - u_i = 0$$

$$i_3 = i_1 + \beta i_1 = (1 + \beta)i_1$$

则

$$i_1 = \frac{u_i}{R_1 + (1+\beta)R_3} = \frac{15 \times 10^{-3}}{1 \times 10^3 + (1+40) \times 100} = 2.94 \times 10^{-6} = 2.94(\mu\text{A})$$

由欧姆定律得

$$u_o = -\beta i_1 R_2 = -40 \times 2.94 \times 10^{-6} \times 2 \times 10^3$$

$$= -235.2 \times 10^{-3}(\text{V}) = -235.2(\text{mV})$$

知识点 3　全电路欧姆定律和弥尔曼定理

所有电路的分析方法归纳起来都依赖于电路的两个基本规律，即电路中元件的伏安关系（VAR）和基尔霍夫定律（KCL 和 KVL）。单回路电路和单节偶电路是这两个基本定律最直接的应用电路。

一、单回路电路的分析

单回路电路：由电压源、电阻等元件组成的只有一个闭合回路的电路。如图 1-33 所示。

假设单回路电路中 u_{s1}、u_{s2}、u_{s3}、u_{s4}、R_1、R_2、R_3、R_4 为已知量，求回路电流。

电路分析的步骤如下：

（1）假设回路电流 i 的参考方向，并在图中标出如图 1-33 所示。

（2）假设各电阻电压的参考极性，尽量取关联。

（3）以 i 的参考方向作为回路的绕行方向，列写回路的 KVL 方程和元件的伏安特性方程可得

$$u_{R1} - u_{s1} + u_{R2} + u_{s2} + u_{R3} - u_{s3} + u_{R4} + u_{s4} = 0$$

则

$$i = \frac{u_{s1} - u_{s2} + u_{s3} - u_{s4}}{R_1 + R_2 + R_3 + R_4} \qquad (1\text{-}22)$$

（4）根据回路电流 i 再求其他待求量。

式（1-22）是一个很重要的结论，称为全电路欧姆定律。它表明，在由电源和电阻组成的单回路电路中，回路电流 i 为

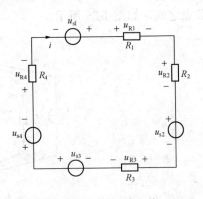

图 1-33　单回路电路

$$i = \frac{\text{沿回路电流方向所有电源电压升的和}}{\text{回路中所有电阻之和}}$$

以后可直接利用全电路欧姆定律求单回路的回路电流，不必重新推导。

【例 1-14】电路如图 1-34 所示，求电流 i 和电压 u。

解　这是一个单回路电路，由全电路欧姆定律求回路电流，即

$$i = \frac{12 - 6}{2 + 1 + 1 + 2} = 1 (\text{A})$$

$$u = 6 + 1 \times 2 = 8 (\text{V})$$

【例 1-15】电路如图 1-35 所示，求电流 i。

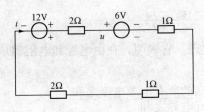
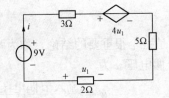

图 1-34　［例 1-14］电路图　　　　图 1-35　［例 1-15］电路图

解　这是一个单回路电路，首先把受控源当作独立源看待，根据全电路欧姆定律求回路电流 i。由于受控源中的控制量不是待求量，所以要补充一个反映控制量 u_1 与待求量 i 关系的方程。即方程为

$$\begin{cases} i = \dfrac{9 - 4u_1}{3 + 5 + 2} \\ u_1 = -2i \end{cases}$$

得

$$i = 4.5\text{A}$$

注意：如果控制量即为求解量，则无须补充方程。例如，在上例中，将受控源的电压值 $4u_1$ 改为 $4i$，则

$$i = \frac{9 - 4i}{3 + 5 + 2}$$

得

$$i = \frac{9}{14}\text{A}$$

二、单节偶电路的分析

单节偶电路是由电流源、电阻并联组成的电路，只有一对节点，所有元件都接在这一对

节点之间，如图 1-36 所示。

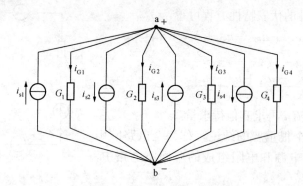

图 1-36 单节偶电路

假设单节偶电路中 i_{s1}、i_{s2}、i_{s3}、i_{s4}、G_1、G_2、G_3、G_4 为已知量，求节偶电压。电路分析步骤如下：

（1）假设节偶电压的极性 a（+）、b（一）。

（2）假设各支路电阻的电流参考方向，尽量取关联。

（3）对节点 a，列写 KCL 方程和电阻的伏安特性方程，可得

$$-i_{s1} + i_{G1} + i_{s2} + i_{G2} - i_{s3} + i_{G3} + i_{s4} + i_{G4} = 0$$

$$i_{G1} = G_1 u_{ab}, \ i_{G2} = G_2 u_{ab}, \ i_{G3} = G_3 u_{ab}, \ i_{G4} = G_4 u_{ab}$$

$$u_{ab} = \frac{i_{s1} - i_{s2} + i_{s3} - i_{s4}}{G_1 + G_2 + G_3 + G_4} \tag{1-23}$$

式（1-23）是一个很重要的结论，称为弥尔曼定理。它表明，在由电源和电阻组成的单节偶电路中，节偶电压 u 为

$$u = \frac{\text{流入节偶电压正极性端的所有电源电流之和}}{\text{电路中所有电导之和}}$$

（4）根据节偶电压 u_{ab} 再求其他待求量。

以后可直接利用弥尔曼定理求单节偶电路的节偶电压，不必重新推导。

【例 1-16】电路如图 1-37 所示，求电压 u 和电流 i。

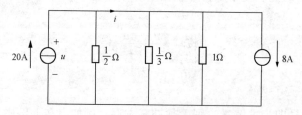

图 1-37 ［例 1-16］的图

解 这是一个单节偶电路，由弥尔曼定理求节偶电压，即

$$u = \frac{20 - 8}{2 + 3 + 1} = 2(\text{V})$$

$$i = 20 - \frac{2}{\frac{1}{2}} = 16(\text{A})$$

知识点 4　电路中各点电位的计算

一、电位的概念及计算

电路中每一点都有一定的电位，就如同空间每一处都有一定的高度那样。高度从什么地方算起，要选定参考点，这个参考点是海平面。以此类推，计算电位也需要有一个参考点。电路中可以任选一个节点为参考点，并规定参考点的电位为零，那么其他各节点对参考点的电压称为该点的电位，即电路中某点的电位就是单位正电荷沿电路所约束的路径移至参考点电场力所做的功。a 节点的电位用 V_a 表示。电子电路一般选某一公共线为参考点。电力系统一般选大地为参考点，即把大地的电位作为零电位。

电路如图 1-38 所示，选择不同的参考点进行分析。

选 a 为参考点，$V_a = 0$，$V_b = u_{ba} = 4V$，$V_c = u_{ca} = 10V$。

选 b 为参考点，$V_b = 0$，$V_a = u_{ab} = -4V$，$V_c = u_{cb} = 6V$。

选 c 为参考点，$V_c = 0$，$V_a = u_{ac} = -10V$，$V_b = u_{bc} = -6V$。

可见，电位的计算实质是电路中两点间电压的计算。

设 $V_a = 0$，$u_{ab} = -u_{ba}$，根据 KVL 有 $u_{cb} = u_{ca} + u_{ab} = u_{ca} - u_{ba} = V_c - V_b$。因此，在电路中任意两点间的电压就是这两点的电位差。

注意：各点电位都是对参考点而言的，参考点不同，各点的电位数值也不同。参考点可任意选，但一旦选定就不可随意改动，一个电路中只能选一个参考点。不论如何选择参考点，电路中两点之间的电压都不会改变。如上例中，分别选 a、b、c 为参考点时，u_{ab} 始终为 -4V。在电路图中参考点用符号"⊥"表示。

二、电子电路的一种习惯画法

电子电路中的习惯画法：对于电源只是标出电源一个极的端钮及其数值，不再画出代表电源的电路符号，电源的另一个极一定是接"⊥"。这个"⊥"就是我们选定的参考点，"⊥"有时画出，有时并不画出。其中，图 1-39（a）是电子电路的习惯画法，图 1-39（b）是对应的电路的一般画法。画的时候只要将有电源的地方补齐电源的电路符号（注意极性），电源符号的另一端和"⊥"接起来就可以。

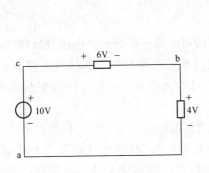

图 1-38　电位的概念

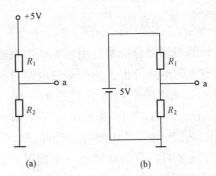

图 1-39　电子电路的习惯画法
（a）电子电路的习惯画法；（b）对应的电路的一般画法

【例 1-17】 电路如图 1-40（a）所示，求 V_a。

解　c 点是 32V 电压源的正极性端，负极性端接地，故 $V_c = 32V$。b 点是 28V 电压源的

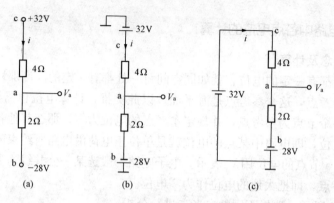

图 1-40　［例 1-17］电路图
(a) 电路图；(b) 分解；(c) 一般画法

负极性端，正极性端接地，故 $V_b = -28V$，如图 1-40 (b) 所示。将两个接地端连接在一起，改成一般画法如图 1-40 (c) 所示。

因为　　　　　　　　$u_{cb} = V_c - V_b = 32 - (-28) = 60(V)$

$$i = \frac{u_{cb}}{6} = \frac{60}{6} = 10(A)$$

则　　　　　　　　　$u_{ab} = i \times 2 = 10 \times 2 = 20(V)$

又因　　　　　　　　$u_{ab} = V_a - V_b$

则　　　　　　　　　$V_a = u_{ab} + (-28) = 20 - 28 = -8(V)$

任务 4　帮助电路分析的软件——Multisim 电路仿真软件的使用

【任务要求】了解 Multisim 电路仿真软件的操作界面，学会使用软件创建电路原理图，并进行电路分析。

技能点 1　界面介绍

电路的计算机辅助分析是利用计算机作为辅助手段对电路进行分析。电路分析包括许多内容，其中有电阻电路分析、正弦交流电路分析、线性动态电路分析、非线性电路分析等。Multisim 是一款易用的电路计算机辅助分析软件。NI Multisim 10 是美国国家仪器公司 (National Instruments，NI) 推出的 Multisim 较新的版本。

NI Multisim 10 是一个电路原理设计、电路功能测试的虚拟仿真软件，用软件的方法虚拟电子与电工元器件、仪器和仪表，实现了"软件即元器件""软件即仪器"。NI Multisim 10 的元器件库提供数千种电路元器件供实验选用，同时也可以新建元件库或扩充已有的元器件库，而且建库所需的元器件参数可以从生产厂商的产品使用手册中查到，因此可在工程设计中方便地使用。

一、Multisim 概貌

软件以图形界面为主，启动 Multisim 10.0 如图 1-41 (a) 所示，将出现如图 1-41 (b)

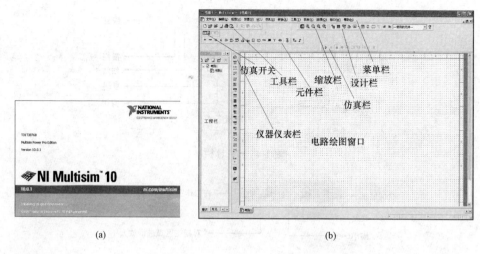

图 1-41 Multisim10 的启动界面

（a）Multisim10 的启动界面；（b）操作界面

所示的操作界面。Multisim10 的基本操作界面包括菜单栏、工具栏、元器件栏、仿真开关、电路工作区、电路元器件等。

Multisim 的主窗口如同一个实际的电子实验台。屏幕中央区域最大的窗口就是电路工作区，在电路工作区上可将各种电子元器件和测试仪器仪表连接成实验电路。电路工作窗口上方是菜单栏、工具栏。从菜单栏可以选择电路连接和实验所需的各种命令。工具栏包含了常用的操作命令按钮。通过鼠标器操作也可方便地使用各种命令和实验设备。电路工作窗口两边是元器件栏和仪器仪表栏。元器件栏存放着各种电子元器件，仪器仪表栏存放着各种测试仪器仪表，用鼠标操作可以很方便地从元器件和仪器库中，选取实验所需的各种元器件及仪器、仪表到电路工作窗口并连接成实验电路。按下电路工作窗口上方的"启动/停止"开关或"暂停/恢复"按钮可以方便地控制实验的进程。

二、界面介绍

1. 菜单栏

和其他应用软件一样，图 1-42 所示 Multisim10.0 的菜单栏包含 12 个菜单，分类集中了软件的所有功能命令。

文件(F)	编辑(E)	视图(V)	放置(P)	MCU	仿真(S)	转换(A)	工具(T)	报表(R)	选项(O)	窗口(W)	帮助(H)

图 1-42 菜单栏

2. 工具栏

标准工具栏如图 1-43 所示，主要提供一些常用的文件操作功能。

3. 视图缩放栏

视图缩放栏按钮如图 1-44 所示。

4. 设计栏

设计栏如图 1-45 所示，它集中了 Multisim10.0 的核心操作，直接在设计栏中单击相关按钮可使电路设计更加方便。

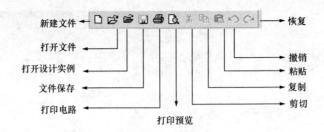

图 1-43　工具栏

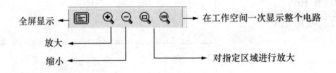

图 1-44　视图缩放栏

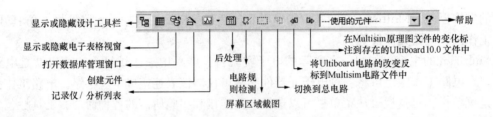

图 1-45　设计栏

5. 仿真开关

用于控制仿真过程的开关有两个：仿真启动/停止开关和仿真暂停开关。

仿真启动/停止开关 ←　　　　→ 仿真暂停开关

图 1-46　仿真开关

6. 元件栏

Multisim10.0 的元件工具栏包括 16 种元件分类库，每个元件库放置同一类型的元件。元件工具栏还包括放置层次电路和总线的命令。元件工具栏从左到右的模块分别如图 1-47 所示。

图 1-47　元件栏

7. 仪器仪表栏

仪器工具栏包含各种对电路工作状态进行测试的仪器仪表及探针。仪器工具栏从左到右的仪器如图 1-48 所示。

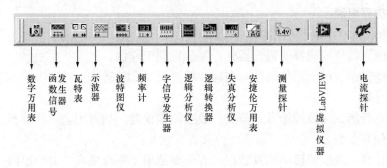

图 1-48　仪器仪表栏

8. 设计工具箱

设计工具箱用来管理原理图的不同组成元素。设计工具箱由三个不同的选项卡组成，分别为"层次化"选项卡、"可视化"选项卡和"工程视图"选项卡，如图 1-49 （a）、（b）和（c）所示。下面介绍各选项卡的功能。

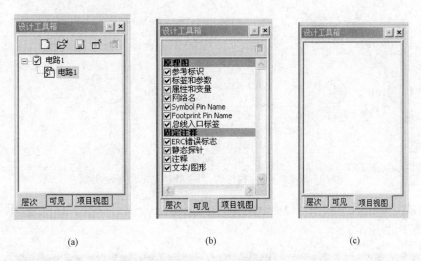

(a)　　　　　　　(b)　　　　　　　(c)

图 1-49　设计工具箱

(a)"层次化"选项卡；(b)"可视化"选项卡；(c)"工程视图"选项卡

"层次化"选项卡：该选项卡包括了所设计的电路，页面上方的五个按钮从左到右为：新建原理图、打开原理图、保存、关闭当前电路图和（对当前电路、层次化电路和多页电路）重命名。

"可视化"选项卡：由用户决定工作空间的当前选项卡面显示哪些层。

"工程视图"选项卡：显示所建立的工程，包括原理图文件、PCB 文件、仿真文件等。

9. 电路工作区

在电路工作区中可进行电路的编辑绘制、仿真分析及波形数据显示等操作。如果有需要，还可以在电路工作区内添加说明文字及标题框等。

技能点2　应用实例使用说明

一、绘制仿真电路

在 Multisim 10.0 中绘制电路图，步骤如下：

（1）从左侧元器件库选择所需元器件，并放置到工作区。

（2）对工作区摆放的元器件调整其布局，使之美观、整齐。

（3）连接导线。

（4）在需进行测试测量的地方（节点）放置测量仪器，如万用表、示波器等。

（5）设置仿真参数。

（6）运行仿真，观察波形和仿真数据；若仿真结果不符合要求，分析原因，修改元器件参数和仿真参数，再观察分析仿真结果。

在画电路图时，常出现如图 1-50 所示的两种模式，这是由于设置"电路符号标准"不同。在"符号标准（Symbol Standard）"栏有两种标准：一种是美国标准模式"ANSI"，在电子行业广泛应用，常见的一些符号如图 1-50（a）所示；另一种是欧洲标准模式"DIN"，符合中国电路符号标准，常见的一些符号如图 1-50（b）所示。这里选择欧洲标准模式"DIN"。

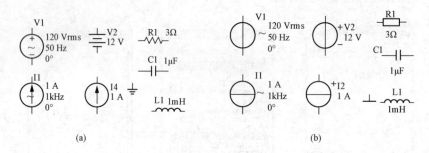

图 1-50　两种模式

（a）"ANSI"标准的一些电路符号；（b）"DIN"标准的一些电路符号

设置方法：单击菜单选项（O）→Global preferences→零件→符号标准→DIN 即可，如图 1-51 和图 1-52 所示。

图 1-51　Global preferences

二、电路仿真应用实例

在 Multisim 软件的工作绘图区绘制图 1-53 所示电路图，并测量图中 3Ω 电阻两端的电压和流过的电流，学习 Multisim 软件的电路仿真方法。

1. 建立电路文件

双击 Multisim 软件图标。自动进入软件的编辑界面，新建一个名为"电路 1"的空白

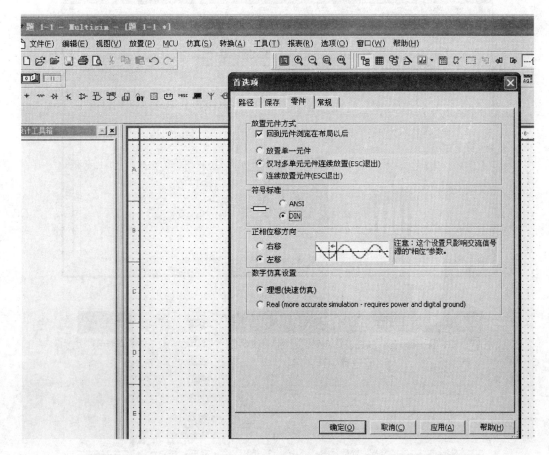

图 1-52　设置方法

的电路文件，也可通过单击菜单（文件—新建—原理图），
新建一个空白电路文件，如图1-54所示。单击"保存"，将
该文件名保存到指定文件夹下。

2. 放置元件

元件工具栏是默认可见的，如果不可见，可如图 1-55
所示添加元件工具栏。元件被分成逻辑组和元件箱，每一
元件箱用工具栏中的一个按钮表示。将鼠标指向元件箱，
元件族工具栏打开，其中包含代表各族元件的按钮。

（1）放置电阻元件。用鼠标单击工具栏中的放置基础

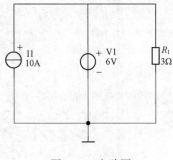

图 1-53　电路图

元件按钮 ，如图 1-56 所示。在弹出的对话框中选择
RESISTOR（电阻），选择 3Ω，单击确定。这样在绘图区合适位置放置阻值为 3Ω 的电阻，
其他电阻的选择方法与其相同。若要旋转元件，只要将鼠标放在元件上右击鼠标即可选择旋
转方向和角度，其他元件的旋转方法与电阻的相同。

（2）放置电源元件。单击工具栏中的信号源 按钮，弹出的对话框如图 1-57 所示。其
中"系列"栏的说明如图 1-58 所示。

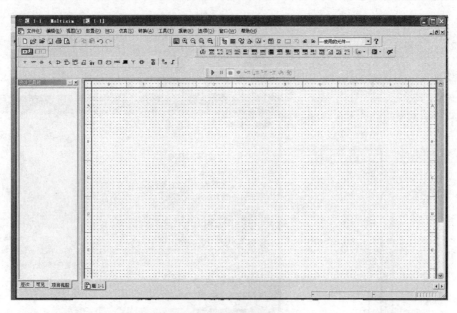

图 1-54　建立电路文件

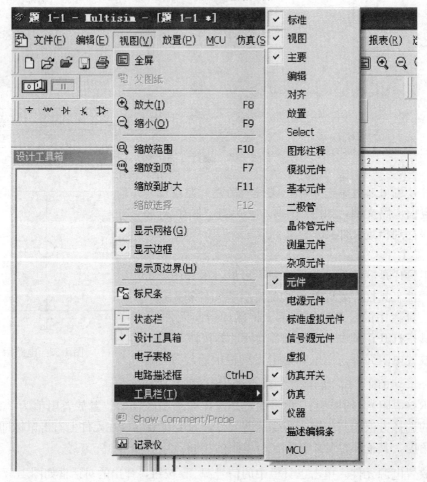

图 1-55　元件工具栏的添加

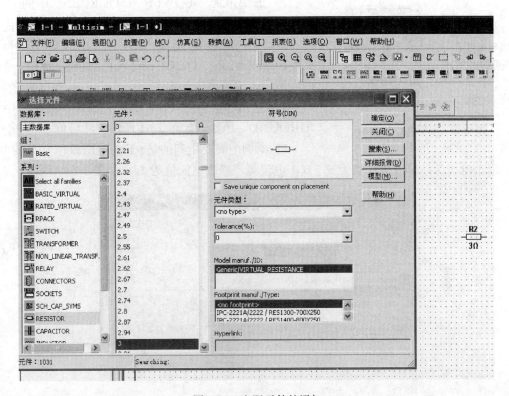

图 1-56　电阻元件的添加

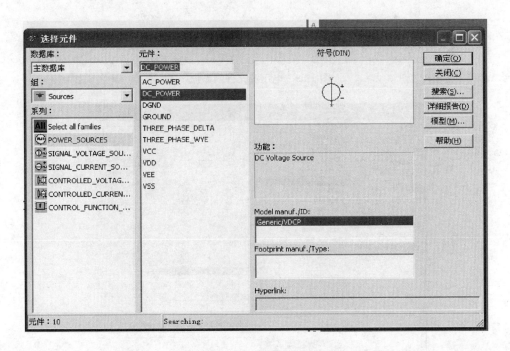

图 1-57　电源元件的添加

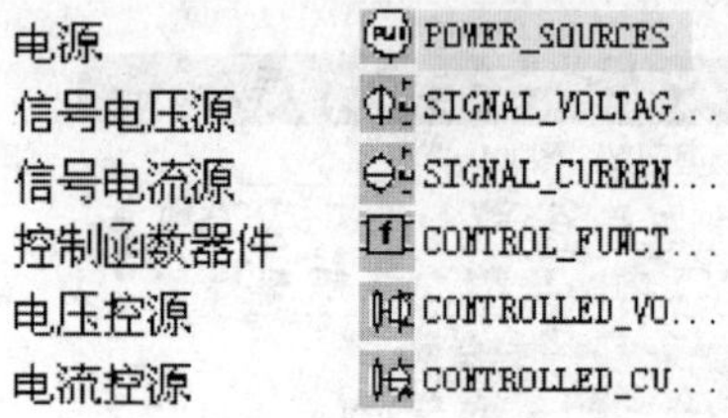

电源   POWER_SOURCES
信号电压源   SIGNAL_VOLTAG...
信号电流源   SIGNAL_CURREN...
控制函数器件   CONTROL_FUNCT...
电压控源   CONTROLLED_VO...
电流控源   CONTROLLED_CU...

图 1-58　电源元件的添加

1）选中电源"POWER _ SOURCES"中的"DC-POWER"直流电源，如图 1-59 所示，然后单击确定。

2）选中信号电流源"SIGNAL _ CURRENT _ SOURCES"中的"DC-CURRENT"直流电流源，如图 1-60 所示，然后单击确定。

3）选中电源"POWER _ SOURCES"中的"GROUND"地线，如图 1-61 所示，然后单击确定。

4）本例中需要用到的是 6V 的电压源和 10A 的电流源，双击电压源，修改电压值为 6，双击电流源，修改电流值为 10，如图 1-62 所示。

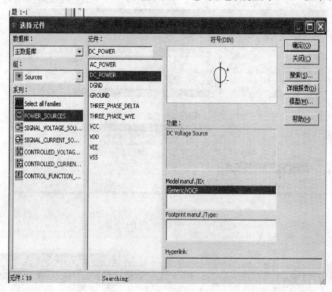

图 1-59　电压源元件的添加

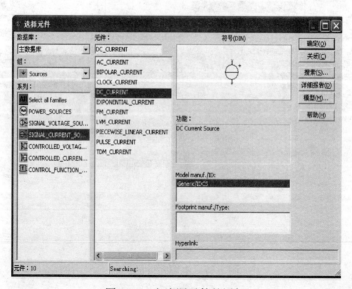

图 1-60　电流源元件的添加

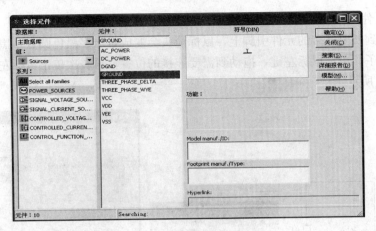

图 1-61　地线的添加

(a)

(b)

图 1-62　电源数值的修改

(a) 电压源 ；(b) 电流源

3. 连接元件

将鼠标移到所要连接的元件引脚上，鼠标箭头会变成带十字黑色圆点，黑色圆点就表示电路可以连接了。单击鼠标左键，拖动到需要连接的位置，再一次单击鼠标左键即可完成连线，如图 1-63 所示。

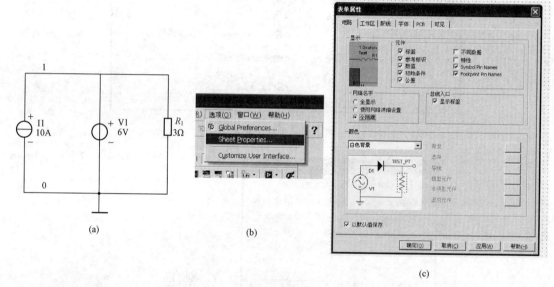

图 1-63 元件的连线和删除线的标号

（a）电路连线；（b）删除标号；（c）选项

要删除连线，单击左键选中的连线后，右击连线，从弹出式菜单中选择 Delete 或选中连线后直接按 Delete 键。

连接好电路后，连线是有标号的，若要去掉连线的标号，可单击菜单选择（O）—Sheet Properties—网络名称—全隐藏，过程如图 1-63 所示。

注意：连线默认为红色。要改变连线颜色默认值，可左击电路连线，选中要改变颜色的线（若选中一条，则改变一条连线的颜色，若选择多条或者全选，则改变相应条连线的颜色），右击，选择改变颜色，出现如图 1-64 所示颜色选择的对话框，选中某一颜色，单击确定完成连线的颜色的修改。

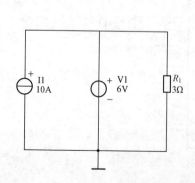

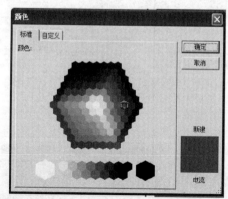

图 1-64 修改连线颜色

　　绘制好的电路图默认有网格线，如图 1-65 所示，可通过点击"编辑"菜单，选择属性，如图 1-66 所示，将"显示网格"前的钩去掉即可去掉网格线，如图 1-67 所示。

　　4. 放置测量仪表

　　选中仪器仪表栏中的数字万用表 ，作为电流表使用的万用表串联在电路中，作为电压表使用的万用表并联在电路中，如图 1-68 所示。

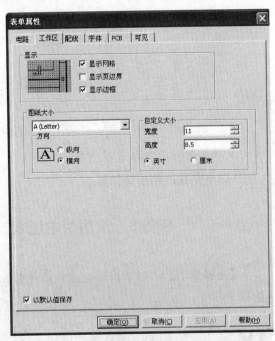

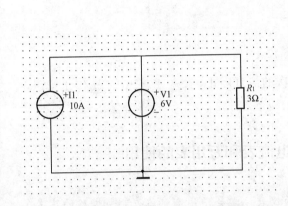

图 1-65　带有网格线的电路图

图 1-66　修改方法

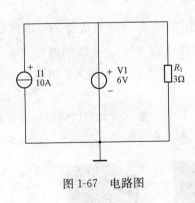

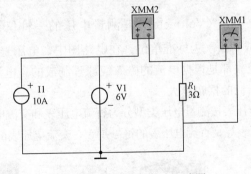

图 1-67　电路图

图 1-68　放置测量仪表电路图

　　5. 电路仿真

　　用万用表测量 3Ω 电阻两端的电压和流过的电流，双击万用表，对万用表的参数进行电气设置和显示设置。这里选用默认值。最后按仿真栏仿真按钮 ，测量结果如图 1-69 所示。3Ω 电阻两端的电压为 6V，电流值为 2A。

　　注意：1）电路要接地线，若不接地线，会出现错误信息。

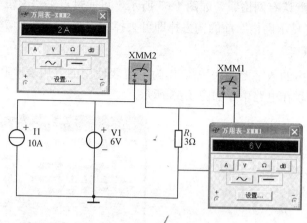

图 1-69　放置测量仪表电路图

2）当需要修改电路重新测量时，需将前一次的仿真停止，按 ▶ ❚❚ ■ 中的 ■ 停止按钮，才能进行电路修改和重新仿真。

任务 5　常用的电压表、电流表和万用表的使用

【任务要求】了解常用的测量电压和电流的仪表，学会使用测量仪表测量电路的基本物理量。

技能点 3　测量仪表及其使用

一、电压表及其使用

1. 电压表

电压表（Voltmeter）是测量电压的一种仪器，常用电压表也称为伏特表，电压值以"V"或"伏"为标准单位。在电路图中，电压表的电路符号为"Ⓥ"。传统的指针式电压表和电流表都是根据电流的磁效应原理制成的。电流越大，所产生的磁力越大，电压表或电流表上指针的摆幅越大。

电压表按测量电压类型分为直流电压表和交流电压表。按显示形式分为指针式电压表和数显式电压表等。直流电压表的符号是 $\underline{V}$，交流电压表的符号是 $\underset{\sim}{V}$。常用的电压表如图 1-70 所示。

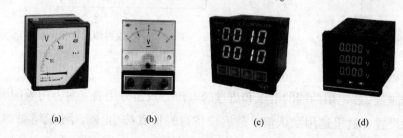

(a)　　　　　(b)　　　　　(c)　　　　　(d)

图 1-70　常用的电压表
(a)、(b) 指针式电压表；(c)、(d) 数显式电压表

2. 直流电压表的使用

通常，电压表用来测量电气设备线路中的电压。测量时是将电压表并接在负载两端的。使用直流电压表测量直流电压时的正确接线方法如图 1-71 所示。图 1-71（a）为直流电压表的直接接入法，图 1-71（b）为带倍压器的直流电压表接入法。注意：

（1）电压表上的正、负极应与线路中的电压正、负极相对应。

（2）如果电压表测量机构的内阻不够大，测量电压又较高，则应增加一个串联电阻 R 来降低仪表机构的电压，所增加的电阻也称为倍压器，如图 1-71（b）所示。

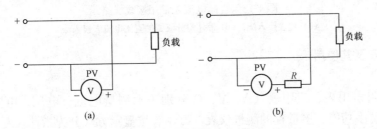

图 1-71　直流电压表常用接线线路
（a）直接接入法；（b）带倍压器的接入法

二、电流表及其使用

1. 电流表

电流表是指用来测量电路中电流的仪表。在电路图中，电流表的符号为"Ⓐ"。电流值以"安"或"A"为标准单位。电流表一般可直接测量微安或毫安数量级的电流，但为测更大的电流，电流表应有并联电阻器（又称分流器）。常用的电流表如图 1-72 所示。

（a）　　　　　（b）　　　　　（c）　　　　　（d）　　　　　（e）

图 1-72　常用的电流表
（a）、（b）指针式电流表；（c）、（d）数显式电流表；（e）钳形电流表

2. 直流电流表的使用

在测量电路直流电流数值时，电流表需和被测电路串联。图 1-73（a）为直流电流表的直接接入法。图 1-73（b）为带外附分流器的直流电流表接入法。注意：

（1）直流电流表的正极应与电源的正极接线端子相连接。仪表的量限应为被测电流的 1.5～2 倍。

（2）要测量一个很大的直流电流，如几十安培，甚至几百安培时，若没有那么大量程的电流表进行电流的测量，可以并联分流器，如图 1-73（b）所示。

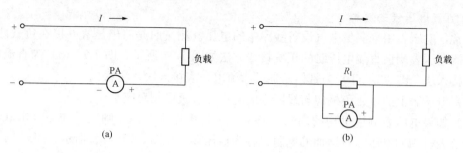

图 1-73 直流电流表常用接线线路
(a) 直接接入法；(b) 带外附分流器的直流电流表接入法

三、万用表及其使用

1. 万用表

万用表又叫多用表、三用表（A、V、Ω 分别表示测量电流、电压、电阻）、复用表、万能表，是一种多功能、多量程的测量仪表。万用表按显示方式分为指针式万用表和数字式万用表，如图 1-74 所示。一般万用表可测量直流电流、直流电压、交流电压和电阻等，有的还可以测量交流电流、电容量、电感量、温度及半导体（二极管、三极管）等一些参数。

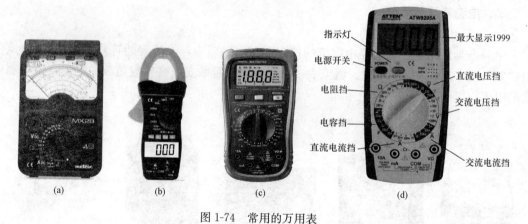

图 1-74 常用的万用表
(a) 指针式万用表；(b) 钳形万用表；(c) 数显式万用表；(d) 数显式万用表图解

目前，数字式万用表已成为主流，与模拟式仪表相比，数字式仪表灵敏度高，准确度高，显示清晰，过载能力强，便于携带，使用也更方便简单。数字式万用表的测量过程由转换电路将被测量转换成直流电压信号，通过模/数（A/D）转换器将电压模拟量转换成数字量，再通过电子计数器计数把测量结果用数字直接显示在显示屏上。

2. 万用表的使用

万用表的表头是灵敏电流计。指针式万用表表头上的表盘印有多种符号、刻度线和数值。符号 A—V—Ω 表示这只电能表是可以测量电流、电压和电阻的多用表。表盘上印有多条刻度线，其中右端标有"Ω"的是电阻刻度线，其右端为零，左端为∞，刻度值分布是不均匀的。符号"—"或"DC"表示直流，"～"或"AC"表示交流。刻度线下的几行数字是与选择开关的不同挡位相对应的刻度值。表头上还设有机械零位调整旋钮，用以校正指针在左端的零位。

　　数字式万用表表面上有一个大的选择开关，选择开关是一个多挡位的旋转开关，用来选择测量项目和量程。数字式万用表图解如图 1-73（d）所示。一般的万用表测量项目包括："mA"，直流电流；"V（－）"，直流电压；"V（～）"，交流电压；"Ω"，电阻。每个测量项目又划分为几个不同的量程以供选择。

　　万用表的下端有表笔插孔，需要配 2 支表笔，表笔分为红、黑二色。使用时应将红色表笔插入标有"＋"号的插孔，黑色表笔插入标有"－"号的插孔。

　　用万用表测量电路物理量如图 1-75 所示，使用万用表测量时应注意以下几方面：

　　（1）在使用万用表之前，若使用的是指针式仪表，应先进行"机械调零"，即在没有测电量时，使万用表指针指在零电压或零电流的位置上。

　　（2）在使用万用表过程中，不能用手去接触表笔的金属部分，这样一方面可以保证测量的准确，另一方面也可以保证人身安全。

　　（3）在测量某一电量时，不能在测量的同时换挡，尤其是在测量高电压或大电流时，更应注意。否则，会使万用表毁坏。如需换挡，应先断开表笔，换挡后再去测量。

　　（4）万用表在使用时，必须水平放置，以免造成误差。同时，还要避免外界磁场对万用表的影响。

　　（5）万用表使用完毕，应将转换开关置于交流电压的最大挡。如果长期不使用，还应将万用表内部的电池取出来，以免电池腐蚀表内其他器件。

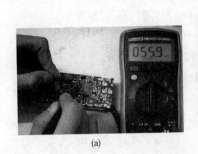 

（a）　　　　　　　　　　　　（b）

图 1-75　用万用表测量电路物理量

知识拓展　典型习题分析

【例 1-18】 求图 1-76 所示电路（a）中的电流 i 和（b）中的 i_1 和 i_2。

　　解　根据图 1-76（a）中电流参考方向，由 KCL，有

$$i = 2 - 8 = -6(\text{A})$$

对于图 1-76（b），有

$$i_1 = 5 - 4 = 1(\text{A})$$

$$i_2 = i_1 + 2 = 3(\text{A})$$

【例 1-19】 电路如图 1-77 所示，求 2Ω 和 10Ω 两端的电压值和流过的电流值。

　　解　由图 1-76 可知，流过 2Ω 电阻的电流为 2A，取关联参考方向，根据欧姆定律，则电压值为 $u = iR = 2 \times 2 = 4(\text{V})$。

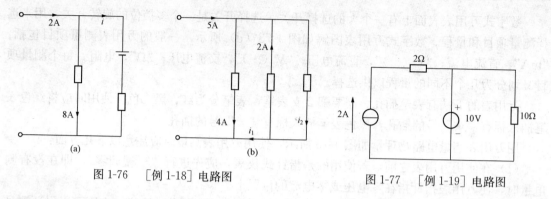

图 1-76　〔例 1-18〕电路图

图 1-77　〔例 1-19〕电路图

由图 1-76 可知，加在 10Ω 电阻两端的电压为 10V，取关联参考方向，根据欧姆定律，则电压值为 $i = u/R = 10/10 = 1(A)$。

【例 1-20】电路如图 1-78 所示，求电压 u_{ab}。

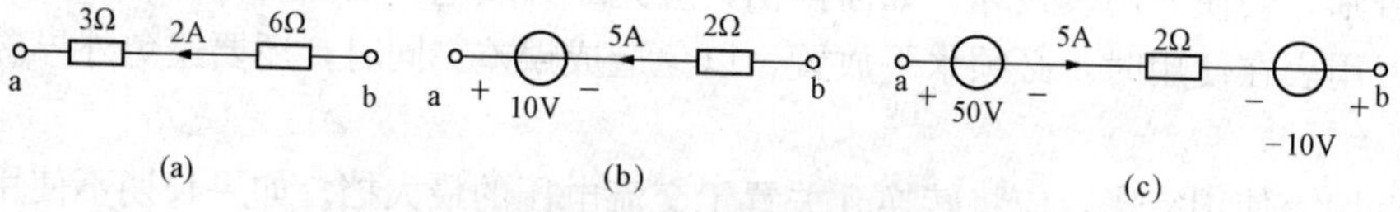

图 1-78　〔例 1-20〕电路图

解　图 1-77（a）$u_{ab} = (-2 \times 3) + (-2 \times 6) = -18(V)$

图 1-77（b）$u_{ab} = 10 + (-5 \times 2) = 0(V)$

图 1-77（b）$u_{ab} = 50 + 5 \times 2 - (-10) = 70(V)$

【例 1-21】电路如图 1-79 所示，求电压 u_{ab}、u_{ac}、u_{bc} 和 i。

解

$$u_{ab} = (2 \times 10) + [-(-5 \times 10)] = 70(V)$$

$$u_{ac} = (2 \times 10) + (-30) = -10(V)$$

$$u_{bc} = (-5 \times 10) + (-30) = -80(V)$$

由图 1-79 可知，10Ω 电阻两端的电压和电流为非参考方向，所以

$$i = -u/R = -30/10 = -3(A)$$

或者根据基尔霍夫电流定律（KCL）有

$$i = 2 + (-5) = -3(A)$$

【例 1-22】某收音机的电源用干电池供电，其电压为 6V，设内阻为 1Ω。若收音机相当于一个 59Ω 的电阻，试求收音机吸收的功率、电池内阻消耗的功率及电源发出的功率。

解　该电路的模型如图 1-80 所示。

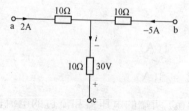

图 1-79　〔例 1-21〕电路图

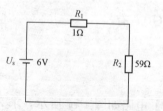

图 1-80　〔例 1-22〕电路模型

则电流 i 为

$$i = \frac{U_s}{R_1 + R_2} = \frac{6}{60}A = 0.1(A)$$

收音机吸收的功率 P_2 为

$$P_2 = R_2 i^2 = 59 \times 0.01 = 0.59(W)$$

电池内阻消耗（吸收）的功率 P_1 为

$$P_1 = R_1 i^2 = 1 \times 0.01 = 0.01(W)$$

电源发出的功率为

$$P = U_s i = 6 \times 0.1W = 0.6(W)$$

或

$$P = P_1 + P_2 = (0.59 + 0.01)W = 0.6(W)$$

【例 1-23】电路如图 1-81 所示，在 Multisim10.0 中用万用表测量 4Ω 电阻两端的电压和流过的电流，测量 1Ω 电阻两端的电压和电流，分析当万用表的正负极连的方向不同时，比较 1Ω 电阻两端电压值的不同。

解 在 Multisim 软件中绘制电路原理图，并将万用表接入图中，当作为电压表用时，将电压表的正负极并联接到元件的两端。注意正负极的连接。当万用表作为电流表用时，需要串联到待测电路中，同样注意正负极的连接方式。

因为本题目中为强调正负极的具体测量，所以按照

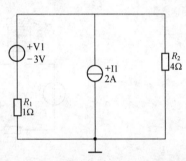

图 1-81 ［例 1-23］电路图

测量习惯将万用表的负极接在地线所在的连接线上，万用表正极接在元件的另一端。如图 1-82 所示，测量 4Ω 电阻两端的电压值为 4V，电流为 1A，测量 1Ω 电阻两端的电压则有两个值，一个为 -1000MV 即为 -1V，另一个为 1V。两个万用表测出不同值的原因在于万用

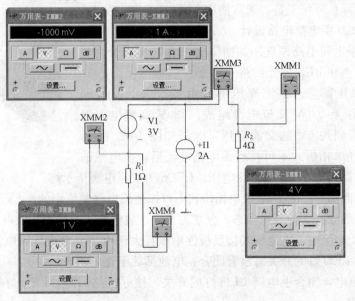

图 1-82 电路仿真电路

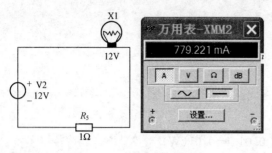

图 1-83　电路仿真电路图

表的正负极连接点不同，所以测出的值一个为正值，另一个为负值。

【例 1-24】在 Multisim 软件中点亮 12V 灯泡，并用虚拟万用表测量流过灯泡的电流和灯泡两端的电压，电路如图 1-83 所示。

解　在 Multisim 软件中绘制电路原理图，万用表接入图中如图 1-84 所示，当万用表做电压表用时并联到元件的两端，当万用表做电流表用时，需要串联到待测电路中，同样注意正负极的连接方式。由图 1-84 可见，流过 12V 灯泡的电流是 779.221mA，灯泡两端电压是 11.221V，1Ω 电阻也分得 0.779V 电压。

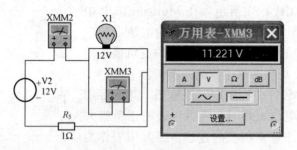

图 1-84　仿真测试电路

技能拓展　直流照明电路的设计及故障分析（以充电 LED 手电筒为例）

充电手电筒是以发光二极管作为光源，可以进行反复充电使用的一种手持式电子照明工具，如图 1-85 所示。它具有省电、耐用、亮度强等优点，适合夜间外出、停电照明使用。充电手电筒作为绿色环保工具，通常使用 LED 灯泡作为发光源。

一、充电 LED 手电筒电路设计

充电 LED 手电筒电路原理图如图 1-86 所示，电路分为整流降压、充电电池和 LED 发光回路三部分。

（1）整流降压部分。整流降压部分由 C_1、R_6、VD1～VD4、LED6、R_7 及 220V 交流电源组成。220V 交流电源经 R_6、C_1 分压后得到约 6V 的交流电压，电路如图 1-87 所示。6V 的交流电压经单相桥式不可控整流电路整流后，在电池的负极和正极之间得到约 4.2V 的直流电压。LED6 为交流电源指示灯。

图 1-85　充电手电筒

（2）充电电池部分。图 1-86 中单相桥式不可控整流电路整流出的 4.2V 直流电源为直流电池充电。电池部分有 3 种工作状态，分别为充电、放电和不充电也不放电。

1）如果插上交流电，电池两端接反极性电压且大于电池放电电压，电池就处于充电状态（不管手电筒 LED 灯的开关有没有闭合，电池都处于充电状态）。

2）不插交流电，闭合手电筒 LED 灯的开关，接通电路回路，LED 灯被点亮，电池处于放电状态。

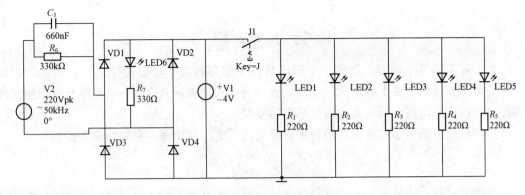

图 1-86　充电手电筒电路图

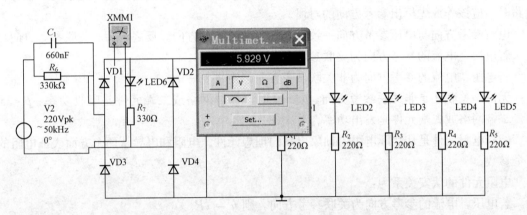

图 1-87　交流电源降压到 6V

3）如果不插交流电，断开开关，电池不充电也不放电。

（3）LED 发光回路部分。采用 5 个 LED 发光二极管作为照明光源。发光回路由开关、白光发光二极管 LED 及 220Ω 限流电阻共同组成。只要回路电源开关闭合，灯就会被点亮。

二、使用注意事项及故障分析

设计电压为 220V、50Hz 交流电压，当电源电压过高时，充电电路的电压经降压和整流后的电压会升高，容易造成蓄电池过电压充电，使蓄电池过早损坏。如果充电时开灯使用，有可能发生烧毁 LED 灯的危险。

下面介绍充电 LED 手电筒常发生的故障。

（1）个别 LED 灯不亮，说明个别 LED 损坏或引脚接触不良，需要更换 LED 或点焊引脚，注意更换灯时正负极性不能接反。

（2）当手电筒插电灯亮，不插电灯不亮的情况发生时，有可能充电电池损坏，造成电池不能充放电，需要更换充电电池。

（3）当接通电路开关，手电筒 LED 灯不亮，晃一晃灯才亮的现象发生时，有可能电路线路接触不良，需要检查开关与 LED 灯之间，电池与 LED 灯之间的线路是否有断开和开焊的现象。

（4）当拨动开关接触不良或损坏导致手电筒灯不亮的情况发生时，需要更换拨动开关。

项 目 小 结

（1）实际电路是由电源、负载、中间环节三个部分组成。理想元件是实际元件的理想化，表征实际元件的主要电磁性质，可以用数学表达式来表示其性能。电路模型由理想元件和理想导线组成，电路分析研究的对象是电路模型。

（2）在电路分析中，主要关注的物理量是电流、电压和功率，它们的定义式为

$$i = \frac{dq}{dt}; \quad u_{ab} = \frac{dw}{dq}; \quad p = ui$$

在分析电路时，往往一下子很难判断电压、电流的方向。可以先假设一个方向，这就是电压、电流的参考方向。没有标明参考方向的电压、电流的数值的含义是不完整的，在分析电路时，应该养成先标出参考方向的习惯。

电流参考方向与电压参考方向一致时，称为关联参考方向。反之，为非关联参考方向。

若电压、电流的参考方向为关联参考方向，则 $p = ui$。

若电压、电流的参考方向为非关联参考方向，则 $p = -ui$。

无论是关联还是非关联参考方向，$p > 0$ 时，二端网络或二端元件是吸收功率；$p < 0$ 时，二端网络或二端元件是发出功率。

（3）电阻元件是从实际电阻器抽象出来的理想元件。电阻和电导从两个方面表征电阻的两个参数。

电阻元件的伏安关系为：

若电压、电流的参考方向为关联参考方向，则 $u = iR$。

若电压、电流的参考方向为非关联参考方向，则 $u = -iR$。

电阻吸收功率的计算公式为 $p = Ri^2 = \frac{i^2}{G}$ 或 $p = \frac{u^2}{R} = u^2 G$。

（4）4 种理想元件的伏安关系。

1）电阻元件：$u = iR$。

2）电压源：$u = u_s$，i 为任意值。

3）电流源：$i = i_s$，u 为任意值。

4）受控源：

VCVS：$u_2 = \mu u_1$；CCVS：$u_2 = \gamma i_1$。

VCCS：$i_2 = g u_1$；CCCS：$i_2 = \alpha i_1$。

（5）基尔霍夫定律

KCL 反映了电路中与任一节点（闭合面）相连的各支路电流之间相互关系的规律，其数学表达式为

$$\sum i = 0$$

KVL 反映了电路中任一回路各支路电压之间相互关系的规律，即

$$\sum u = 0$$

（6）电路分析的基本依据来源于电路的两个基本规律。

1）组成电路的各个元件在电路中的规律，即元件的伏安特性（VAR）。

2）与各元件的连接状况有关的规律，即基尔霍夫定律（KCL 和 KVL）。

（7）单回路电路的分析。

单回路电路：由电压源、电阻等元件组成的只有一个闭合回路的电路。

回路电流为（全电路欧姆定律）

$$i = \frac{\text{沿回路电流方向所有电源电压升的和}}{\text{回路中所有电阻之和}}$$

单节偶电路：由电流源、电阻并联组成的电路，只有一对节点，所有元件都接在这一对节点之间。节偶电压为（弥尔曼定理）

$$u = \frac{\text{流入节偶电压正极性端的所有电源电流之和}}{\text{电路中所有电导之和}}$$

（8）电位：电路中任选一个节点为参考点，并规定参考点的电位为零，那么各节点对参考点的电位降称为该点的电位。只有在电路中选定参考点，谈论电位才有意义。

（9）在 Multisim 10.0 中分析电路。注意当万用表作为电压表用时并联到元件的两端，当作为电流表用时，需要串联到待测电路中。

（10）常用的测量仪表有电压表、电流表和万用表。减小因仪表内阻而产生测量误差的方法有不同量限两次测量计算法和同一量限两次测量计算法。

习 题 一

1-1　图 1-88（a）～（c）所示分别为从某一电路中取出的支路。试问电流的方向如何？

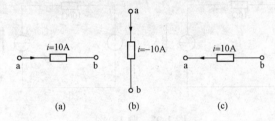

图 1-88　题 1-1 图

1-2　图 1-89（a）、（b）、（c）所示分别为某电路中的元件，试问：元件两端电压的实际方向如何？

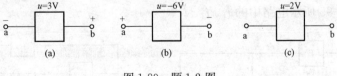

图 1-89　题 1-2 图

1-3　电荷由 a 到 b 通过元件时能量改变 5J，求下列情况下的电压 u_{ab}：（1）电荷为正，失去能量；（2）电荷为正，获得能量；（3）电荷为负，失去能量；（4）电荷为负，获得能量。

1-4　图 1-90 所示电路中，求电压 u_{ab}。

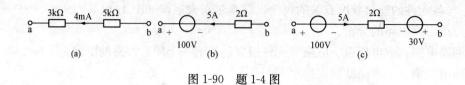

图 1-90　题 1-4 图

1-5　已知一电烙铁铭牌上标出"25W，220V"。问电烙铁的额定工作电流为多少？其电阻为多少？

1-6　将一个 36V、15W 的灯泡接到 220V 的线路上工作行吗？将 220V、25W 的灯泡接到 110V 的线路上工作行吗？为什么？

1-7　图 1-91 所示电路中，求电流 i_1、i_2、i_3 及两电源和电阻的功率。

1-8　图 1-92 所示电路中，求电压 u_1、u_2。

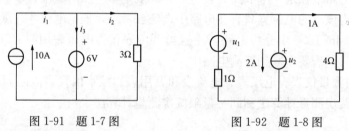

图 1-91　题 1-7 图　　　　　　　图 1-92　题 1-8 图

1-9　图 1-93（a）、（b）所示电路中，一个 6V 电压源与不同的外电路相连，求 6V 电压源在两种情况下提供的功率 P_s。

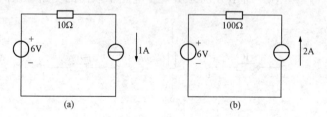

图 1-93　题 1-9 图

1-10　求图 1-94 所示电路中，A、B、C、D 元件的功率。问哪个元件为电源？哪个元件为负载？哪个元件在吸收功率？哪个元件在发出功率？电路是否满足功率平衡条件？（已知 $u_A = 30V$，$u_B = -10V$，$u_C = u_D = 40V$，$i_1 = 5A$，$i_2 = 3A$，$i_3 = -2A$。）

1-11　求图 1-95 所示电路中的 i_1、i_2、i_3。

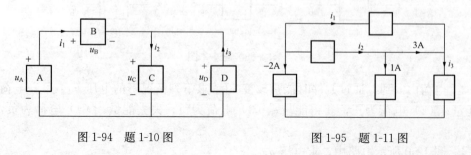

图 1-94　题 1-10 图　　　　　　图 1-95　题 1-11 图

1-12　图 1-96 所示电路中，求电压 u_1、u_2、u_3。

1-13　图 1-97 所示电路中，求电压 u_{ab}、u_{ac}、u_{bc} 和 R_3。

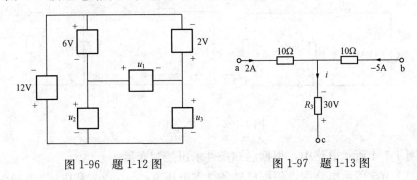

　　　图 1-96　题 1-12 图　　　　　　　图 1-97　题 1-13 图

1-14　图 1-98 所示电路中，求电压 u_{ac} 和电流 i。

1-15　图 1-99 所示电路中，求 6Ω 电阻所吸收的功率。

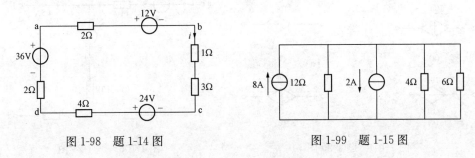

　　　图 1-98　题 1-14 图　　　　　　　图 1-99　题 1-15 图

1-16　图 1-100 所示电路中，求 i_o。

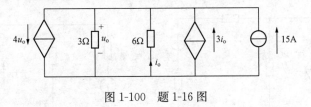

图 1-100　题 1-16 图

1-17　图 1-101 所示电路中的电位 V_A、V_B、V_C。

1-18　图 1-102 所示电路中，求电流 i 和电压 u_{ab}、u_{cd}，并在 Multisim 仿真软件中建立原理图进行验证。

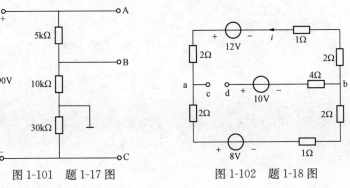

　　　图 1-101　题 1-17 图　　　　　　　图 1-102　题 1-18 图

1-19　求图 1-103 所示电路中的 R。

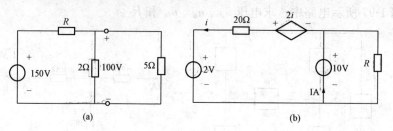

图 1-103　题 1-19 图

1-20　图 1-104 所示电路中，根据已知条件求出控制变量。

1-21　图 1-105 所示电路中，根据已知条件求电压 u_{ab}、u_{ac}、u_{ad} 和电流 i，并在 Multisim 仿真软件中建立原理图进行验证。

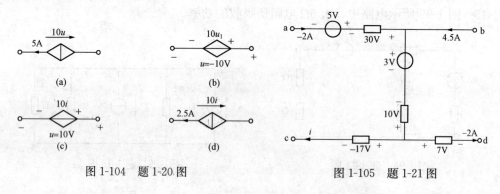

图 1-104　题 1-20 图

图 1-105　题 1-21 图

1-22　图 1-106 所示电路中，根据已知条件求电压 u 和电流 i。

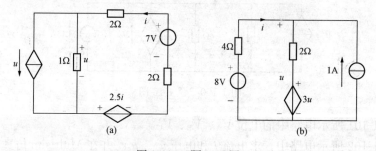

图 1-106　题 1-22 图

项目二　等效变换法求解复杂电路

【项目描述】

实际应用的电路往往并不简单，如图 2-1 所示。开关电源电路结构复杂，元件很多。显然，项目一中介绍的相关知识已经不能完成分析设计这类复杂电路的任务。本项目将重点学习复杂电路的等效变换分析方法，以实现对复杂电路的分析和设计。

【学习内容】

理解等效的概念和电路等效变换的目的，熟练掌握电路中电阻的串并联与混联的等效变换、理想电源的串联与并联的等效变换。掌握电源外特性的测试方法，验证电压源与电流源等效变换的条件。掌握实际电压源模型和实际电流源模型的等效变换，用等效的概念分析计算线性含源二端网络。

图 2-1　开关电源电路

任务 1　复杂电路变换遵循的原则——等效变换

【任务要求】掌握等效的概念和目的。

知识点 1　什么是等效变换

等效变换是电路分析中常使用的一种方法，应用这个方法可以将一个较复杂的电路化简为较简单的电路，如化简为单回路电路或单节偶电路，从而使分析的问题得到简化。

如图 2-2（a）、(b) 所示，有结构和元件参数可以完全不相同的两部分电路 B 和 C，若 B 和 C 端钮的电压与电流关系完全相同，即它们的伏安关系相同，则称 B 和 C 是相互等效的。

等效的两部分电路 B 和 C 在电路中对外所起的作用相同，可以互相替代。如图 2-3 (a)、(b)所示，替代前的电路与替代后的电路对任意外电路A中的电流、电压以及功率是

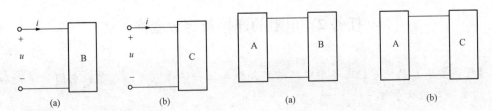

图 2-2　伏安关系相同的两部分电路　　　图 2-3　电路等效示意图

相同的。也就是说，用图 2-3（b）图求外电路 A 中的电流、电压、功率与用 2-3（a）图求 A 中的电流、电压和功率的结果是相同的。则把图 2-3 的（b）图称为（a）图的等效电路。电路等效变换的目的是简化电路，可以方便地求出结果。

图 2-4（a）中，右方虚线框中由几个电阻构成的电路可以用一个与之等效的电阻 R_{eq}〔见图 2-4（b）〕代替，使整个电路得以简化。按图 2-4（b）求得端钮 a、b 左边部分的电流 i 和电压 u，与在图（a）中求得的电流 i 和电压 u 是一致的。即电路中部分电路用其等效电路代替后，其被代替部分的解答不变。相同端钮伏安关系在两个电路中的作用完全形同。

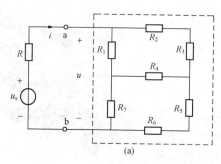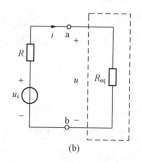

(a)　　　　　　　　　　　　　　　(b)

图 2-4　等效电路

（a）等效前；（b）等效后

知识点 2　理解等效变换需要掌握的概念和结论

为了更好地理解等效电路，下面介绍几个二端网络的概念和结论。

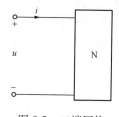

图 2-5　二端网络

（1）二端网络：由多个元件组成的电路，只有两个端钮与外部连接（见图 2-5）。二端网络的性质可以由其端钮的伏安特性表示。

（2）无源二端网络：内部不含独立源的二端网络，一般可等效为一个电阻（见图 2-4）。

（3）有源二端网络：内部含独立源的二端网络。

（4）等效二端网络：如果两个二端网络端钮上的伏安特性完全相同，则两个二端网络等效。因为相互等效的电路在电路中对外电路所起的作用完全相同，所以等效电路在电路中可以相互替换。

电路等效变换的条件是相互替代的两部分电路具有相同的伏安关系。电路等效变换的目的是简化电路，方便地求出结果。用等效的方法求解电路时，电压和电流保持不变的部分仅限于等效电路以外，这就是"对外等效"变换的概念。

任务 2　电阻的连接及等效变换

【任务要求】熟练掌握电路中电阻的串并联与混联的等效方法，掌握电阻的星形和三角形的连接方式及等效变换方法。

知识点 1 多个电阻元件的串联

将两个以上的电阻连接成一列,称为电阻的串联,串联电阻上流过同样大小的电流。如图 2-6(a)所示由几个电阻串联组成的二端网络,总可以用一个电阻来等效,如图 2-6(b)所示。

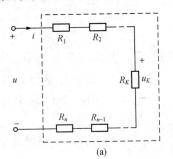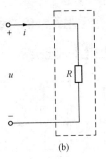

图 2-6 电阻的串联

(a) 电路图;(b) 等效电路图

R 为串联电阻的等效电阻

$$R = \sum_{k=1}^{n} R_k \qquad (2\text{-}1)$$

证明如下:

根据 KVL 和欧姆定律,图 2-6(a)电路端钮的伏安关系为

$$u = R_1 i + R_2 i + \cdots + R_n i$$

$$= (R_1 + R_2 + \cdots + R_n)i = \left(\sum_{k=1}^{n} R_k\right)i$$

根据 KVL 和欧姆定律,图 2-6(b)电路端钮的伏安关系为

$$u = Ri$$

显然,两电路具有相同伏安关系,即相同电压电流关系的条件是

$$R = \sum_{k=1}^{n} R_k$$

电阻 R 就是这些串联电阻的等效电阻。显然,等效电阻必大于任意一个串联电阻。电阻串联时,任一电阻上的电压为

$$u_k = iR_k = \frac{R_k}{R_1 + R_2 + \cdots + R_k}u = \frac{R_k}{R}u, \ k = 1,2,3,\cdots,n \qquad (2\text{-}2)$$

可见,串联的每个电阻,其电压值与电阻值成正比。或者说,总电压是根据每个串联的电阻值进行分配,电阻值大的分得的电压大,电阻值小的分得的电压小。式(2-2)称为电压分配公式,或称分压公式。有了分压公式,在计算各串联电阻端电压时,就可以不求电流,而直接应用分压公式来计算。

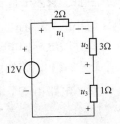

图 2-7 [例 2-1] 电路图

【例 2-1】 电路如图 2-7 所示,求电压 u_1、u_2、u_3。

解 电路由三个电阻串联而成,12V 电压加在三个电阻上,则根据分压原理可得

$$u_1 = 12 \times 2/(2+3+1) = 4(\text{V})$$
$$u_2 = -12 \times 3/(2+3+1) = -6(\text{V})$$
$$u_3 = -12 \times 1/(2+3+1) = -2(\text{V})$$

注意：用分压公式时要注意分电压的参考极性与总电压的参考极性。

知识点 2　多个电阻元件的并联

将两个以上的电阻并列连接，称为电阻的并联，并联电阻的端电压相同。如图 2-8（a）

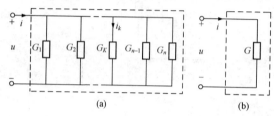

图 2-8　电导的并联
(a) 电路图；(b) 等效电路图

所示由几个电导相并联组成的二端网络，总可以用一个电导来等效，如图 2-8（b）所示。

G 为并联电导的等效电导

$$G = \sum_{k=1}^{n} G_k \tag{2-3}$$

证明如下：

根据 KCL 和欧姆定律，图 2-8（a）电路端钮的伏安关系为

$$i = G_1 u + G_2 u + \cdots + G_n u$$

$$= (G_1 + G_2 + \cdots + G_n)u = \left(\sum_{k=1}^{n} G_k\right)u$$

根据 KCL 和欧姆定律，图 2-8（b）电路端钮的伏安关系为

$$i = Gu$$

显然，两电路具有相同伏安关系的条件是

$$G = \sum_{k=1}^{n} G_k$$

电导 G 就是这些并联电导的等效电导。不难看出，等效电导必大于任意一个并联电导，并联的等效电阻必小于任意一个并联的电阻。

电导并联时，任一电导上的电流为

$$i_k = G_k u = \frac{G_K}{G_1 + G_2 + \cdots + G_k} i = \frac{G_k}{G} i, \ k = 1,2,3,\cdots,n \tag{2-4}$$

可见，各个并联电导中的电流与它们各自的电导值成正比，电导值大的分得的电流大，电导值小的分得的电流小。式（2-4）称为电流分配公式，或称分流公式。有了分流公式，在计算并联电导的电流时，可以不用求电压，而直接用分流公式计算各电导中的电流。

【例 2-2】 电路如图 2-9 所示，求电流 i_1、i_2。

解　电路由三个电阻并联而成，由分流原理可得

$$i_1 = 10 \times \frac{\dfrac{1}{10}}{\dfrac{1}{10} + \dfrac{1}{40} + \dfrac{1}{8}} = 4(\text{A})$$

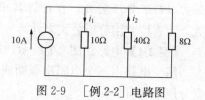

图 2-9　［例 2-2］电路图

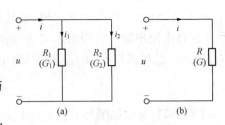

$$i_2 = -10 \times \frac{\dfrac{1}{40}}{\dfrac{1}{10} + \dfrac{1}{40} + \dfrac{1}{8}} = -1(A)$$

注意：用分流公式时要注意分电流的参考方向与总电流的参考方向。

应该指出，当电路中只含有 2 个电阻并联时，如图 2-10（a）所示，这时等效电阻

图 2-10　两并联电导分流电路

(a) 电路图；(b) 等效电路图

$$R = \frac{1}{\dfrac{1}{R_1} + \dfrac{1}{R_2}} = \frac{R_1 R_2}{R_1 + R_2}$$

此时，两并联电阻的电流分别为

$$i_1 = \frac{G_1}{G} i = \frac{R_2}{R_1 + R_2} i \tag{2-5}$$

$$i_2 = \frac{G_2}{G} i = \frac{R_1}{R_1 + R_2} i \tag{2-6}$$

这两个式子在电路分析中经常用到。

知识点 3　多个电阻元件的混联

既有电阻串联又有电阻并联的电路称为串并联电路，又称为电阻混联电路。对于电阻混联电路，其化简的方法虽然没有统一的思路，但有一个一般的思路，首先看清电路的结构特点，首尾相连是串联，首首相连是并联；或看电路的电压电流关系，若流过电阻的电流相同，是串联，若电阻两端的电压相同，则是并联。然后从端钮的最远处开始反复运用电阻串并联公式，就可以将一个复杂的纯电阻二端网络逐步化简为一个等效电阻，从而使计算得到简化。下面举例说明。

【例 2-3】电路如图 2-11（a）所示，求 a、b 端的等效电阻。

解　这是一个电阻混联电路，对于求端钮 a、b 间的等效电路，观察其电路的结构特点，

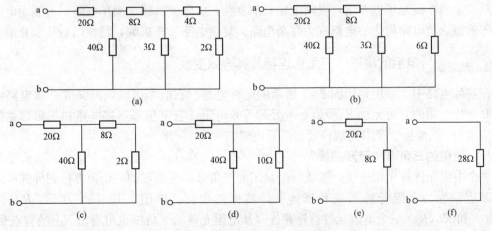

图 2-11　［例 2-3］电路图

(a) 电路图；(b)、(d) 串联电阻等效；(c)、(e) 并联电阻等效；(f) 等效电阻

4Ω 电阻与 2Ω 电阻串联，然后与 3Ω 电阻并联，之后与 8Ω 电阻串联，与 40Ω 电阻并联，最后与 20Ω 电阻串联。采用由远向近反复运用串并联化简的方法，化简过程如图 2-11 （b）到 （f）所示。最后求得 a、b 端钮的等效电阻为

$$R = 28\Omega$$

【例 2-4】 电路如图 2-12 （a）所示，求 a、b 端的等效电阻。

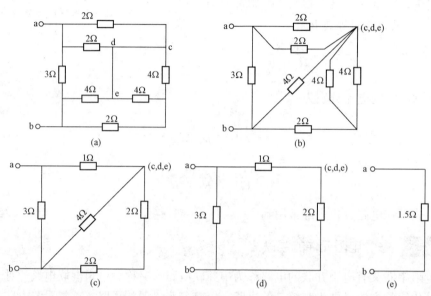

图 2-12   ［例 2-4］电路图

(a) 电路图；(b) 合并等电位点；(c) 并联电阻等效；(d) 串联电阻等效；(e) 等效电阻

解 将短路线压缩，即 c、d、e 三个点合为一点，如图 2-12 （b）所示，将具有串并联关系的电阻用其等效电阻代替，如图 2-12 （c）所示，进一步由远向近逐步化简，如图 2-12 （d）、（e）所示。最后求得 a、b 端的等效电阻为

$$R = 1.5\Omega$$

从以上两个例题可以看出，混联电路看似复杂，实际上还属于简单电路，不能用电阻串并联等效概念将电路简化的电路称为复杂电路。复杂电路怎样求解，将在以后几节介绍。

知识点 4   电阻的星形、三角形连接及其等效变换

在实际电路中，常用到如图 2-13 所示的电桥电路。它既非串联电路又非并联电路，用串并联简化电路的方法无法求得端口 ab 处的等效电阻。它是星形连接电路和三角形连接电路，应用丫—△变换法可求得端口处的等效电阻。

一、电阻的三角形和星形连接

三个电阻元件首尾相连接，连成一个封闭的三角形，三角形的三个顶点接到外部电路的三个节点，称为电阻元件的三角形连接，简称△连接。如图 2-13 （a）所示，$R_{12}(R_1)$、$R_{23}(R_5)$ 和 $R_{31}(R_3)$ 三个电阻元件首尾相连（从电阻元件的下角标也可看出 R_{12} 的首点是 1，尾点是 2；2 是 R_{23} 的首点，3 是尾点；3 是 R_{31} 的首点，1 是尾点）。△连接的电阻网络，三个节点与外电路相连接如图 2-13 （a）中的 1、2 和 3 点。

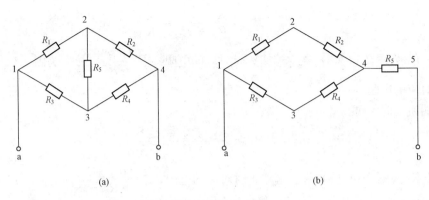

图 2-13　电桥电路

(a) 三角形连接；(b) 星形连接

三个电阻元件的一端连接在一起，另一端分别连接到外部电路的三个节点称为电阻元件的星形连接，简称丫形连接，如图 2-13 (b) 中的 R_2、R_4 和 R_5 是星形连接，它们的 2、3 和 5 点与外电路相连接如图 2-13 (a) 所示。图 2-13 (a) 中的 R_3、R_5 和 R_4 也是星形连接，它们的 1、2 和 4 点与外电路相连接。

二、电阻的三角形连接和星形连接的等效互换

三角形连接和星形连接都是通过三个节点与外部电路相连，它们之间的等效变换是要求它们的外部特性相同，也就是当它们的对应节点间有相同的电压 u_{12}、u_{23} 和 u_{31} 时，从外电路流入对应节点的电流 i_1、i_2、i_3 也必须分别相等，即丫—△变换的等效条件。

一种简单的推导等效变换方法是在一个对应端钮悬空的同等条件下，分别计算出其余两端钮间的电阻，要求计算出的电阻相等。由图 2-14 的 (a) 和 (b) 端钮对应电阻等效得知悬空端钮 3 时，可得

$$R_1 + R_2 = \frac{R_{12}(R_{23} + R_{31})}{R_{12} + R_{23} + R_{31}}$$

式中：$R_1 + R_2$ 为图 2-14 (b) 悬空端钮 3 时对应的电阻；$\dfrac{R_{12}(R_{23} + R_{31})}{R_{12} + R_{23} + R_{31}}$ 为图 2-14 (a) 悬空端钮 3 时对应的电阻。

悬空端钮 2 时，可得

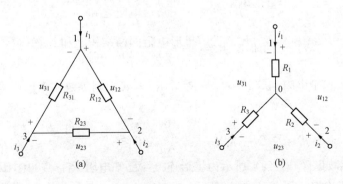

图 2-14　三角形连接和星形连接的等效变换

(a) 三角形连接；(b) 星形连接

$$R_3 + R_1 = \frac{R_{31}(R_{12} + R_{23})}{R_{12} + R_{23} + R_{31}}$$

式中：$R_3 + R_1$ 为图 2-14（b）悬空端钮 2 时对应的电阻；$\dfrac{R_{31}(R_{12} + R_{23})}{R_{12} + R_{23} + R_{31}}$ 为图 2-14（a）悬空端钮 2 时对应的电阻。

悬空端钮 1 时，可得

$$R_2 + R_3 = \frac{R_{23}(R_{12} + R_{31})}{R_{12} + R_{23} + R_{31}}$$

式中：$R_2 + R_3$ 为图 2-14（b）悬空端钮 1 时对应的电阻；$\dfrac{R_{23}(R_{12} + R_{31})}{R_{12} + R_{23} + R_{31}}$ 为图 2-14（a）悬空端钮 1 时对应的电阻。

联立以上三式可得

$$\begin{cases} R_1 = \dfrac{R_{12}R_{31}}{R_{12} + R_{23} + R_{31}} \\[3mm] R_2 = \dfrac{R_{12}R_{23}}{R_{12} + R_{23} + R_{31}} \\[3mm] R_3 = \dfrac{R_{31}R_{23}}{R_{12} + R_{23} + R_{31}} \end{cases} \tag{2-7}$$

式（2-7）是已知三角形连接的三个电阻求等效星形连接的三个电阻的公式。

从式（2-7）可解得

$$\begin{cases} R_{12} = R_1 + R_2 + \dfrac{R_1R_2}{R_3} = \dfrac{R_1R_3 + R_2R_3 + R_1R_2}{R_3} \\[3mm] R_{23} = R_2 + R_3 + \dfrac{R_2R_3}{R_1} = \dfrac{R_1R_3 + R_2R_3 + R_1R_2}{R_1} \\[3mm] R_{31} = R_3 + R_1 + \dfrac{R_3R_1}{R_2} = \dfrac{R_1R_3 + R_2R_3 + R_1R_2}{R_2} \end{cases} \tag{2-8}$$

式（2-8）是已知星形连接的三个电阻求等效三角形连接的三个电阻的公式。

以上互换公式可归纳为

$$星形电阻 = \frac{三角形相邻电阻的乘积}{三角形电阻之和}$$

$$三角形电阻 = \frac{星形电阻两两乘积之和}{星形不相邻电阻}$$

当星形连接的三个电阻相等时，$R_1 = R_2 = R_3 = R_Y$，则等效三角形连接的三个电阻也相等，即

$$R_\triangle = R_{12} = R_{23} = R_{31} = 3R_Y \text{ 或 } R_Y = \frac{1}{3}R_\triangle \tag{2-9}$$

【例 2-5】电路如图 2-15（a）所示为星形连接，已知电阻 $R_1 = 100\,\Omega$，$R_2 = 200\,\Omega$，$R_3 = 300\,\Omega$，等效三角形连接如图 2-15（b）所示。试完成：

（1）求 R_{12}、R_{31}、R_{23} 的阻值。

（2）若 $R_1 = R_2 = R_3 = 100\Omega$，求 R_{12}、R_{31}、R_{23} 各为多少？

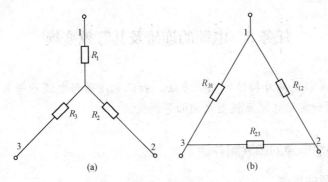

图 2-15 ［例 2-5］［例 2-6］电路图

（a）星形连接；（b）三角形连接

解（1）利用丫—△变换将星形连接的电阻 R_1，R_2，R_3 变换为三角形连接电阻，即

$$R_{12} = R_1 + R_2 + \frac{R_1 R_2}{R_3} = \frac{R_1 R_3 + R_2 R_3 + R_1 R_2}{R_3}$$

$$= \frac{100 \times 200 + 200 \times 300 + 300 \times 100}{300} = 366.7(\Omega)$$

$$R_{23} = R_2 + R_3 + \frac{R_2 R_3}{R_1} = \frac{R_1 R_3 + R_2 R_3 + R_1 R_2}{R_1}$$

$$= \frac{100 \times 200 + 200 \times 300 + 300 \times 100}{100} = 1100(\Omega)$$

$$R_{31} = R_3 + R_1 + \frac{R_3 R_1}{R_2} = \frac{R_1 R_3 + R_2 R_3 + R_1 R_2}{R_2}$$

$$= \frac{100 \times 200 + 200 \times 300 + 300 \times 100}{200} = 550(\Omega)$$

（2）由于星形连接中的 3 个电阻相同，等效为三角形连接的三个电阻大小为星形连接电阻的 3 倍，所以有

$$R_{12} = R_{23} = R_{31} = R_\triangle = 3R_Y = 3 \times 100 = 300(\Omega)$$

【例 2-6】 电路如图 2-15（b）所示为三角形连接，已知电阻 $R_{12} = 200\Omega$，$R_{23} = 300\Omega$，$R_{31} = 100\Omega$，计算等效成星形连接如图 2-15（a）所示。试完成：

（1）求 R_1、R_2、R_3 的阻值。

（2）若 $R_{12} = R_{23} = R_{31} = 300\Omega$，求 R_1、R_2、R_3 各为多少？

解（1）利用丫—△变换将三角形连接的电阻 R_{12}、R_{23}、R_{31} 变换为星形连接电阻，即

$$R_1 = \frac{R_{12} R_{31}}{R_{12} + R_{23} + R_{31}} = \frac{200 \times 100}{200 + 300 + 100} = 33.33(\Omega)$$

$$R_2 = \frac{R_{12} R_{23}}{R_{12} + R_{23} + R_{31}} = \frac{200 \times 300}{200 + 300 + 100} = 100(\Omega)$$

$$R_3 = \frac{R_{31} R_{23}}{R_{12} + R_{23} + R_{31}} = \frac{300 \times 100}{200 + 300 + 100} = 50(\Omega)$$

（2）由于三角形连接中的 3 个电阻相同，等效为星形连接的三个电阻大小为三角形连接电阻的 1/3 倍，所以有

$$R_1 = R_2 = R_3 = R_\triangle/3 = 300/3 = 100(\Omega)$$

任务 3　电源的连接及其等效变换

【任务要求】掌握电源外特性的测试方法，验证电压源与电流源等效变换的条件；掌握实际电压源模型和实际电流源模型之间的等效变换。

知识点1　理想电源的串联和并联

一、理想电压源的串联

图 2-16（a），由 3 个理想电压源串联组成的二端网络，根据 KVL 定律可以用一个电压源等效，如图 2-16（b）所示。这个等效电压源电压为

$$u_s = u_{s1} + u_{s2} + u_{s3}$$

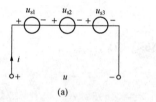

图 2-16　电压源的串联

（a）电路图；（b）等效电路图

同样若二端网络由 n 个理想电压源串联而成，则该二端网络可以用一个理想电压源来等效，等效电压源电压为

$$u_s = u_{s1} + u_{s2} + \cdots + u_{sn} = \sum_{k=1}^{n} u_{sk} \quad (2\text{-}10)$$

等效时要先选择等效电压源 u_s 的参考极性，根据 KVL 定律当电压 u_{sk} 的参考方向与 u_s 的参考方向一致时，式中电压 u_{sk} 的前面取"＋"号，不一致时取"－"号。

二、理想电流源的并联

图 2-17（a），由 3 个理想电流源并联组成的二端网络，根据 KCL 可以用一个电流源等效，如图 2-17（b）所示。这个等效电流源电流为

$$i_s = i_{s1} + i_{s2} + i_{s3}$$

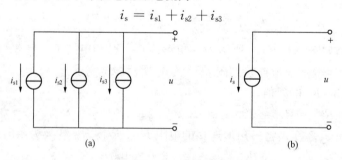

图 2-17　电流源的并联

（a）电路图；（b）等效电路图

同样若二端网络由 n 个理想电流源并联而成，则该二端网络可以用一个理想电流源来等效，等效电流源电流为

$$i_s = i_{s1} + i_{s2} + \cdots + i_{sn} = \sum_{k=1}^{n} i_{sk} \quad (2\text{-}11)$$

等效时要先确定等效电流源 i_s 的参考方向，根据 KCL 定律当电流 i_{sk} 的参考方向与 i_s 的参考方向一致时，式中电流 i_{sk} 的前面取 "＋" 号，不一致时取 "－" 号。

对于理想电压源并联，需要注意的是，只有电压相等且极性一致的电压源才允许并联，否则违背 KVL。并联的电压源可以等效为其中任意一个电压源，但这个并联电压源的组合向外部提供的电流如何在各个电压源之间分配，无法确定。

对于理想电流源串联，需要注意的是，只有电流相等且方向一致的电流源才允许串联，否则违背 KCL。串联的电流源可以等效为其中任意一个电流源，但这个串联的电流源组合的总电压如何在各个电流源之间分配，无法确定。

知识点 2　实际电压源和电流源的电路模型

理想电源实际上并不存在，它只是对实际电源的一种抽象。以电池或蓄电池为例，它们都有一定的内阻，只有在电源两端不接负载时（即空载），才能保持一定的端电压。只要一接上负载，就有电流流过电源端钮，但由于内阻的存在，在电源内部产生电压降，于是电源两端电压就要下降，因而不能保持固定的端电压。流过端钮的电流越大，电源两端的电压下降得越大。

图 2-18（a）为一个实际直流电源，图 2-18（b）是它的输出电压 u 和电流 i 的伏安特性。可见电压 u 随电流 i 增大而减小，二者不呈线性关系。电流 i 不可超过一定的限值，否则会导致电源的烧坏。不过在一段范围内电压和电流的关系可以近似为一条直线。如果将这条直线加以延伸，如图 2-18（c）所示，它在电压 u 轴和电流 i 轴上各有一个交点。$i=0$ 时的电压是电源的开路电压 u_{oc}；$u=0$ 时的电流，是电源的短路电流 i_{sc}。根据这样的伏安特性，可以用电压源和电阻的串联组合或电流源和电导的并联组合作为实际电源的电路模型。

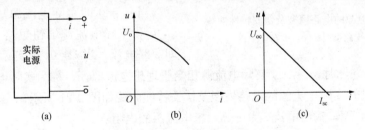

图 2-18　实际电源及伏安特性

（a）电源；（b）伏安特性；（c）理想电源伏安特性

一、实际电压源的电路模型

如图 2-19（a）所示，用理想电压源和电阻串联等效作为实际电压源的电路模型，其端钮 a、b 的伏安关系为

$$u = u_s - R_s i \tag{2-12}$$

当 $i=0$ 时，即电源空载或开路时，有 $u_{oc}=u_s$；当 $u=0$ 时，即电源短路时，有 $i_{sc}=\dfrac{u_s}{R}$；当 $R_s=0$ 时，$u=u_s$，电源相当于理想电压源。R_s 称为实际电源的内阻，实际电源的内阻越小越接近于理想状态。

【例 2-7】电路如图 2-20 所示，已知 $u_s=24\text{V}$，$R_s=4\Omega$，求负载电流为 2.5A 和 5A 时，

其端钮电压是多少？

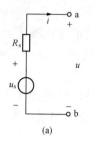
(a)

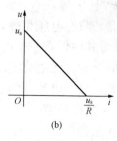
(b)

图 2-19　电压源的电路模型
（a）电路模型；（b）伏安特性

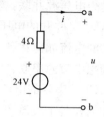

图 2-20　［例 2-7］电路图

解　一个电阻和一个理想电压源串联，由 KVL 得到端钮电压 u 为

$$u = 24 - 4i$$

当 $i = 2.5A$ 时，$u = 24 - 4 \times 2.5 = 14(V)$；

当 $i = 5A$ 时，$u = 24 - 4 \times 5 = 4(V)$。

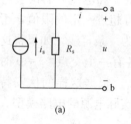
(a)

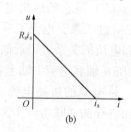
(b)

图 2-21　电流源的电路模型及伏安特性曲线
（a）电路模型；（b）伏安特性

二、实际电流源的电路模型

如图 2-21（a）所示，用理想电流源和电阻并联作为实际电流源电路模型，其端钮 a、b 的伏安关系为

$$i = i_s - \frac{u}{R_s} \qquad (2\text{-}13)$$

当 $u = 0$ 即实际电流源短路时，有 $i = i_s$，i_s 为实际电流源端钮短路时输出的电流，即短路电流；当 $i = 0$，即实际电流源开路时，$u = i_s R_s$；当 $R_s \to \infty$ 时，$i = i_s$，实际电流源相当于理想电流源，R_s 称为实际电流源的内阻。

【例 2-8】已知实际电流源的电路模型及伏安特性曲线如图 2-21 所示，$i_s = 20A$，接负载后端钮电压 u 为 5V，输出电流 i 为 15A，求电流源的内阻。

解　根据实际电流源的伏安关系有

$$i = 20 - uG$$
$$15 = 20 - 5G$$

所以

$$G = \frac{20 - 15}{5} = 1S$$

知识点 3　实际电压源和电流源的相互等效

实际电压源和实际电流源都是通过它们的两个端钮和外电路相连的，可以看成是二端网络。其端钮上的伏安关系分别用式（2-12）和式（2-13）来表示，它们又称为电源的外特性。根据二端网络等效的定义，如果两种电源模型端钮上的伏安关系完全相同，那么这两种电源模型就可以等效变换。当然，它们的参数之间必须满足一定的关系，下面推导两种电源模型等效变换的条件。

图 2-22（a）所示实际电压源模型的伏安关系（用 R_s 表示电压源内阻）为

$$u = u_s - R_s i$$

图 2-22（b）所示实际电流源模型的伏安关系（用 R'_s 表示电压源内阻）为

$$i = i_s - \frac{u}{R'_s}$$

将这个式子整理得

$$u = i_s R'_s - i R'_s$$

若两种电源模型端钮上的伏安关系完全相同，则对比以上两式得到

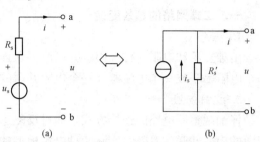

图 2-22　实际电流源和实际电压源的等效变换
(a) 电压源；(b) 电流源

$$u_s = i_s R'_s \qquad (2\text{-}14)$$
$$R_s = R'_s \qquad (2\text{-}15)$$

两式完全相同，即两种电源模型等效。式（2-11）和式（2-12）为两种电源模型的等效变换的条件。

根据式（2-14）和式（2-15）很容易由一个电压源模型得到其等效的电流源模型，反之由一个电流源模型得到其等效的电压源模型也很容易。

在进行等效变换时应注意电流源参考方向与电压源参考极性应该与推导等效条件一致，即电压源从负极到正极的方向与电流源电流的方向在变换前后应该保持一致。

【例 2-9】分别求图 2-23（a）含电流源和图 2-23（c）含电压源的最简等效电路。

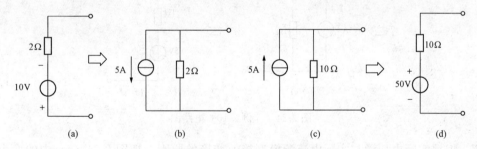

图 2-23　［例 2-9］电路图
(a) 示例一；(b) 示例一等效电路；(c) 示例二；(d) 示例二等效电路

解　图 2-23（a）中，$i_s = \dfrac{10}{2} = 5(\text{A})$，$R_s = 2\Omega$。所以等效电流源模型如图 2-23（b）所示。实际电流源模型即为含电流源的最简等效电路。

图 2-23（c）中，$u_s = 5 \times 10 = 50(\text{V})$，$R_s = 10(\Omega)$。所以等效电压源模型如图 2-23（d）所示，实际电压源模型即为含电压源的最简等效电路。

需要指出，尽管对于外电路而言，任何一个实际电源均可以用两种电源模型中的任意一种来表征，而不必考虑哪一种模型更能反映电源内部的物理过程。但事实上两种模型的内部不是等效的，如在开路状态下，电压源既不产生功率，内阻也不消耗功率，而电流源则产生功率，并且全部被内阻消耗。

注意理想电压源与理想电流源不能等效变换，因为它们各自具有对方所不可能具有的伏安特性。

知识点 4　复杂二端网络的等效变换

一、二端网络的等效变换

1. 结论

由独立源和电阻元件经串、并联和混联连接组成的二端网络总可以化简为一个电压源和一个电阻串联或一个电流源和一个电阻并联的二端网络。

2. 化简方法

仔细观察原电路的连接方式，通过反复运用电阻的串、并联等效公式，理想电压源、电流源的串、并联的等效，实际两种电源模型的等效变换，按照"由远而近"的原则逐步进行等效化简。

【例 2-10】 电路如图 2-24 所示。求含电压源的最简等效电路。

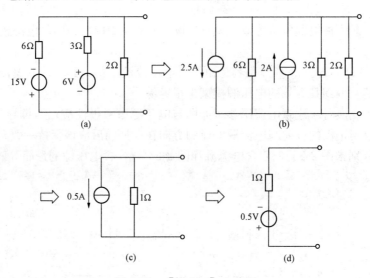

图 2-24　［例 2-10］电路图

解　根据实际电压源与实际电流源模型等效变换的原则，把图 2-24（a）中的两个实际电压源等效化简为实际电流源模型如图 2-24（b）所示。图中，$i_{s1}=\dfrac{15}{6}=2.5\text{A}$，$R_{s1}=6\Omega$，$i_{s2}=\dfrac{6}{3}=2\text{A}$，$R_{s2}=3\Omega$，注意电流源的箭头方向，指向电压源正极的方向，即电流是从电压源的正极流出；然后根据电流源并联原则和电阻并联公式将图 2-24（b）等效化简为图 2-24（c），$i_{s3}=2.5-2=0.5(\text{A})$，$R_{s3}=\dfrac{1}{\dfrac{1}{6}+\dfrac{1}{3}+\dfrac{1}{2}}=1\Omega$，最后根据实际电流源变换规则把图 2-24（c）化简为图 2-24（d），$u_s=0.5\times1=0.5\text{V}$，$R_s=1\Omega$，注意电压源的正负极标注，电压源的正极就是电流源箭头所指的方向。

【例 2-11】 电路如图 2-25（a）所示，求二端网络的含电压源的最简等效电路。

解　电路按照由远到近的原则，反复利用电阻的串并联公式和电压源与电流源等效变换的条件，将电路图 2-25（a）逐步化简图 2-25（h）。简化过程如图 2-25（d）、（e）、（f）、（g）所示。

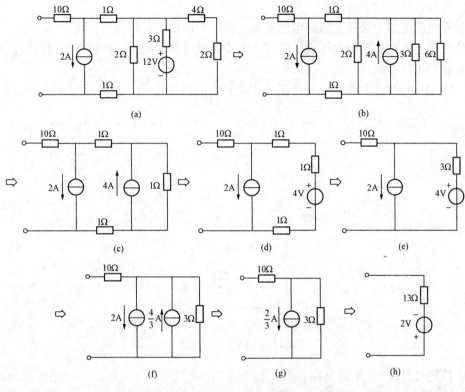

图 2-25　[例 2-11] 电路图

【例 2-12】　电路如图 2-26（a）所示，求二端网络的最简等效电路。

解　任何元件或支路与理想电压源并联，对外等效为理想电压源；任何元件或支路与理想电流源串联，对外等效为理想电流源。在图 2-26(b)中支路由 6V 理想电压源和 6A 理想电流源串联组成，相当于元件与理想电流源串联，所以等效为 6A 理想电流源。电路按照由远到近的原则，将图 2-26(a)电路逐步化简为图 2-26(d)。简化过程如图 2-26(b)、图 2-26(c)所示。

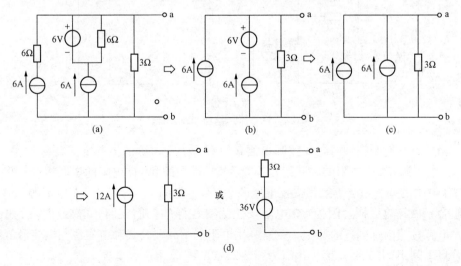

图 2-26　[例 2-12] 电路图

二、用等效的方法求解电路

当计算电阻电路中某一支路的电压或电流时，可以将该支路保留，剩余的部分用等效变换的方法化简为含电压源最简等效电路或含电流源最简等效电路，然后在化简的等效电路中求解该支路的电压或电流。

【例 2-13】 电路如图 2-27（a）所示，求电路中的电流 i。

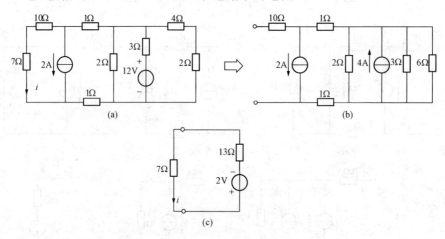

图 2-27　［例 2-13］电路图

解　首先将待求 7Ω 电阻支路保留，其余电路如图 2-27（b）所示，按照由远到近的原则进行等效化简，化简过程如图 2-27（b）所示，最后电路化简为图 2-27（c）所示。电路中的电流 i 为

$$i = \frac{-2}{7+13} = -0.1(\text{A})$$

【例 2-14】 电路如图 2-28（a）所示，试用电源的等效变换求电路中的电流 i。

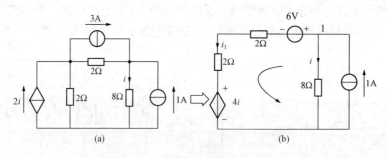

图 2-28　［例 2-14］电路图

解　当电路含有受控源时，受控源当独立源看待，受控源的控制支路要保留在电路中。首先将 3A 电流源和 2Ω 电阻的并联组合等效为 6V 电压源和 2Ω 电阻的串联组合；将受控电流源和 2Ω 电阻的并联组合等效为受控电压源和 2Ω 电阻的串联组合。1A 电流源和 8Ω 电阻的并联组合不做等效变换，因为 8Ω 电阻支路为受控源的控制支路。等效变换后如图 2-28（b）所示。

对节点 1 列 KCL 方程，有

$$i_1 = 1 - i$$

对图中回路列 KVL 方程，有

$$6 + 2i_1 + 2i_1 + 4i - 8i = 0$$

得
$$i = 1.25\text{A}$$

任务 4　基于 Multisim 软件的复杂电路的分析

技能点　复杂电路的仿真分析及相关工具的使用

仿真工具的使用方法将在以下具体例题中讲解。

1. 电阻串联

【例 2-15】电路如图 2-29（a）所示，利用仿真软件求二端网络电路的等效电阻。

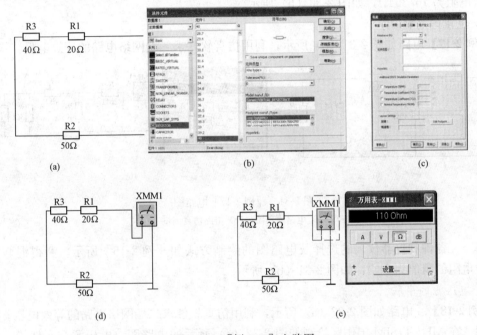

图 2-29　[例 2-15] 电路图

（a）电路原理图；（b）选择元件电阻；（c）电阻参数设置；（d）添加测量仪表；（e）电路仿真结果

解　在 MULTISIM 工作区绘制如图 2-29（a）所示的电路图。电阻在元件栏，放置基础元件图标 ，选择所需阻值的电阻元件，如图 2-29（b）所示，单击确定。也可选择任意值的电阻元件，放置在绘图区，放好之后双击电阻，会弹出如图 2-29（c）所示的对话框，在对话框中修改数值即可。万用表在仪器仪表栏，单击 ，添加在绘图区，对各元件进行连线，绘制完成的电路图如图 2-29（d）所示。电路图要加地线，否则仿真时会出现错误信息。按仿真运行按键 ，双击绘图区的万用表 ，如图 2-29（e）所示，显示万用表测得的等效电阻为 110Ω。

2. 电阻的并联

【例 2-16】电路如图 2-30 所示，利用仿真软件求二端网络电路的等效电阻。

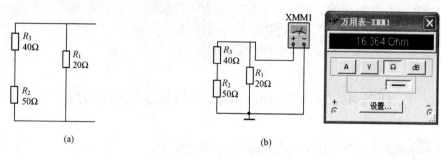

图 2-30　［例 2-16］电路图

（a）电路原理图；（b）电路仿真结果

解　元器件和仪器仪表的选择及电路图的绘制方法如［例 2-15］所示。测得二端网络的等效电阻为 16.364Ω，如图 2-30（b）所示。

3. 电阻的混联

【例 2-17】电路如图 2-31（a）所示，利用仿真软件求二端网络电路的等效电阻。

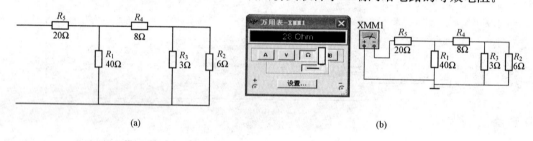

图 2-31　［例 2-17］电路图

（a）电路原理图；（b）电路仿真测试

解　元器件和仪器仪表的选择及电路图的绘制方法如［例 2-15］所示。测得混联电路的等效电阻的阻值为 28Ω，如图 2-31（b）所示。

4. 电压源的串联

【例 2-18】　电路如图 2-32（a）所示，利用仿真软件求二端网络电路的等效电压。

解　在 MULTISIM 工作区绘制如图 2-32（a）所示的电路图。电压源在元件栏，单击 ，选择电源，如图 2-32（b）所示，单击确定，把电压源放置在绘图区。放好之后，双击电压源，在弹出的属性对话框中修改进行参数设置，如图 2-32（c）所示。另外两个电压源的绘制方法与它相同，在电路中连接万用表。测试结果如图 2-32（d）所示，等效电压为 44V。

5. 电流源的并联

【例 2-19】电路如图 2-33（a）所示，利用仿真软件求二端网络电路的等效电流。

解　在 MULTISIM 工作区绘制如图 2-33 所示的电路图。如图 2-33（b）所示，电流源在元件栏，单击 ，选择电源，然后单击确定将电流源放置在绘图区，放好之后双击电流源修改数值设置参数，如图 2-33（c）所示。其他电流源的绘制方法与其相同，在电路中连接万用表。测试结果如图 2-33（d）所示，等效电流为 10A。

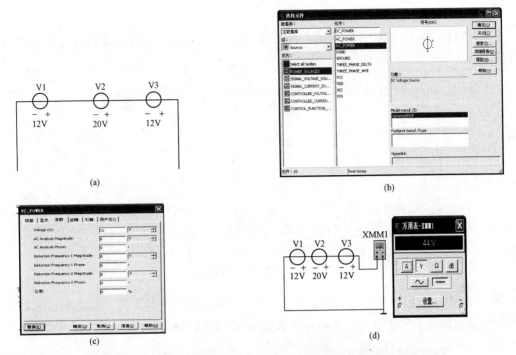

图 2-32 ［例 2-18］电路图

(a) 电路原理图；(b) 电压源；(c) 参数设置；(d) 电路仿真结果

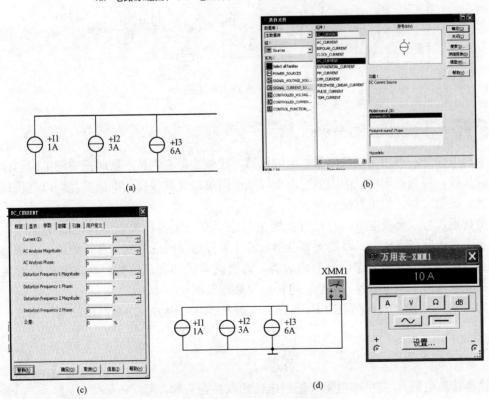

图 2-33 ［例 2-19］电路图

(a) 电路原理图；(b) 电压源；(c) 参数设置；(d) 电路仿真结果

6. 复杂电路的仿真分析

【例 2-20】　　电路如图 2-34 所示，利用仿真软件求流过 R_4 二端的电流（电流参考方向从上到下）。

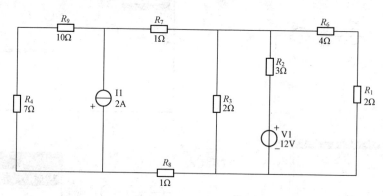

图 2-34　　〔例 2-20〕电路图

解　　在 MULTISIM 工作区绘制如图 2-34 所示的电路图。电压源、电流源、电阻和万用表的绘制如前几个例子所示。显示万用表电流为－100mA，如图 2-35 所示。

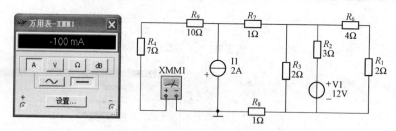

图 2-35　电路仿真测试

知识拓展　直流电桥的分析

电桥电路是一种用比较法测量电阻的仪器，比较法即在电桥平衡时把被测电阻与标准电阻进行比较，得到被测电阻的阻值。由于标准电阻可以具有很高的准确度，所以电桥具有测量准确、灵敏度高、使用方便的特点。

电桥不仅可以测量电阻，它还可以测量与电阻有一定函数关系的其他电学量与非电学量，如通过传感器将压力、温度等非电学量转化为传感器阻抗的变化进行测量。电桥的种类有许多，从供电电源来考虑可分为两大类，即直流电桥和交流电桥。直流电桥用于测量电阻，交流电桥用于测量电容、电感。电桥电路原理如图 2-36 所示。

如图 2-36 所示，若待测电阻 R_x 和标准电阻 R 并联，因并联电阻两端的电压相等，于是有

$$I_1 R_x = I_2 R \quad 或 \quad \frac{R_x}{R} = \frac{I_2}{I_1} \qquad (2\text{-}16)$$

这样待测电阻 R_x 与标准电阻 R 通过电流比联系在一起，可以不用电压表来测量电压了，但是要测得 R_x，还需要测量电流 I_1 和 I_2。为了避免这两个电流的测量，设法用另一对电阻比

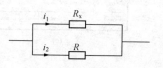

图 2-36　并联电阻

R_a/R_b 来代替这两个电流比，即要求

$$\frac{R_a}{R_b} = \frac{I_2}{I_1} \tag{2-17}$$

这是容易做到的。设计如图 2-37（a）电路，当 B 点和 D 点电位相等时，式（2-17）成立。

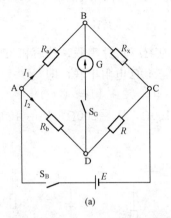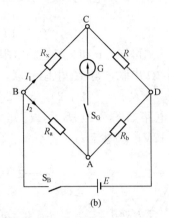

图 2-37　电桥电路

图 2-37（a）所示电路被称为电桥电路，也被称为惠斯通电桥电路。在 B、D 之间接一检流计 G，调节电阻 R_a 和 R_b（或标准电阻 R），使检流计 G 中没有电流通过，这时 B、D 两点的电位相等。图 2-37（a）和（b）是等效的。比较式（2-16）和式（2-17），得

$$\frac{R_x}{R} = \frac{R_a}{R_b} \text{ 或 } R_x = \frac{R_a}{R_b}R = KR \tag{2-18}$$

这样就把待测电阻 R_x 的值用三个电阻值表示了出来，式中 $K = R_a/R_b$ 称为比率臂或倍率。通常将 R_x、R_a、R_b 和 R 叫作电桥的臂。R_x 称为待测臂，R 称为比较臂。将接检流计 G 的对角线 BD 称为"桥"，当桥上没有电流通过时，称电桥达到了平衡。比例关系式（2-18）称为电桥平衡的条件，这时两对面桥臂的电阻的乘积相等，这是"桥"的另一含义。可见电桥的平衡与电流的大小无关。

调节电桥达到平衡有两种方法：一种是保持标准电阻 R（比较臂）不变，调节比例臂 K 的值；另一种是取比例臂 K 为某一定值，调节比较臂 R。前一种方法准确度较低很少使用。

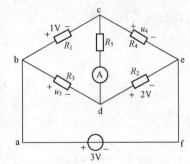

图 2-38　［例 2-21］电路图

【例 2-21】电路如图 2-38 所示，由电阻构成的直流电桥，已知电阻 R_1 和 R_2 上的电压分别为 1V 和 2V，问电阻 R_5 中有无电流？并求电阻 R_3 和 R_4 上的电压 u_3 和 u_4。

解　由 abcefa 回路的 KVL 方程得　　$u_4 = (3 - 1) = 2(\text{V})$。

由 abdefa 回路的 KVL 方程得　　$u_3 = (3 - 2) = 1(\text{V})$。

由 dced 回路的 KVL 方程得　　$u_{dc} = 2 - u_4 = 0(\text{V})$。

所以电阻 R_5 中没有电流流过。

知识拓展 典型习题分析

【**例2-22**】分别求图 2-39 所示（a）和（b）电路的等效电阻 R_{ab}。

解 由图 2-39（a）可知，b 和 c 点在一条直线上，所以这两个点为同一个点。即两个 40Ω 电阻并联，两个 20Ω 电阻并联，并联等效化简之后的两个电阻是串联关系，有

$$R_{ab} = \frac{40 \times 40}{40 + 40} + \frac{20 \times 20}{20 + 20} = 30(\Omega)$$

由图 2-39（b）可知，b 和 c 点之间电阻关系为 4Ω 和 2Ω 串联，然后和 3Ω 并联，之后与 d 和 c 点之间的 2Ω 串联，与 4Ω 电阻并联，最后与 40Ω 电阻串联，即

$$R_{ab} = [(4+2)//3+2]//4+40 = 2+40 = 42(\Omega)$$

【**例2-23**】电路如图 2-40 所示，已知 $R_1 = 100\Omega$，$R_2 = 200\Omega$，$R_3 = 100\Omega$，$R_4 = 50\Omega$，$R_5 = 60\Omega$，$U_s = 12V$，求电流 i_{ab}。

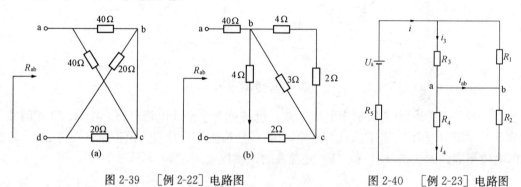

图 2-39　　[例 2-22] 电路图　　　　　　　　图 2-40　　[例 2-23] 电路图

解 由图 2-40 中 R_1 和 R_3 并联，R_2 与 R_4 并联关系，可求出电流 i

$$i = \frac{U_s}{(R_1 /\!/ R_3) + (R_2 /\!/ R_4) + R_5} = \frac{12}{50 + 40 + 60} = 0.08(A)$$

再由分流关系，得

$$i_3 = \frac{R_1}{R_1 + R_3} i = 0.04(A)$$

$$i_4 = \frac{R_2}{R_2 + R_4} i = 0.064(A)$$

由 KCL，得

$$i_{ab} = i_3 - i_4 = (0.04 - 0.064) = -24(mA)$$

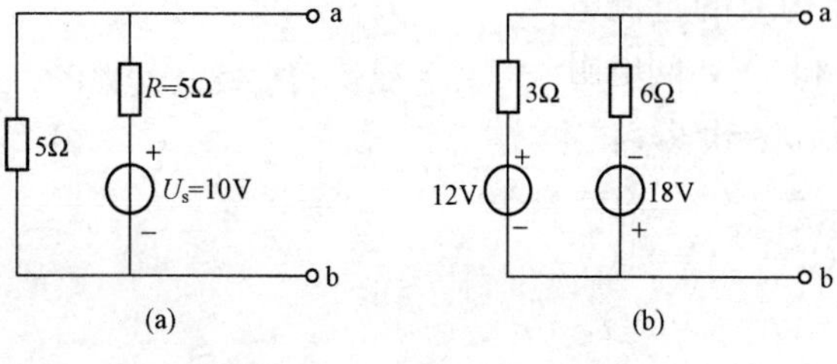

【**例2-24**】试将图 2-41 所示电路分别化简为电流源模型。

解 按等效变换关系，可得图 2-41（a）和图 2-41（b）的电流源等效电路如图 2-42（a）和（b）所示。

【**例2-25**】试将图 2-43 所示电路分别化简为电压源模型，并分别画出 a、b

图 2-41　　[例 2-24] 电路图

端口的外特性（VCR）。

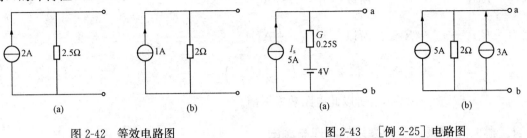

图 2-42 等效电路图   图 2-43 ［例 2-25］电路图

解 按等效概念，图 2-43（a）和（b）的等效电压源模型和伏安特性曲线如图 2-44（a）和（b）图所示。

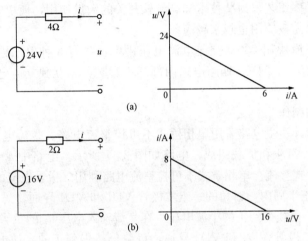

图 2-44 等效电路图及特性曲线

【**例 2-26**】在图 2-45 所示电路中，$u_{s1} = 24V$，$u_{s2} = 6V$，$R_1 = 12\Omega$，$R_2 = 6\Omega$，$R_3 = 2\Omega$。试用电源模型的等效变换求 R_3 中的电流，并验证功率平衡。

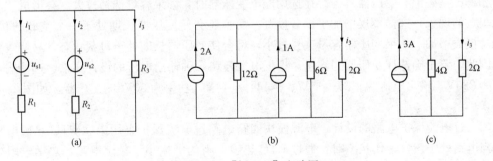

图 2-45 ［例 2-26］电路图
（a）电路原理图；（b）等效变换；（c）等效电路图

解 按等效概念，图 2-45（a）等效电路图如图 2-45（b）所示，将 2A 和 1A 电流源等效，12Ω 和 6Ω 电阻等效，得到电路图 2-45（c）所示。所以得到

$$i_3 = \frac{4}{4+2} \times 3 = 2(\text{A})$$

因为　　$R_1 i_1 + u_{s1} = R_3 i_3$，所以　　$i_1 = -\dfrac{5}{3}$A。

因为　　$R_2 i_2 + u_{s2} = R_3 i_3$，所以　　$i_2 = -\dfrac{1}{3}$A。

因为　　$P = P_1 + P_2 + P_{R1} + P_{R2} + P_{R3} = \left(-\dfrac{5}{3} \times 24\right) + \left(-\dfrac{1}{3} \times 6\right) + \left(-\dfrac{5}{3}\right)^2 \times 12 + \left(-\dfrac{1}{3}\right)^2$

$\times 6 + 2^2 \times 2 = 0$，所以此电路功率平衡。

🎧知识拓展　直流电源模块的制作与调试

随着电力电子技术的发展，模块电源广泛用于交换设备、接入设备、移动通信、汽车电子、航空航天等设备中。模块电源具有隔离作用好，抗干扰能力强，自带保护功能，便于集成的特点。随着半导体工艺、封装技术和高频软开关的大量使用，模块电源功率密度逐渐增大，转换效率不断提高，应用也越来越简单。

本次设计的电源模块用 220V 交流电源电压供电，共有 5 种电压输出，即输出电压为 -12、$+12$、0、$+15$、$+24$V。四路电路内部互不影响，相互独立。电路原理图如图 2-46 所示。

一、电源模块的制作

(1) 主电路的设计。主电路采用单相桥式不可控整流电路。整流电路由电源变压器、4 只整流二极管 VD1～VD4 和负载组成，电路如图 2-47 所示。电路中 4 个二极管 IN4007 接成桥式结构，故称桥式整流。单相桥式不可控整流电路利用二极管电流的单相导电作用，在交流输入电压 u_2 的正半周内，对角的一组二极管 VD1 和 VD4 导通，另一组二极管 VD2 和 VD3 处于截止状态，负载得到正的半波电压。在交流输入电压 u_2 的负半周，二极管 VD1 和 VD4 截止，另一组二极管 VD2 和 VD3 导通，负载仍然得到正的半波电压。即在交流输入电压 u_2 的一个正弦周期内，负载得到 2 个正的正弦半波电压，电压平均值为 $U_d = 0.9 u_2$。

(2) 变压器的选择。变压器是利用电磁感应的原理来改变交流电压大小的装置，主要构件包括一次绕组、二次绕组和铁芯（磁芯），主要功能包括电压变换、电流变换、阻抗变换、隔离和稳压（磁饱和变压器）等。在选用配电变压器时，如果容量选择过大，会形成"大马拉小车"的现象，这样不仅增加了设备投资，而且还会使变压器长期处于一个空载的状态，使无功损失增加；如果变压器容量选择过小，将会使变压器长期处于过载状态，易烧毁变压器。因此，要正确选择变压器的容量。根据电源模块 5 种输出电压的设计要求，选择输入电压工频 220V，输出电压为 $+26$、$+17$、$+14$、-14V，功率为 30W 的变压器，如图 2-48 所示。

(3) 过电流保护电路的设计。电源模块四路电路过电流保护采用串联 PTC 热敏电阻实现。当电路处于正常工作状态时，通过 PTC 热敏电阻的电流小于额定电流，热敏电阻处于常态，阻值很小，不会影响被保护电路的正常工作。当电路出现故障，产生的电流值超过额定电流时，PTC 热敏电阻陡然发热，呈高阻态，使电路处于相对"断开"状态，从而保护电路不受破坏。当故障排除后，PTC 热敏电阻也自动恢复至低阻态，电路恢复正常工作。

(4) 三端稳压管的选择。三端稳压管（三端稳压块）是一种直到临界反向击穿电压前都具有高电阻的半导体器件。稳压管在反向击穿时，在一定的电流范围内（或者说在一定功率损耗范围内），端电压几乎不变，表现出稳压特性，因而广泛应用于稳压电源与限幅电路之

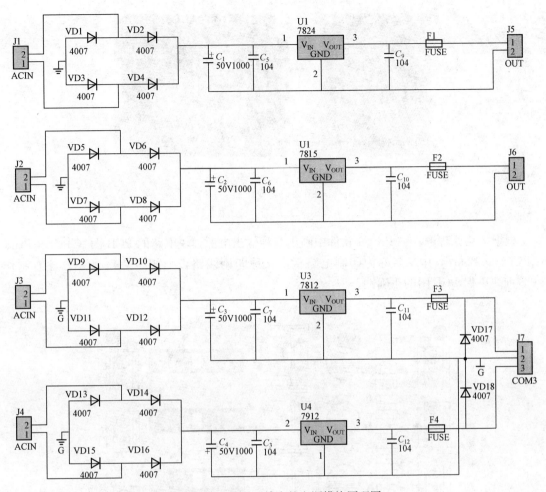

图 2-46　5 种电压输出的电源模块原理图

中。三端稳压管主要有两种类型：一种输出电压是固定的，称为固定输出三端稳压管；另一种输出电压是可调的，称为可调输出三端稳压管。根据电源模块 5 种输出电压的设计要求，选用的稳压管类型分别为 L7824、L7815、L7812 和 L7912。

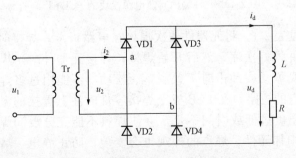

图 2-47　单相桥式不可控整流电路图

(a)　　　　　　　　　　　　　　　　(b)

图 2-48　变压器

(a) 变压器侧面；(b) 变压器参数

根据电路原理图，在 Protel 软件中画出 5 种输出电源模块电路的 PCB 图（PCB：Printed Circuit Board，中文名称为印制电路板，又称印刷线路板）如图 2-49 所示。注意制作 PCB 前要确保 PCB 图的正确性。

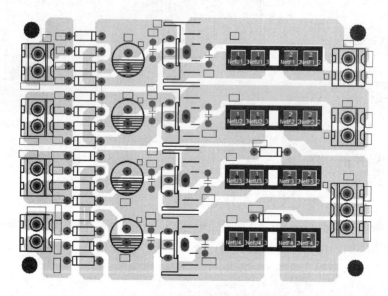

图 2-49　5 种输出直流电源模块的 PCB 图

所用元器件清单见表 2-1。将元器件依次焊接在电路板上。焊接时注意：焊接前，将准备好的元器件分类并排好次序，然后开始焊接；焊接元器件时，焊点要有足够的机械强度，保证被焊件在受振动或冲击时不致脱落、松动。不能用过多焊料堆积，否则容易造成虚焊、焊点与焊点的短路；在 PCB 板上焊接零件时注意焊接的温度和时间，在焊接时保持合适的温度，温度过低或时间不足，会使焊料不能充分浸润焊件而形成虚焊，温度过高或时间过长会损坏元件，焊点的外观也会变差；防止静电，烙铁要接地（如果焊接的是一般电子元件，电烙铁可以不接地），注意不要出现虚焊、连焊、假焊。焊好后电路如图 2-50 所示。

表 2-1   所用元件清单

名称	数目	型号或参数	名称	数目	型号或参数
二极管	18	IN4007	涤纶电容	4	$63V,\ 0.33\mu F$
稳压管	1	L7805	涤纶电容	4	$100V,\ 0.1\mu F$
稳压管	1	L7812	电解电容	4	$50V,\ 1000\mu F$
稳压管	1	L7815	熔丝	4	1A,250V
稳压管	1	L78024	电位器	1	$2.2k\Omega$
电阻	1	$1.1k\Omega$	开关	1	开关
变压器	1	220V 30W			

二、电源模块的调试

电源模块焊接完毕之后，就进入到电路的调试阶段，具体步骤如下：

（1）电路板的检查。测试之前要检查电路板，检查变压器引脚是否焊接正确，电容、稳压管和二极管等是否焊反（若焊反，电路板通电后会出现电容爆炸或电路没有输出电压的现象），是否有元件未焊等。

（2）测试电源是否短路。用万用表蜂鸣挡测试各电源电压输出端。电压主要包括：-12、$+12$、$+15$、$+24V$ 与 $0V$ 之间，确认无电源短路。

（3）通电。首先试探性地接上电源，看电路是否有异常现象发生，若不正常，应迅速断开电源，查找故障原因。若无异常现象发生，可以用万用表直流电压挡测试各电源输出电压，确认各电压的值是否准确无误。

图 2-50 电源电路

项目小结

（1）电路等效是指仅对二端网络以外的电路等效，对端口内部并不等效。等效变换的条件是二端网络的端口具有相同的伏安特性。等效变换的目的是简化电路，方便地求出结果。

（2）任一个电阻通过串联、并联和混联组成的无源二端网络可以用一个电阻来等效。

1）n 个电阻串联的等效电阻为 $R = \sum_{k=1}^{n} R_k$

电阻串联时，任一电阻上的电压为

$$u_k = iR_k = \frac{R_k}{R_1 + R_2 + \cdots + R_k} u = \frac{R_k}{R} u,\ k = 1,2,3,\cdots,n$$

2）n 个电导并联的等效电导为 $G = \sum_{k=1}^{n} G_k$

电导并联时，任一电导上的电流为

$$i_k = G_k u = \frac{G_k}{G_1 + G_2 + \cdots + G_k} i = \frac{G_k}{G} i \; , \; k = 1, 2, 3, \cdots, n$$

（3）二端网络由 n 个理想电压源串联而成，则该二端网络可以等效为一个理想电压源，即

$$u_s = u_{s1} + u_{s2} + \cdots + u_{sn} = \sum_{k=1}^{n} u_{sk}$$

二端网络由 n 个理想电流源并联而成，则该二端网络可以等效为一个电流源，即

$$i_s = i_{s1} + i_{s2} + \cdots + i_{sn} = \sum_{k=1}^{n} i_{sk}$$

（4）电压源模型和电流源模型之间的等效变换条件是

$$u_s = i_s R'_s \; (或 \; i_s = u_s / R'_s \;)$$
$$R_s = R'_s$$

（5）由独立源和电阻元件经串、并联及混联连接组成的二端网络，总可以化简为一个电压源和一个电阻串联或一个电流源和一个电阻并联的二端网络。

（6）电桥电路是一种用比较法测量电阻的仪器。比较法即在电桥平衡时把被测电阻与标准电阻进行比较，得到被测电阻的阻值。调节电桥达到平衡有两种方法：一种是保持标准电阻 R（比较臂）不变，调节比例臂 K 的值；另一种是取比例臂 K 为某一定值，调节比较臂 R。

习 题 二

2-1　电路如图 2-51 所示，试求各电路的等效电阻 R_{ab}。

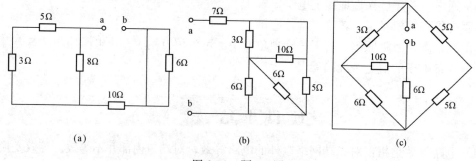

(a)　　　　　　　　　　(b)　　　　　　　　　　(c)

图 2-51　题 2-1 图

2-2　电路如图 2-52 所示，试求各电路 ab 端的等效电路。

2-3　电路如图 2-53 所示，试求各电路的等效电流源模型。

2-4　电路如图 2-54 所示，试求各电路的等效电压源模型。

2-5　图 2-55 所示电路中，为表示直流电动机和蓄电池并联运行向负载 R 充电的电路，它们的电路模型及参数如图，当负载电阻 R 等于 110Ω 和 1Ω 时，分别求出各支路的功率。

2-6　设计一个电阻衰减器电路，如图 2-56 所示。衰减器的输入电压为 10V，而输出电压分别为 10、5V 及 1V，电阻中流过的电流为 2mA，试求 R_1、R_2 及 R_3 的值。

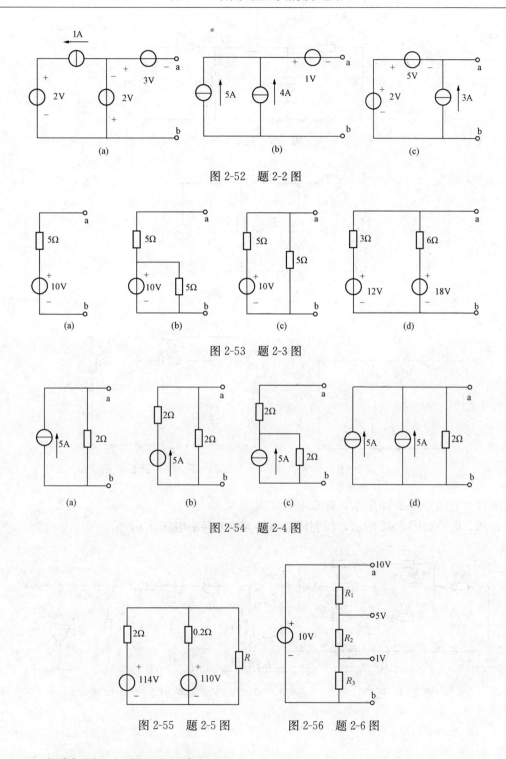

图 2-52　题 2-2 图

图 2-53　题 2-3 图

图 2-54　题 2-4 图

图 2-55　题 2-5 图　　　图 2-56　题 2-6 图

2-7　电路如图 2-57 所示，试求电流 i_0。

2-8　电路如图 2-58 所示，试求电流 i 和电压 u。

2-9　电路如图 2-59 所示，已知电阻 R 消耗的功率是 18W，求电阻 R 的值。

2-10　电路如图 2-60 所示，试求电流 i。

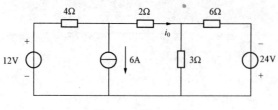

图 2-57　题 2-7 图

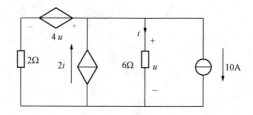

图 2-58　题 2-8 图

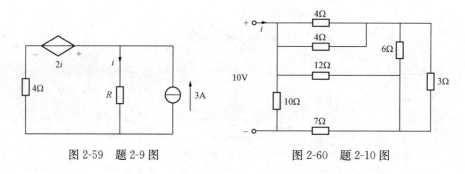

图 2-59　题 2-9 图　　　　　　图 2-60　题 2-10 图

2-11　电路如图 2-61 所示，试求电压 u。

2-12　电路如图 2-62 所示，试利用电源的等效变换求电压比 u_0/u_s。

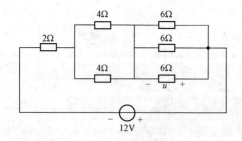

图 2-61　题 2-11 图

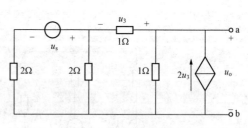

图 2-62　题 2-12 图

项目三　多网孔多支路电路的求解方法

【项目描述】

图 3-1 为高效应急灯。在实际电路中，其电路结构往往比较复杂，但不论实际电路如何复杂，它都是由节点和支路构成。连接于同一节点的各支路电流，必然遵守 KCL，而构成一个回路的各支路电压必然遵守 KVL。项目二讨论了电路的等效化简方法，这种方法只能局限于分析一定结构形式的电路，不便于对电路作一般性的讨论。因此，本项目就是讨论适用于一般电路的分析方法，即网孔分析法、节点分析法、叠加定理、戴维南定理和诺顿定理。这些分析方法看似复杂，但有一个统一、规范的形式和步骤，对分析复杂电路特别重要。

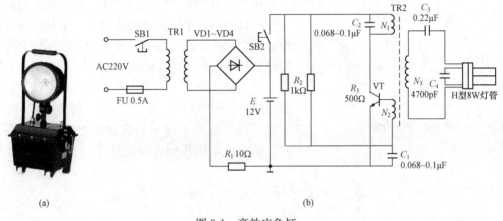

图 3-1　高效应急灯

（a）实物图；（b）电路原理图

【学习内容】

掌握网孔分析法和节点分析法分析电路的基本步骤和注意点；根据电路的特点，学会在电路分析中灵活运用网孔法和节点法。掌握应用叠加定理分析计算电路；掌握用戴维南定理分析电路的基本方法和注意事项；理解诺顿定理的含义。掌握最大功率传输定理的内容及应用。

任务 1　用网孔分析法分析电路

【任务要求】理解网孔电流的概念，掌握网孔分析法的原理和推导；根据电路特点，学会用网孔法分析电路。

知识点 1　学会列写网孔方程

一、网孔电流的概念

网孔分析法也称为网孔电流法，网孔电流是一种假想的电流，即假设在电路的每个网孔里各有一个电流（如图 3-2 中的网孔电流 i_a、i_b、i_c）沿着网孔在流动。

若网孔电流 i_a、i_b、i_c 方向均取顺时针。各支路电流和网孔电流的关系为

$$i_1 = i_a, i_5 = i_b, i_6 = -i_c$$

$$i_2 = i_a - i_b$$

$$i_3 = i_a - i_c, i_4 = i_c = i_b$$

可见，电路中所有电流都可以用网孔电流表示出来。边界支路的电流为该网孔的网孔电流，公共支路电流为两相邻网孔电流的代数和。一旦求出网孔电流，所有支路电流就可以很容易地求出来。

注意：在列写支路电流与网孔电流的关系式时，若网孔电流与支路电流方向相同则取正，相反取负。

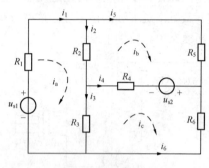

图 3-2　网孔电流法

二、网孔分析法

网孔分析法是以网孔电流为未知量，利用基尔霍夫定律列写各网孔的 KVL 方程，求解网孔电流，然后再根据电路，求出其他待求量。一般情况下，电路中有几个网孔，就需要列几个方程。应用网孔分析法关键是正确地列出网孔电流方程。

下面通过图 3-2 所示电路推导网孔电流方程的一般形式。以图中网孔电流 i_a、i_b、i_c 的参考方向为绕行方向，各电阻两端电压和流过的电流为关联参考方向。将支路电流用网孔电流表示，列写网孔的 KVL 方程。

网孔 1　　　　　$i_a R_1 + (i_a - i_b)R_2 + (i_a - i_c)R_3 - u_{s1} = 0$

网孔 2　　　　　$i_b R_5 - (i_a - i_b)R_2 - (i_c - i_b)R_4 + u_{s2} = 0$

网孔 3　　　　　$i_c R_6 - (i_a - i_c)R_3 + (i_c - i_b)R_4 - u_{s2} = 0$

整理可得

网孔 1　　　　　$(R_1 + R_2 + R_3)i_a - R_2 i_b - R_3 i_c = u_{s1}$

网孔 2　　　　　$-R_2 i_a + (R_2 + R_5 + R_4)i_b - R_4 i_c = -u_{s2}$

网孔 3　　　　　$-R_3 i_a - R_4 i_b + (R_4 + R_3 + R_6)i_c = u_{s2}$

将上式概括为

$$\begin{cases} R_{11} i_a + R_{12} i_b + R_{13} i_c = u_{s11} \\ R_{21} i_a + R_{22} i_b + R_{23} i_c = u_{s22} \\ R_{31} i_a + R_{32} i_b + R_{33} i_c = u_{s33} \end{cases}$$

式中：R_{11}、R_{22}、R_{33} 为网孔 1、2、3 的自电阻。

自电阻为各网孔内所有电阻之和，总是取正，即 $R_{11} = R_1 + R_2 + R_3$，$R_{22} = R_2 + R_5 + R_4$，$R_{33} = R_4 + R_3 + R_6$。

R_{12}、R_{13}、R_{21}、R_{23}、R_{31}、R_{32} 为相邻网孔的互电阻。如 R_{12} 和 R_{21} 为网孔 1 和 2 的互电阻，即两个网孔的共有电阻。互电阻为两相邻网孔公共支路的电阻之和，当流过互电阻的两个网孔电流参考方向一致时，互电阻为正；相反则为负。图 3-2 中 $R_{12} = R_{21} = -R_2$；$R_{13} = R_{31} = -R_3$；$R_{23} = R_{32} = -R_4$。

u_{s11}、u_{s22}、u_{s33} 表示沿网孔电流参考方向各网孔电源电位升之和。当电压源电位升与本网孔电流的参考方向一致时取正号，当电压源电位升与本网孔电流的参考方向相反时取负号。

总结以上内容可得网孔方程的一般形式为

本网孔电流×自电阻＋$\sum$（相邻网孔电流×互电阻）＝沿本网孔电流参考方向电源电位升之和

今后在求解电路时应用网孔分析法就可以直接应用，网孔方程的一般表达式，而不必重复推导了。

知识点 2　网孔分析法的注意事项

（1）如果电路中含有电流源支路，应尽量将该支路移至某个网孔的边界支路。此时，该网孔的网孔电流就是该电流源的电流，这样可以少列一个网孔方程。

【例 3-1】电路如图 3-3（a）所示，求支路电流 i_1、i_2。

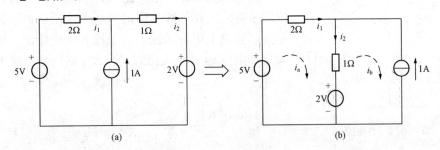

图 3-3　［例 3-1］电路图

解　将 1A 电流源支路移至边界，如图 3-3（b）列网孔方程

$$\begin{cases} i_b = -1\text{A} \\ (2+1)i_a - 1i_b = 5 - 2 \end{cases}$$

所以　　　　$i_1 = i_a = \dfrac{2}{3}(\text{A})$，$i_2 = i_a - i_b = \dfrac{2}{3} - (-1) = \dfrac{5}{3}(\text{A})$

（2）如果电路中所含的电流源支路不能移到边界位置，就要在该电流源两端假定一个电压 u 后才能列写网孔方程（这样多出一个未知数，要补充一个方程）。

【例 3-2】电路如图 3-4 所示，求各支路电流。

解　2A 电流源所在支路无法移到边界位置上，因此设 2A 电流源两端电压为 u，列网孔方程及其补充方程为

$$\begin{cases} (1+5+2)i_1 - 2i_2 - 5i_3 = 0 \\ -2i_1 + (2+4)i_2 = 26 - u \\ -5i_1 + (5+8)i_3 = u \\ i_3 - i_2 = 2 \end{cases}$$

整理可得

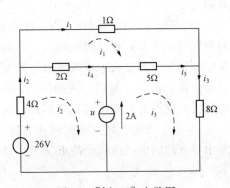

图 3-4　［例 3-2］电路图

$$\begin{cases} 8i_1 - 2i_2 - 5i_3 = 0 \\ -2i_1 + 6i_2 = 26 - u \\ -5i_1 + 13i_3 = u \\ i_3 - i_2 = 2 \end{cases}$$

解得　　　　　$i_1 = \dfrac{190}{103}\mathrm{A}$，$i_2 = \dfrac{70}{103}\mathrm{A}$，$i_3 = \dfrac{276}{103}\mathrm{A}$，$i_4 = -\dfrac{120}{103}\mathrm{A}$，$i_5 = \dfrac{86}{103}\mathrm{A}$

（3）用网孔分析法分析含受控源的电路时，将受控源作为独立源看待，列写网孔方程。如果受控源的控制量不是某一网孔电流，则根据电路的结构补充一个控制量与网孔电流关系的方程，以使方程数与未知量数一致。如果受控源的控制量就是网孔电流之一，则不用补充方程。

【例 3-3】 电路如图 3-5 所示，用网孔分析法求输入电阻 R_i。

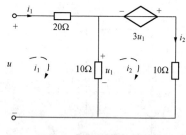

图 3-5　［例 3-3］电路图

解　由受控源和电阻组成的二端网络，可以用一个电阻来等效。其等效电阻的求法不能用前面所讲的电阻串并联等效电阻的求法，而是用外加电压法。即假设在端口加电压 u，产生电流 i，那么二端网络的输入电阻 $R_i = \dfrac{u}{i}$。

列网孔方程及补充方程

$$\begin{cases} (20 + 10)i_1 - 10i_2 = u \\ -10i_1 + (10 + 10)i_2 = 3u_1 \\ u_1 = 10(i_1 - i_2) \end{cases}$$

解得　　　　　　　　　　　　　　$u = 22i_1$

所以　　　　　　　　　　　　　$R_i = \dfrac{u}{i_1} = 22\Omega$

（4）总结网孔分析法的步骤和注意事项。

1）化简电路。当电路中有电阻的串、并联和混联时，用等效电阻代替，有电流源和电阻并联支路时，用电压源和电阻串联支路等效，以减少网孔的数量。

2）确定网孔。假设各网孔电流的参考方向，同时规定这也是列网孔方程时的回路绕行方向。

3）列写各网孔的网孔方程。注意互电阻的正负号，流过互电阻的两个网孔电流参考方向相同时取正号，相反时取负号。当电路中含有电流源（含受控电流源）时，应尽量把电流源移到边界支路上去，或者进行等效变换，否则一定要在电流源两端假设一个电压，并标出参考极性。在列写 KVL 方程时，必须将这个电压包括在内，并要补充一个 KCL 方程。当电路含有受控源且控制量不是网孔电流时，必须补充一个方程。

4）联立求解。联立求解网孔方程得出各网孔电流。由网孔电流求支路电流，再由此可求出各支路的电压或其他待求量。

任务2 用节点分析法分析电路

【任务要求】理解节点电压的概念，掌握节点分析法的原理和推导；根据电路特点，学会用节点法分析电路。

知识点1 学会列写节点方程

一、节点电压的概念

在具有 n 个节点的电路中，任选一个节点为参考节点，其余 $n-1$ 个节点称为独立节点。独立节点和参考节点之间的电压称为节点电压。节点电压的参考方向通常是从独立节点指向参考节点。如图 3-6 所示，选节点 4 为参考节点，节点 1、节点 2 和节点 3 为 3 个独立节点，节点电压为 u_{10}、u_{20} 和 u_{30}。为书写方便将节点电压写成 u_1、u_2 和 u_3。

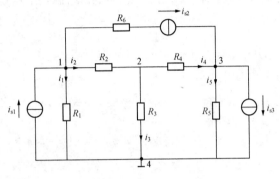

图 3-6 节点电压法

二、节点分析法

节点分析法是以节点电压为变量列写节点的 KCL 方程，即节点电流方程，求解节点电压，然后根据电路求出其他待求量。下面推导节点方程的一般形式。电路如图 3-6 所示，选节点 4 为参考节点，其他三个节点电压分别为 u_1、u_2、u_3。各支路电流用节点电压表示分别为

$$i_1 = \frac{u_1}{R_1} , i_2 = \frac{u_1 - u_2}{R_2} , i_3 = \frac{u_2}{R_3} , i_4 = \frac{u_2 - u_3}{R_4} , i_5 = \frac{u_3}{R_5}$$

列出各节点 KCL 方程，可得：

节点 1 $-i_{s1} + i_{s2} + \dfrac{u_1}{R_1} + \dfrac{u_1 - u_2}{R_2} = 0$

节点 2 $-\dfrac{u_1 - u_2}{R_2} + \dfrac{u_2}{R_3} + \dfrac{u_2 - u_3}{R_4} = 0$

节点 3 $i_{s3} - i_{s2} + \dfrac{u_3}{R_5} - \dfrac{u_2 - u_3}{R_4} = 0$

整理可得

$$u_1 \left(\frac{1}{R_1} + \frac{1}{R_2} \right) - u_2 \frac{1}{R_2} = i_{s1} - i_{s2}$$

$$u_2 \left(\frac{1}{R_2} + \frac{1}{R_3} + \frac{1}{R_4} \right) - u_1 \frac{1}{R_2} - u_3 \frac{1}{R_4} = 0$$

$$u_3 \left(\frac{1}{R_4} + \frac{1}{R_5} \right) - u_2 \frac{1}{R_4} = i_{s2} - i_{s3}$$

可以进一步概括成

$$\begin{cases} G_{11}u_1 + G_{12}u_2 + G_{13}u_3 = i_{s11} \\ G_{21}u_1 + G_{22}u_2 + G_{23}u_3 = i_{s22} \\ G_{31}u_1 + G_{32}u_2 + G_{33}u_3 = i_{s33} \end{cases}$$

式中：G_{11}、G_{22}、G_{33}称为节点1、节点2、节点3的自电导。自电导是指与独立节点相连的各支路电导之和，即

$$G_{11} = \frac{1}{R_1} + \frac{1}{R_2} = G_1 + G_2$$

$$G_{22} = \frac{1}{R_2} + \frac{1}{R_3} + \frac{1}{R_4} = G_2 + G_3 + G_4$$

$$G_{33} = \frac{1}{R_4} + \frac{1}{R_5} = G_4 + G_5$$

G_{12}、G_{21}、G_{23}、G_{32}、G_{31}、G_{13}为节点1、2，2、3和3、1的互电导。互电导是指两节点之间支路的电导之和，即

$$G_{12} = -\frac{1}{R_2} = -G_2 \ , \ G_{13} = 0 \ , \ G_{21} = -\frac{1}{R_2} = -G_2$$

$$G_{23} = -\frac{1}{R_4} = -G_4 \ , \ G_{31} = 0 \ , \ G_{32} = -\frac{1}{R_4} = -G_4$$

可以看出 $G_{12} = G_{21} = -G_2$，$G_{13} = G_{31} = 0$，$G_{23} = G_{32} = -G_4$。所以自电导总是正的，互电导总是负的。

i_{s11}、i_{s22} 和 i_{s33} 是流入节点的电源电流的代数和。图3-6中 $i_{s11} = i_{s1} - i_{s2}$，$i_{s22} = 0$，$i_{s33} = i_{s2} - i_{s3}$，式中流入节点的电流取"＋"，流出节点的电流取"－"。

由此可得节点方程的一般形式为

自电导×本节点电压 ＋ Σ(互电导×相邻节点电压)＝流入该节点的电源电流之和

注意：与电流源相串联的电阻不计入自电导和互电导之中。这是因为与电流源串联的电阻无论有多大，都不会影响该支路流入或流出节点的电流。如节点1、3之间的电阻 R_6，不计入自电导内，对于互电导有 $G_{13} = G_{31} = 0$。

有了节点方程的一般表达式，今后在求解电路时应用节点分析法就可以直接应用，而不必重复推导了。

🎓 知识点 2　节点方程的注意事项

（1）如果电路中含有电压源和电阻串联的支路，则将其等效为电流源和电阻并联的形式。

【例 3-4】电路如图3-7所示，列写电路的节点方程并整理。

解　首先化简电路，将电压源和电阻串联支路等效为电流源和电阻并联形式，然后根据图3-7（b）列节点电压方程（注意与电流源串联的电阻不计入自电导和互电导之中）

$$\begin{cases} \left(\dfrac{1}{2} + \dfrac{1}{2} + 1\right)u_1 - \dfrac{1}{1} \times u_2 = 2 + 5 + 4 \\ -\dfrac{1}{1} \times u_1 + \left(\dfrac{1}{1} + \dfrac{1}{1}\right)u_2 = 3 - 4 \end{cases}$$

整理得
$$2u_1 - u_2 = 11$$
$$-u_1 + 2u_2 = -1$$

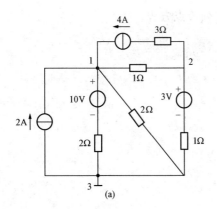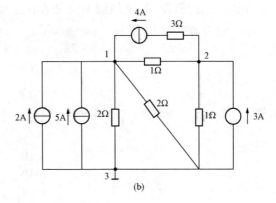

图 3-7 ［例 3-4］电路图

解得
$$u_1 = 7\text{V} , u_2 = 3\text{V}$$

（2）若电路中含有理想电压源支路，可选电压源的一端作为参考点，这样可以少列一个节点方程。

【例 3-5】电路如图 3-8 所示，求各支路电压。

解　选节点 4 作为参考点，则节点 3 的电压为已知的，即 $u_3 = -2\text{V}$，因此这个电路只有两个节点电压需要求解，列节点方程

$$\begin{cases} (2+1+5)u_1 - 2u_2 - 5\times(-2) = 0 \\ -2u_1 + (2+6+4)u_2 - 6\times(-2) = 26 \end{cases}$$

解得
$$u_1 = -1\text{V} , u_2 = 1\text{V} , u_3 = -2(\text{V})$$
$$u_{12} = u_1 - u_2 = -1 - 1 = -2(\text{V})$$
$$u_{13} = u_1 - u_3 = -1 + 2 = 1(\text{V})$$
$$u_{23} = u_2 - u_3 = 1 + 2 = 3(\text{V})$$

（3）若电路中所含的理想电压源两端都不与参考点相连，则应在该电压源所在支路假设一个电流 i，列写节点方程时要考虑电流 i，并且还要补充一个方程。

【例 3-6】电路如图 3-9 所示，求各支路电压。

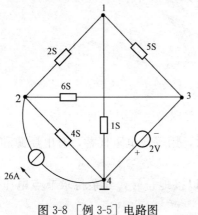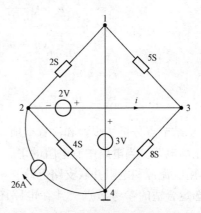

图 3-8 ［例 3-5］电路图　　　　图 3-9 ［例 3-6］电路图

解　选 4 为参考点，则 3V 电压源的一端与参考节点相连，但 2V 电压源的两端都不与

参考点相连，因此假设 2V 电压源中流出的电流为 i，列节点方程

$$\begin{cases} u_1 = 3\text{V} \\ -2u_1 + (2+4)u_2 = 26 - i \\ -5 \times u_1 + (5+8)u_3 = i \\ u_3 - u_2 = 2 \end{cases}$$

解得

$$u_2 = \frac{21}{19}\text{V} , u_3 = \frac{59}{19}\text{V}$$

所以

$$u_{12} = u_1 - u_2 = 3 - \frac{21}{19} = \frac{36}{19}(\text{V})$$

$$u_{13} = u_1 - u_3 = 3 - \frac{59}{19} = -\frac{2}{19}(\text{V})$$

$$u_{14} = u_1 = 3\text{V}$$

$$u_{23} = -2\text{V}$$

$$u_{24} = u_2 = \frac{21}{19}\text{V}$$

$$u_{34} = u_3 = \frac{59}{19}\text{V}$$

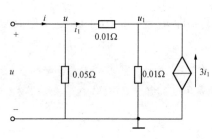

图 3-10 ［例 3-7］电路图

（4）节点分析法用于分析含受控源的电路时，将受控源作为独立源看待，列写节点方程。如果受控源的控制量不是某一节点电压，则应根据电路的结构补充一个反映控制量与节点电压关系的方程，以使方程数与未知量数一致。如果受控源的控制量就是节点电压之一，则不用补充方程了。

【例 3-7】电路如图 3-10 所示，用节点分析法求二端网络的输入电阻。

解 假设端口接电压为 u 的电压源，流出的电流为 i，列节点方程和补充方程

$$\begin{cases} \left(\dfrac{1}{0.01} + \dfrac{1}{0.05}\right)u - \dfrac{1}{0.01}u_1 = i \\ -\dfrac{1}{0.01}u + \left(\dfrac{1}{0.01} + \dfrac{1}{0.01}\right)u_1 = 3i_1 \\ i_1 = \dfrac{1}{0.01}(u - u_1) \end{cases}$$

解得

$$i = 40u$$

所以

$$R_i = \frac{u}{i} = \frac{1}{40}\Omega$$

（5）总结节点分析法步骤和注意事项。

1）化简电路。当电路中有电阻的串、并联时，用等效电阻代替，有电压源和电阻串联支路时，用电流源和电阻并联支路等效。

2）选定合适的参考节点。并在电路图上标以接地符号，其余待求节点电压依次标上序号。

3）列写各节点电压方程。根据规律列写各节点电压方程，注意自电导总是正的，负电导总是负的。电路中有理想电压源支路时，选择它的一端为参考点，这样已知一个节点电

压；如果理想电压源在两个独立节点之间，可在该电压源支路假定一个电流，列写节点方程时计入该电流，并补充一个方程。当电路中含有受控源时，将受控源作为独立源看待，按一般形式列写节点方程，但受控源的控制量需用节点电压表示。

4）联立求解。联立求解各节点电压，由解得的节点电压求出其他支路电压或电流。

任务 3 认识叠加定理

【任务要求】理解叠加定理的内容，掌握叠加定理的适用范围和原理；根据电路的特点，学会用叠加法分析电路。

知识点 1 叠加定理的验证

叠加定理是线性电路的一个基本定理，适用于由多个独立电源作用的线性电路。所谓线性电路，是指除独立源外，只由线性元件组成的电路。线性元件是指线性电阻、线性电感、线性电容和线性受控源等。

一、叠加定理的内容

任意线性电路中，当有两个或两个以上的独立源作用时，任一支路的电流或电压都可以看成是电路中各个独立电源单独作用时在该支路所产生的电流分量或电压分量的和。

在这里，独立电源单独作用是指其他独立电源不作用。电路中电压源不作用就令其电压为零，相当于短路，即不作用的电压源用一个短线来代替；电流源不作用就令电流为零，相当于开路，即不作用的电流源处用断开来表示。

二、叠加定理的验证

下面用图 3-11（a）所示电路证明叠加定理的正确性。

在图 3-11（a）电路中有两个独立电源，一个为电流源 i_s，另一个为电压源 u_s，求电阻 R_2 两端的电压 u。

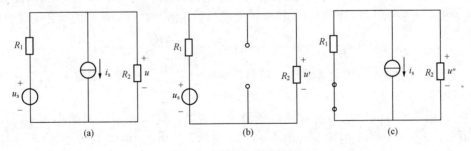

(a)　　　　　　　(b)　　　　　　　(c)

图 3-11 叠加定理分析图

解法 1 利用弥尔量定理

根据弥尔曼定理得到

$$u = \frac{\dfrac{u_s}{R_1} - i_s}{\dfrac{1}{R_1} + \dfrac{1}{R_2}} = \frac{R_2}{R_1 + R_2}u_s - \frac{R_1 R_2}{R_1 + R_2}i_s$$

分析上式可见，第一项只与电压源 u_s 有关，第二项只与电流源 i_s 有关，电压 u 可以看成由电压源 u_s 和电流源 i_s 分别单独作用时，在该支路所产生的电压的叠加。

解法 2　利用叠加定理

（1）电压源单独作用时，将电流源开路（电流源不作用），即 $i_s = 0$，此时电路如图 3-11（b）所示，R_2 上的电压为

$$u' = \frac{R_2}{R_1 + R_2} u_s$$

（2）电流源单独作用时，将电压源短路（电压源不作用），即 $u_s = 0$，此时电路如图 3-11（c）所示，R_2 上的电压为

$$u'' = -\frac{i_s}{\dfrac{1}{R_1} + \dfrac{1}{R_2}} = -\frac{R_1 R_2}{R_1 + R_2} i_s$$

（3）根据叠加定理两电源共同作用时，R_2 上的电压为

$$u = u' + u'' = \frac{R_2}{R_1 + R_2} u_s - \frac{R_1 R_2}{R_1 + R_2} i_s$$

可见用两种方法求电阻 R_2 两端的电压 u，结果完全相同，由此叠加定理得到验证。

由上面的分析可知，应用叠加定理可以将一个复杂的电路按电源的情况简化为一组简单的电路，按组计算以后再叠加，使复杂问题简单化。

知识点 2　叠加定理的几点说明和应用分析

一、叠加定理的几点说明

（1）叠加定理适用于线性电路，不适用于非线性电路。

（2）可加性：线性电路中某一支路的电流或电压，是各个电源单独作用时在该支路所产生的电流或电压的代数和，即

$$u = u' + u''，i = i' + i'' \tag{3-1}$$

（3）齐次性：线性电路中单个激励时（单个电压源或者电流源），响应和激励成正比，单个激励扩大或缩小几倍，则响应也相应扩大或缩小几倍。在叠加定理的验证例题中得到

$$u' = \frac{R_2}{R_1 + R_2} u_s = k_1 u_s，u'' = -\frac{R_1 R_2}{R_1 + R_2} i_s = k_2 i_s \tag{3-2}$$

可以看出，当电压源增大或缩小 k_1 倍时，对应的 u' 或 u'' 也增大或缩小 k_1 倍；当电流源 i_s 增大或缩小 k_2 倍时，对应的 u' 或 u'' 也增大或缩小 k_2 倍。

当电路中，所有的激励即所有的电压源和电流源，同时都增大或缩小 K 倍时，响应（支路电压或电流）也将同时增大或缩小 K 倍。显然，当电路中只有一个电源时，响应与激励成正比。

（4）叠加定理只能用来求支路的电压或电流，不能直接用来求功率，因为功率和电压或电流之间不是线性关系。例如，求图 3-11 中的 R_2 的功率，显然

$$p = \frac{u^2}{R_2} = \frac{(u' + u'')^2}{R_2} \neq \frac{u'^2}{R_2} + \frac{u''^2}{R_2} \tag{3-3}$$

（5）对于含不同类型电源的电路必须用叠加定理来求解。

（6）当电路中含有受控源时，叠加定理仍然是适用的。受控源不能单独作用于电路（因

受控源不能脱离独立电源单独对电路起作用）。各独立源单独作用时，受控源和电阻一样必须保留在电路中，其控制量需用控制分量表示。

二、叠加定理的应用

【例 3-8】电路如图 3-12 所示，用叠加定理求电路所示电压 u。

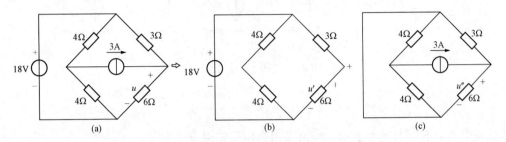

图 3-12　[例 3-8] 电路图

解　电路含有两个独立电源作用，利用叠加定理可以分解为两个电路求解。

（1）18V 电压源单独作用时，如图 3-12（b）所示可得

$$u' = \frac{6}{6+3} \times 18 = 12(\text{V})$$

（2）3A 电流源单独作用时，如图 3-12（c）所示可得

$$u'' = \frac{3 \times 6}{6+3} \times 3 = 6(\text{V})$$

（3）两电源共同作用时

$$u = u' + u'' = 12 + 6 = 18(\text{V})$$

【例 3-9】　电路如图 3-13 所示，N 为只由线性电阻和线性受控源组成的网络。已知当 $u_s = 1\text{V}$，$i_s = 1\text{A}$ 时，$u_2 = 0\text{V}$；当 $u_s = 10\text{V}$，$i_s = 0\text{A}$ 时，$u_2 = 1\text{V}$。求当 $u_s = 5\text{V}$，$i_s = 10\text{A}$ 时，u_2 为多少？

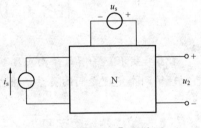

图 3-13　[例 3-9] 电路图

解　本题虽然不知道网络 N 的具体结构，但根据叠加定理可知 $u_2 = k_1 u_s + k_2 i_s$。

由已知条件可以确定这两个系数

$$k_1 \times 1 + k_2 \times 1 = 0$$
$$k_1 \times 10 + k_2 \times 0 = 1$$

解得　　　　　　　　$k_1 = 0.1$，$k_2 = -0.1$

所以当 $u_s = 5\text{V}$，$i_s = 10\text{A}$ 时，$u_2 = 0.1 \times 5 + (-0.1 \times 10) = -0.5(\text{V})$。

【例 3-10】如图 3-14（a）所示，用叠加定理求 i_1。

解　电路含有受控源，当两个独立电源单独作用时，受控源仍保留在电路中，控制量用相应的电流分量值 i_1' 和 i_1'' 表示。

（1）当 20V 电压源单独作用时，如图 3-14（b）所示可得

$$i_1' = \frac{20 - 2i_1'}{4+4}, i_1' = 2(\text{A})$$

（2）当 2A 电流源单独作用时，如图 3-14（c）所示由节点法可得

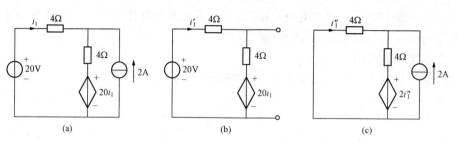

图 3-14 ［例 3-10］电路图

$$\left(\frac{1}{4}+\frac{1}{4}\right)u=\frac{2i_1''}{4}+2$$

此处电路只有一对独立节点，也可采用弥尔曼定理求解

$$u=\frac{\dfrac{2i_1''}{4}+2}{\dfrac{1}{4}+\dfrac{1}{4}}$$

又

$$u=-4i_1''$$

解得

$$i_1''=-\frac{4}{5}\text{A}$$

（3）两电源共同作用

$$i_1=i_1'+i_1''=2-\frac{4}{5}=\frac{6}{5}(\text{A})$$

任务 4　认识戴维南定理和诺顿定理

【任务要求】了解戴维南定理和诺顿定理的内容，掌握戴维南定理和诺顿定理原理及推导，理解两个定理之间的关系；根据电路的特点，学会用戴维南定理和诺顿定理分析电路。

知识点 1　戴维南定理

一、戴维南定理的内容

对于一个只含有电阻的串联、并联或者混联的二端网络，可以用一个电阻来等效。若一个既有电阻的串联、并联或者混联，又有电源和受控源的二端网络该怎样等效化简？

戴维南（Léon Charles Thévenin）是一位法国电报工程师，这个定理是他在 1883 年提出的。定理的对偶形式即诺顿定理是由美国贝尔电话实验室的工程师诺顿（E. L. Norton）提出的。

戴维南定理和诺顿定理是线性电路的重要定理，它适用于求解线性电路中某一支路的电压和电流。

任何一个含有独立源、线性电阻、线性受控源的有源二端网络，可以用一个电压源和一个电阻串联的二端网络来等效。其中，电压源电压等于该二端网络的开路电压 u_{oc}，串联电阻 R_0 等于二端网络中所有电源都置零（理想电压源短路，理想电流源开路）后所得到的无源网络的等效电阻，又称为戴维南等效电阻 R_0。

由开路电压 u_{oc} 和等效电阻 R_0 串联组成的二端网络，称为戴维南等效电路，如图 3-15 所示。某二端网络用戴维南等效电路置换后，端口以外的电路（称为外电路）中的电压和电流均保持不变。这种等效称为对外等效。

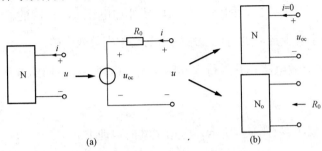

图 3-15 戴维南定理分析图

二、戴维南定理的证明

在图 3-16 中，N 为含源二端网络，根据戴维南定理，当二端网络的端口电压和电流采用关联参考方向时，其端口电压电流关系方程可表示为

$$u = R_0 i + u_{oc} \tag{3-4}$$

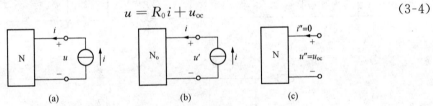

图 3-16 戴维南定理的证明

在二端网络端钮上外加电流源 i，如图 3-16（a）所示。根据叠加定理，端口电压可以分为两部分：一部分由电流源单独作用（二端网络内全部独立电源置零，其等效电阻为 R_0）产生的电压 $u' = R_0 i$，如图 3-16（b）所示；另一部分是外加电流源置零（$i = 0$），即二端网络开路时，由二端网络内部全部独立电源共同作用产生的电压 $u'' = u_{oc}$，如图 3-16（c）所示

$$u = u' + u'' = R_0 i + u_{oc} \tag{3-5}$$

式（3-5）与式（3-4）完全相同，这就证明了含源线性电阻二端网络，可以等效为一个电压源 u_{oc} 和电阻 R_0 串联的二端网络。

可见，分别计算出二端网络 N 的开路电压 u_{oc} 和二端网络内全部独立电源置零（独立电压源用短路代替及独立电流源用开路代替）时二端网络 N_0 的等效电阻 R_0，就可得到二端网络的戴维南等效电路。

知识点 2 利用戴维南定理分析电路的几点说明和应用分析

一、戴维南定理分析电路时的步骤及注意事项

（1）将待求支路从电路中移开，求余下的二端网络的戴维南等效电路，即分别求开路电压 u_{oc} 和等效电阻 R_0。

（2）求开路电压 u_{oc} 时，注意开路电压的参考方向。求开路电压 u_{oc} 的一般方法：一种是

用前面已介绍的分析计算方法，如网孔分析法、节点分析法、叠加定理、等效变换等方法；另一种是用实验的方法。

（3）求等效电阻 R_0 的方法如下：

1）用电阻串并联的等效变换求等效电阻 R_0。

2）外加电压法：对无源二端网络，在端口处外加电压 u，端口的输入电流为 i，则 $R_0 = \dfrac{u}{i}$，此方法用于求含受控源的有源二端网络的戴维南等效电阻。

（4）画出戴维南等效电路，并与待求支路相连，得到一个单回路电路，在此电路中求解待解量。

二、例题分析

【例 3-11】电路如图 3-17（a）所示，应用戴维南定理求 i。

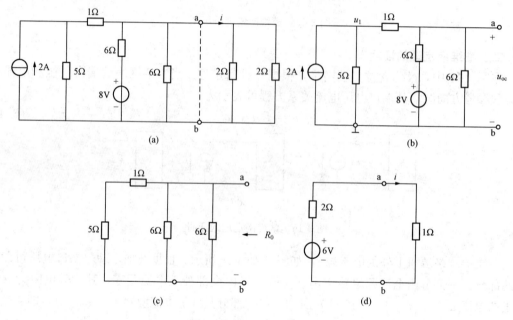

图 3-17　［例 3-11］电路图

解　用戴维南定理求电路中的未知量，首先把电路从 a、b 端断开，求余下部分的戴维南等效电路，即求等效电路的开路电压 u_{oc} 和等效电阻 R_0。

（1）求 u_{oc}。如图 3-17（b）所示，由节点分析法可得

$$\left(\frac{1}{5}+1\right)u_1 - 1 \times u_{oc} = 2$$

$$-1 \times u_1 + \left(1+\frac{1}{6}+\frac{1}{6}\right) \times u_{oc} = \frac{8}{6}$$

解得　　　$u_{oc} = 6\text{V}$

（2）求 R_0。将 ab 左边的电路中的独立源置零后电路如图 3-17（c）所示，则

$$R_0 = \frac{1}{\frac{1}{6}+\frac{1}{6}+\frac{1}{6}} = 2(\Omega)$$

（3）ab 端右边可用 1Ω 电阻等效，将其与戴维南等效电路连接，简化电路如图 3-17（d）所示，得到

$$i = \frac{6}{2+1} = 2(\text{A})$$

【例 3-12】电路如图 3-18（a）所示，用戴维南定理求 i。

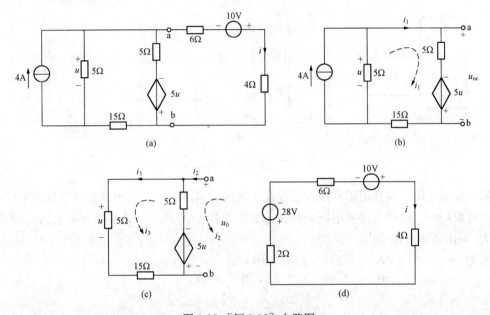

图 3-18　［例 3-12］电路图

解　这是一个含受控源电路，求含受控源电路的戴维南等效电路的步骤与前面基本相同。一般从 a、b 端断开电路，求余下左边电路的戴维南等效电路。

（1）求开路电压 u_{oc}，电路如图 3-18（b）所示。

由网孔分析法列方程如下

$$\begin{cases} (5+15+5)i_1 - 5 \times 4 = 5u \\ u = (4 - i_1) \times 5 \end{cases}$$

解得　　　　　　　　　　　$u = 8\text{V}$　　$i_1 = 2.4\text{A}$

所以　　　　　　　　　　$u_{oc} = 5i_1 - 5u = -28\text{V}$

（2）用外加电压法求等效电阻 R_0，只要写出端钮处伏安关系式即 $\dfrac{u_0}{i_2} = R_0$，就可求得等效电阻 R_0。将独立源置零即 4A 电流源用开路代替，受控源保留在电路中，在端口处加电压 u_0 产生电流 i_2，电路如图 3-18（c）所示。

由网孔分析法列方程如下

$$\begin{cases} (5+15+5)i_3 - 5i_2 = -5u \\ -5i_3 + 5i_2 = u_0 + 5u \\ u = 5i_3 \end{cases}$$

由此可得　　　　　　　　　$R_0 = \dfrac{u_0}{i_2} = 2\Omega$

（3）将戴维南等效电路与待求支路相连如图 3-18（d）所示求电流 i，即

$$i = -\frac{28-10}{2+6+4} = -1.5(\text{A})$$

【例 3-13】 电路如图 3-19（a）所示。不知道网络 N 中的结构，只知道它是由独立源、线性电阻和线性受控源组成。已知当 $R=2\Omega$ 时，$i=2.5\text{A}$ ；当 $R=3\Omega$ 时，$i=2\text{A}$ 。求当 $R=5\Omega$ 时 i 的值。

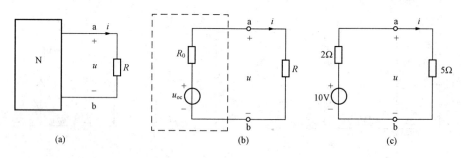

图 3-19 ［例 3-13］电路图

解 由独立源、线性电阻和线性受控源组成的二端网络 N，虽不知道内部具体结构，但它对外可以用一个戴维南等效电路来代替，如图 3-19（b）所示。其参数开路电压 u_{oc} 和等效电阻 R_0 可由已知条件求出。

因为　　　　　　　$R=2\Omega$ 时 ，$i=2.5\text{A}$，则 $u=5\text{V}$；

　　　　　　　　　$R=3\Omega$ 时 ，$i=2\text{A}$，则 $u=6\text{V}$。

而　　　　　$u = u_{\text{oc}} - R_0 i$

所以　　　　$\begin{cases} 5 = u_{\text{oc}} - R_0 \times 2.5 \\ 6 = u_{\text{oc}} - R_0 \times 2 \end{cases}$

解得　　　　$\begin{cases} u_{\text{oc}} = 10\text{V} \\ R_0 = 2\Omega \end{cases}$

因此，求当 $R=5\Omega$ 时的电路如图 3-19（c）所示。由图可得

$$i = \frac{10}{5+2} = \frac{10}{7}(\text{A})$$

知识点 3　诺顿定理

线性含源二端网络，既然可以用电压源与电阻串联的模型来等效，那么也可以用一个电流源与电阻并联的模型来等效代替，由电流源和电阻并联的二端网络称为诺顿等效电路，如图 3-20 所示。

诺顿定理与戴维南定理类似，仅等效电路的形式不同而已。

一、诺顿定理的内容

任何一个有源二端线性网络都可以用一个电流源和一个电阻并联的二端网络来等效。其中，电流源电流等于该网络的短路电流 i_{sc}，并联电阻 R_0 等于二端网络中所有电源都置零（理想电压源短路，理想电流源开路）后所得到的无源网络的等效电阻。

二、求解诺顿等效电路的方法

根据电源等效变换的原则，由戴维南等效电路求得诺顿等效电路，也可以分别求短路电流 i_{sc} 和并联电阻 R_0 的方法来得到诺顿等效电路。

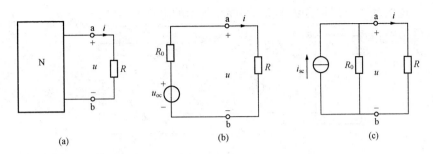

图 3-20　诺顿定理

诺顿等效电路和戴维南等效电路这两种等效电路共有开路电压 u_{oc}、短路电流 i_{sc} 和等效电阻 R_0 3 个参数，其关系为 $u_{oc} = R_0 i_{sc}$。因此只要求出其中任意两个就可求得另一个参数。

【例 3-14】 电路如图 3-21（a）所示，求有源二端网络的诺顿等效电路。

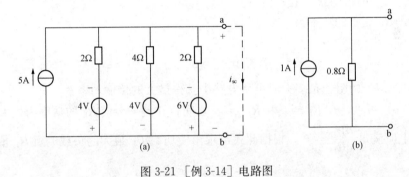

图 3-21　［例 3-14］电路图

解　求诺顿等效电路，即求二端网络端口电压为零时的短路电流 i_{sc} 和二端网络中所有电源都置零时的等效电阻 R_0。

（1）将端口电压置零（用导线连接）电路如图 3-21（a）所示，短路电流 i_{sc} 为

$$i_{sc} = \left(5 - \frac{6}{2} + \frac{4}{4} - \frac{4}{2}\right) = 1(\text{A})$$

（2）将独立源置零，等效电阻 R_0（电压源短路，电流源开路）为

$$R_0 = \frac{1}{\frac{1}{2} + \frac{1}{4} + \frac{1}{2}} = 0.8\Omega$$

（3）诺顿等效电路如图 3-21（b）所示。

任务 5　电路的最大功率传输

【任务要求】 理解最大功率传输定理的内容，掌握电阻负载如何从电路中获得最大功率及其数值的计算，理解什么是功率匹配。

知识点 1　最大功率传输定理的验证

在测量、电子和信息工程的电子设备设计中，常常遇到电阻负载如何从电路中获得最大

功率的问题。这类问题可以抽象为图 3-22（a）所示的电路模型来分析。

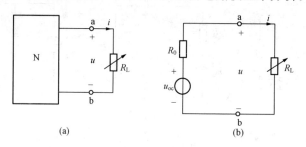

图 3-22 最大功率传输

在图 3-22（a）中，二端网络 N 表示供给电阻负载 R_L 能量的含源线性二端网络，可以用戴维南等效电路来代替，如图 3-22（b）所示。本节要讨论的问题是电阻负载 R_L 为何值时，可以从给定的二端网络中获得最大功率。

电阻负载 R_L 获得的功率为

$$P_L = i^2 R_L = \left(\frac{u_{oc}}{R_0 + R_L}\right)^2 R_L \tag{3-6}$$

当负载电阻 R_L 的阻值是多大时可从电路中获得最大的传输功率？

由式（3-6）可见，在 $R_L = 0$ 和 $R_L = \infty$ 之间存在着一个使 R_L 的功率为最大的电阻值，在该电阻值上应满足 $\frac{dP_L}{dR_L} = 0$，根据此式可求出使功率 P_L 最大的负载电阻 R_L 值，即

$$\frac{dP_L}{dR_L} = \frac{u_{oc}^2}{(R_0 + R_L)^2} + \frac{-2R_L u_{oc}^2}{(R_0 + R_L)^3} = \frac{(R_0 - R_L)u_{oc}^2}{(R_0 + R_L)^3} = 0 \tag{3-7}$$

由式（3-7）求得功率 P_L 为最大值的条件为

$$R_L = R_0$$

最大功率传输定理的内容是含源二端网络向可变电阻负载 R_L 传输最大功率的条件是：负载电阻 R_L 与二端网络的戴维南等效电阻 R_0 相等。满足 $R_L = R_0$ 条件时，称为最大功率匹配，此时负载电阻 R_L 获得的最大功率为

$$P_{Lmax} = \frac{u_{oc}^2}{4R_0} \tag{3-8}$$

负载获得最大功率时，功率的传输效率为

$$\eta = \frac{i^2 R_L}{i^2 (R_L + R_0)} = 50\%$$

从负载获得最大功率的角度看，上述匹配是最佳状态。但从电路效率的角度看，上述状态不是最佳的，因为效率只有 50%。电力系统中输出功率较大，应尽可能地提高效率，以便更充分地利用能源，因此不能采用功率匹配条件。但是在电子与信息工程中，由于信号一般都很弱，常要求从微弱信号中获得最大功率，而不看重效率的高低，一般是允许的。这就是所谓的牺牲效率，保证匹配。由于最大功率传输定理是在开路电压 u_{oc} 和等效电阻 R_0 均为定值的前提下推出的，因此在应用最大功率匹配条件时必须注意电路是否具备这个前提

条件。

 知识点 2 **最大功率传输定理的应用**

【例 3-15】电路如图 3-23（a）所示，$R_1 = R_2 = 10\Omega$，$u_s = 20V$，已知负载电阻 R_L 可调，试问 R_L 为何值时，负载 R_L 获得最大功率？负载 R_L 获得的最大功率是多少？

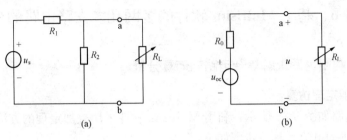

图 3-23 ［例 3-15］电路图

解 要求 R_L 和最大功率，应先断开 a、b，求给负载提供能量的戴维南等效支路，即求开路电压 u_{oc} 和等效电阻 R_0。

（1）求开路电压 u_{oc}。断开负载后，R_2 两端电压即为开路电压 u_{oc}，即

$$u_{oc} = \frac{R_2}{R_1 + R_1} u_s = \frac{10}{10 + 10} \times 20 = 10(V)$$

（2）求等效电阻 R_0

$$R_0 = \frac{R_1 R_2}{R_1 + R_2} = \frac{10 \times 10}{10 + 10} = 5(\Omega)$$

（3）根据 u_{oc} 和 R_0 作出等效电路，如图 3-23（b）所示。当 $R_L = R_0 = 5\Omega$ 时，负载获得最大功率，其值为

$$p_{Lmax} = \frac{u_{oc}^2}{4R_0} = \frac{10^2}{4 \times 5} = 5(W)$$

【例 3-16】电路如图 3-24（a）所示，负载 R_L 为多大时取得最大功率，最大功率是多少？

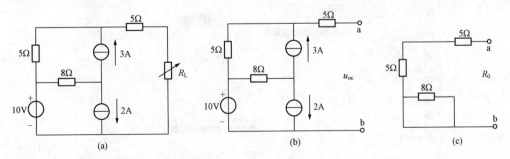

图 3-24 ［例 3-16］电路图

解 将电路由负载电阻 R_L 处断开，如图 3-24（b）所示，求开路电压和等效电阻

$$u_{oc} = 3 \times 5 + 10 = 25(V)$$

$$R_0 = 5 + 5 = 10(\Omega)$$

负载获得功率为

$$p_{\text{Lmax}} = \frac{u_{\text{oc}}^2}{4R_0} = \frac{25^2}{4 \times 10} = 15.625(\text{W})$$

任务 6　基于 Multisim 软件的多网孔多支路电路的分析

技能点 1 **利用定理求解复杂电路的仿真分析**

一、直流叠加定理仿真

【例 3-17】电路如图 3-25 所示，利用 Multisim 软件采用叠加定理的方法分析 100Ω 电阻两端的电压和流过的电流。具体步骤如下：

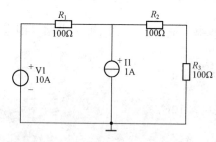

图 3-25　[例 3-17] 电路原理图

（1）在绘图区构建图 3-25 所示的电路原理图。在 100Ω 电阻两端并联电压表和串联电流表。方法如下：单击元件栏中 ▣ 放置指示器按钮，弹出如图 3-26 所示的对话框栏。在指示器中显示元件的符号和对应名称如图 3-27 所示，选择电压表和电流表。仿真测试电路图如图 3-28 所示。

（2）当 10V 电压源单独作用，电流源不作用时，将电流源与电路的连接线断开，电路如图 3-29 所示。按仿真按钮，测试的电流为 0.033A，电压为 3.333V。

（3）当 1A 电流源单独作用，电压不作用时，将电压源去掉，用导线代替，电路如图 3-30 所示。按仿真按钮，测试的电流为 0.333A，电压为 33.333V。

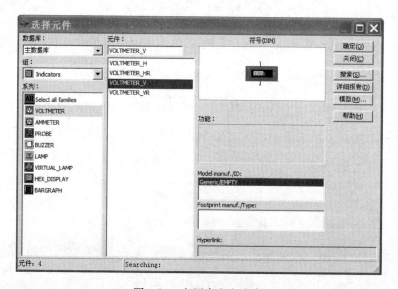

图 3-26　电压表和电流表

电压表　　VOLTMETER

电流表　　AMMETER

探测器　　PROBE

蜂鸣器　　BUZZER

灯泡　　　LAMP

虚拟灯泡　VIRTUAL_LAMP

十六进制显示器　HEX_DISPLAY

条形光柱　BARGRAPH

图 3-27　元件和符号对应名称

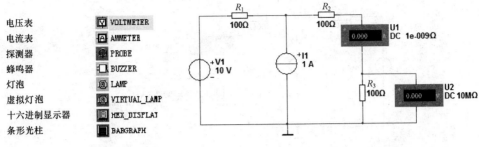

图 3-28　仿真测试电路图

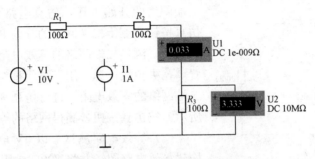

图 3-29　电压源单独作用时电路图

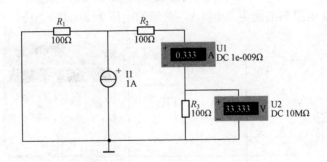

图 3-30　电流源单独作用时电路图

（4）由叠加定理可知，电压源和电流源共同作用时，电流为 0.033＋0.333＝0.366A，电压为 3.333＋33.333＝36.666V。

对图 2-28 进行仿真测试，按仿真按钮，仿真结果电路如图 3-31 所示。测得流过电阻的电流为 0.367A，电阻两端的电压为 36.667V。

由仿真结果可以看出，电压源和电流源共同作用时 R_3 两端的电压值和流过的电流值等于电压源和电流源单独工作时 R_3 两端的电压值和流过电流值之和，符合叠加定理。

二、戴维南定理仿真

戴维南定理是指一个含有直流源的线性电路，不管它的连接方式如何复杂，都可以用一个电压源与电阻串联的简单电路来等效。

【例 3-18】　电路如图 3-32 所示，利用 Multisim 软件采用戴维南定理求流过 200Ω 电阻的电流和两端的电压。

（1）测量二端网络的开路电压。将 200Ω 电阻开路，连接万用表，测量剩余电路组成的

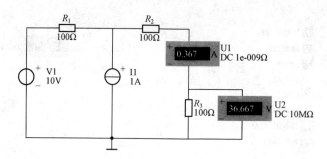

图 3-31　电压源和电流源共同作用时电路图

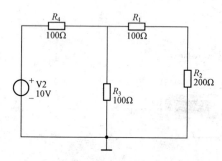

图 3-32　[例 3-18] 电路原理图

二端网络的开路电压,仿真电路如图 3-33 所示。按仿真按钮,测得二端网络的开路电压为 5V。

（2）测量二端网络的等效电阻。将网络内的电源置零,去掉电压源,用导线代替,连接万用表,测量二端网络的等效电阻,进行仿真测试,电路如图 3-34 所示。按仿真按钮,测得网络的等效电阻为 150Ω。

（3）等效电路测试。以 5V 电压源和 150Ω 电阻构建等效电路图,并将 200Ω 电阻连接到电路中,串入电流表和并联电压表,电路如图 3-35 所示。按仿真按钮,测得 200Ω 电阻的电流为 0.014A,两端的电压为 2.857V。

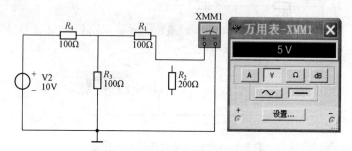

图 3-33　开路电压测试电路图

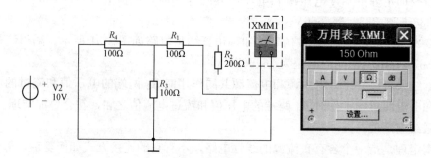

图 3-34　等效电阻的测试电路图

（4）仿真结果比较。未将原电路等效时进行仿真测试,如图 3-36 所示。测得电流为 0.014A,电压为 2.857V。比较图 3-35 和图 3-36 所示测试的结果,看出结果相同,验证了戴维南定理。

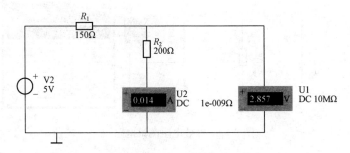

图 3-35　等效电阻的测试电路图

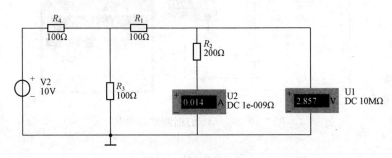

图 3-36　测试电路图

三、最大功率传输定理

【例 3-19】 利用仪器仪表栏的功率表 测量电路元件的功率，电路如图 3-37 所示，问电阻 R_4 的阻值取多大才能从电路中获得最大功率。

（1）利用戴维南定理，求电路的开路电压。把电阻 R_4 从电路中断开，将万用表接入到电路中，仿真电路如图 3-38 所示。按仿真按钮，测得开路电压为 5V。

（2）利用戴维南定理，求电路的等效电阻。将电路的电压源用导线代替，仿真电路如图 3-39 所示。按仿真按钮，测得等效电阻为 150Ω。

（3）最大传输功率验证。利用戴维南等效电路，R_4 分别取 120、145、150、155Ω 和 170Ω 时，利用功率表测量电阻 R_4 获得的功率。电路如图 3-40 到图 3-44 所示。

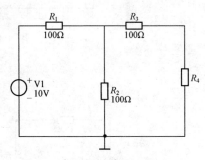

图 3-37　［例 3-19］电路原理图

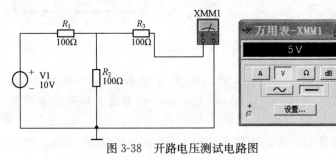

图 3-38　开路电压测试电路图

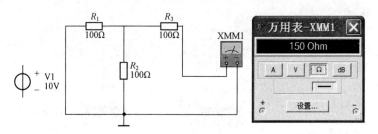

图 3-39　等效电阻测试电路图

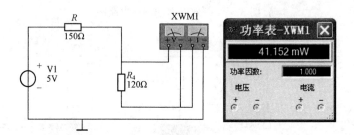

图 3-40　$R_4 = 120\Omega$ 时测试的功率

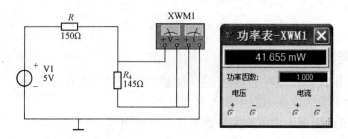

图 3-41　$R_4 = 145\Omega$ 时测试的功率

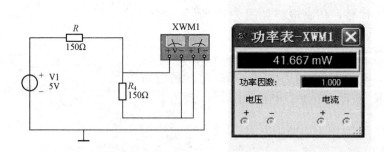

图 3-42　$R_4 = 150\Omega$ 时测试的功率

　　由电路图 3-40 到图 3-44 所示测试结果可以看出，当 $R_4 = 150\Omega$ 时测试的功率 41.667mW，是最大值，验证了电阻 R_4 能从电路中获得最大功率的阻值等于戴维南等效电阻的值。

　　（4）测试电源提供的功率，电路如图 3-45 所示。电源测试的输出功率是 83.333mW，

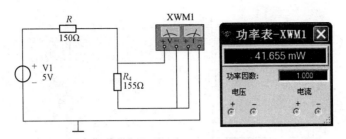

图 3-43　$R_4 = 155\Omega$ 时测试的功率

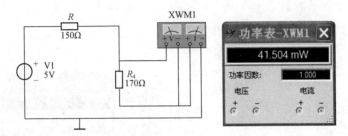

图 3-44　$R_4 = 170\Omega$ 时测试的功率

电阻 R_4 测得的功率是电源输出功率的一半，即 R_4 获得的最大功率是电源功率的 50％。

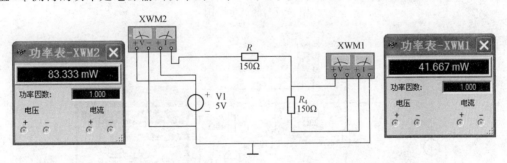

图 3-45　电源测试的功率

技能点 2　复杂电路的仿真分析

一、节点法

【例 3-20】电路如图 3-46 所示，求电路中 a、b 两点间的电压。

解 1　直接利用万用表测量 a、b 两点间的电压，仿真电路如图 3-47 所示。可见，测得电压为 -82.857V。

解 2　利用节点电压法分别求 a 和 b 两个节点电压，电路分别如图 3-48 和图 3-49 所示。测得 a 点电压为 25.714V，b 点电压为 108.571V。所以 a、b 两点间的电压为 $25.714 - 108.571 = -82.857$（V）。

二、网孔法

【例 3-21】电路如图 3-50 所示，求支路电流 i_{ao} 和 i_{bo}。

解　解法一：利用网孔法测量。分别测量三个网孔的电流，仿真电路如图 3-51 所示。

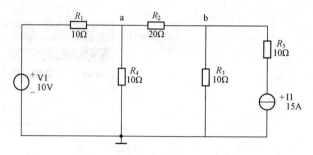

图 3-46 ［例 3-20］电路原理图

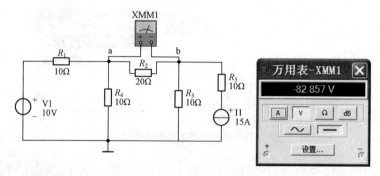

图 3-47 测试电路图

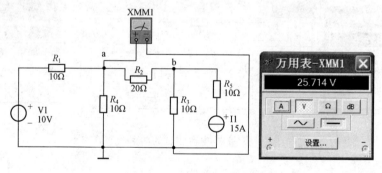

图 3-48 a 点测试电路图

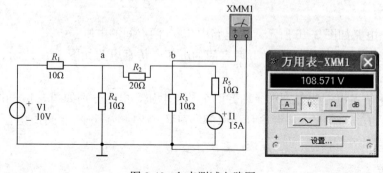

图 3-49 b 点测试电路图

注意网孔电流的正负极（通过电流表的正负极确定）。所以电流 $i_{oa}=2+6=8A$，$i_{ao}=-8A$，$i_{bo}=6-4=2$（A）。

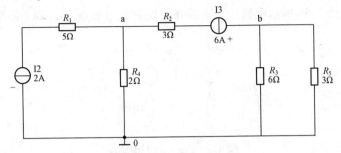

图 3-50 ［例 3-21］电路原理图

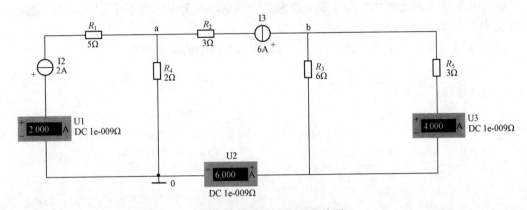

图 3-51 网孔电流测试电路图

解法二：利用电流表测量或者通过先测量电压再计算出支路电流 i_{ao} 和 i_{bo} 的大小。测试电路的电流和电压值如图 3-52 所示。可以直接测得电流 i_{ao} 为 $-8A$ 和 i_{bo} 为 2A，也可以测量 a、o 和 b、o 两点的电压，a、o 点电压为 $-16V$，b、o 两点电压为 12V，$i_{ao}=-16/2=-8A$，$i_{bo}=12/6=2A$。

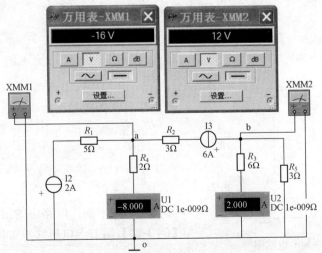

图 3-52 网孔电流测试电路图

知识拓展 **典型习题分析**

【**例 3-22**】如图 3-53 所示电路中，有几条支路和几个节点？u_{ab} 和 i 各等于多少？

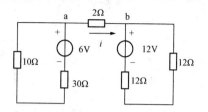

图 3-53 ［例 3-22］电路图

解　图 3-53 所示电路中，有 3 条支路和 2 个节点，由于中间构不成回路，所以电流 i 和电压 u_{ab} 均等于零。

【**例 3-23**】用网孔电流法求如图 3-54（a）所示电路中的功率损耗。

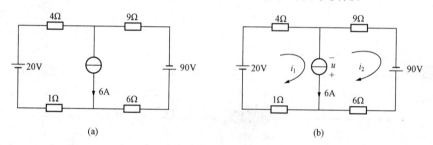

　　　　　　　　　　（a）　　　　　　　　　　　　　　　　　（b）

图 3-54 ［例 3-23］电路图

解　设网孔电流为 i_1 和 i_2，中间支路含有电流源，因此设电流源两端电压为 u，如图 3-54（b）所示，列网孔方程，由于多加了一个变量 u，所以要增加一个方程

$$\begin{cases} (4+1)i_1 = 20 + u \\ (9+6)i_2 = 90 - u \\ i_1 - i_2 = 6 \end{cases}$$

整理得到

$$i_1 = 10\,\text{A}, \; i_2 = 4\,\text{A}$$

电路中各元件的功率为

$$P_{20\text{V}} = -20 \times 10 = -200\,(\text{W})$$

$$P_{90\text{V}} = -90 \times 4 = -360\,(\text{W})$$

$$P_{6\text{A}} = (20 - 5 \times 10) \times 6 = -180\,(\text{W})$$

$$P_{电阻} = 10^2 \times 5 + 4^2 \times 15 = 740\,(\text{W})$$

显然，功率平衡。电路中的损耗功率为 740W。

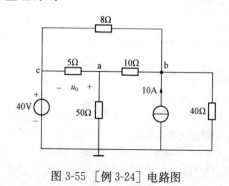

图 3-55 ［例 3-24］电路图

【**例 3-24**】用节点电压法求如图 3-55 所示电路中的电压 u_0。

解　列 3 个节点方程

$$\begin{cases} -\dfrac{1}{5}u_c + \left(\dfrac{1}{5} + \dfrac{1}{50} + \dfrac{1}{10}\right)u_a - \dfrac{1}{10}u_b = 0 \\[2mm] -\dfrac{1}{8}u_c - \dfrac{1}{10}u_a + \left(\dfrac{1}{8} + \dfrac{1}{10} + \dfrac{1}{40}\right)u_b = 10 \\[2mm] u_c = 40 \end{cases}$$

解得

$$u_a = 50\text{V}, \quad u_b = 80\text{V}$$

所以

$$u_0 = u_a - u_c = 50 - 40 = 10(\text{V})$$

【例 3-25】 求图 3-56（a）所示电路中的电流 i_1。

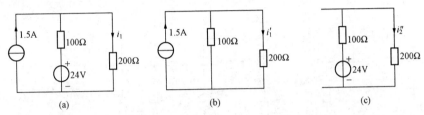

图 3-56　［例 3-25］电路图

解　应用叠加定理求解。首先求出当理想电流源单独作用时的电流如图 3-56（b）i_1' 为

$$i_1' = 1.5 \times \frac{100}{100 + 200} = 0.5(\text{A})$$

再求出当理想电压源单独作用时的电流如图 3-56（c）i_1'' 为

$$i_1'' = \frac{24}{100 + 200} = 0.08(\text{A})$$

根据叠加定理可得

$$i_1 = i_1' + i_1'' = 0.5 + 0.08 = 0.58(\text{A})$$

【例 3-26】 求图 3-57（a）所示电路的戴维南等效电路。

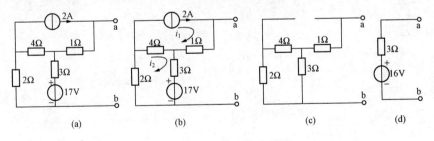

图 3-57　［例 3-26］电路图

解　用网孔法求戴维南电压等效电压，电路如图 3-57（b）所示，得到

$$i_1 = 2\text{A}$$
$$(2 + 4 + 3)i_2 - 4i_1 = -17$$

整理得到

$$i_2 = -1(\text{A})$$

所以

$$u_{ab} = 1 \times 2 + 3 \times (-1) + 17 = 16(\text{V})$$

戴维南等效电阻［见图 3-57（c）］为

$$R_{ab} = 1 + (2+4)//3 = 3(\Omega)$$

所以得到戴维南等效电路如图 3-57 (d) 所示。

【例 3-27】 如图 3-58 所示电路中，电阻 R_L 可调，当 $R_L = 2\Omega$ 时，有最大功率 $P_{max} = 4.5W$，求 R 和 u_s 的值。

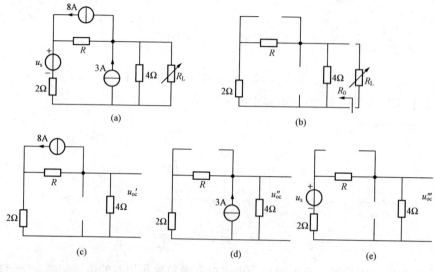

图 3-58　　[例 3-27] 电路图

解　先将 R_L 移去，戴维南等效电路如图 3-58 (b) 所示。其中

$$R_0 = (2+R)//4$$

由最大传输定理得

$$R_L = R_0 = 2\Omega$$

所以

$$R = 2\Omega$$

用叠加定理求开路电压，电路如图 3-58 (c)、(d) 和 (e)，则

$$u_{oc} = u'_{oc} + u''_{oc} + u'''_{oc} = -8 \times \frac{2}{2+6} \times 4 + 1.5 \times 4 + 0.5u_s = -8 + 6 + 0.5u_s$$

由最大传输定理得

$$P_{Lmax} = \frac{u_{oc}^2}{4R_0} = 4.5W$$

所以

$$u_{oc} = 6V$$

即

$$u_{oc} = -8 + 6 + 0.5u_s = 6V$$

故有

$$u_s = 16V$$

项 目 小 结

（1）网孔电流是假设在电路的每个网孔里都有一个电流沿着网孔流动，是一组独立的电流变量。网孔分析法是以网孔电流为未知变量。

网孔方程的一般形式为

本网孔电流×自电阻＋Σ（相邻网孔电流×互电阻）＝沿本网孔电流参考方向电源电位升

之和

网孔分析法注意事项：

1）如果电路中含有电流源支路，应尽量将该支路移至某个网孔的边界支路。此时，该网孔的网孔电流就是电流源的电流，可以少列一个网孔方程。

2）如果电路中所含的电流源支路不能移到边界位置，就要在该电流源两端假定一个电压 u，列写网孔方程时必须把这个电压包括在内。

3）网孔分析法用于分析含受控源的电路时，把受控源作为独立源看待列写网孔方程。如果受控源的控制量不是某一网孔电流，则根据电路的结构补充一个反映控制量与网孔电流关系的方程，以使方程数与未知量数一致。如果受控源的控制量就是网孔电流之一，则不用补充方程。

（2）在电路中任选某节点为参考点，其他各节点对参考点的电压为节点电压。节点电压法是以节点电压为未知变量。

节点方程的一般形式为

自电导×本节点电压＋Σ（互电导×相邻节点电压）＝流入该节点的电源电流之和

节点分析法注意事项：

1）如果电路中含有电压源和电阻串联的支路，将其等效为电流源和电阻并联的形式。

2）若电路中含有理想电压源支路，可选电压源的一端作为参考点，这样可以少列一个节点方程。

3）若电路中所含的理想电压源两端都不与参考点相连，则应在该电压源所在支路假设一个电流 i，列写节点方程时要考虑电流 i，还要补充一个方程。

4）节点分析法用于分析含受控源的电路，把受控源作为独立源看待，列写节点方程。如果受控源的控制量不是某一节点电压，则应根据电路的结构补充一个反映控制量与节点电压关系的方程，以使方程数与未知量数一致。如果受控源的控制量就是节点电压之一，则不用补充方程。

（3）叠加定理是线性电路叠加特性的概括表征。

1）叠加定理的内容：线性电路中任一支路的电流或电压都可以看成是电路中各个独立电源单独作用时在这条支路时所产生的电流分量或电压分量的和。

注意：各独立源单独作用是指其他独立源置零（电压源置零时相当于短路，电流源置零时相当于开路）。应用叠加定理只能用来求支路的电压或电流，不能直接用来求功率。对于含不同类型电源的电路必须用叠加定理来求解。

2）对受控源的处理：受控源不能单独作用于电路（因受控源不能脱离独立电源单独对电路起作用）。各独立源单独作用时，受控源必须保留在电路中，其控制量须用控制分量表示。

（4）戴维南定理用于求某一支路的电压和电流。

1）戴维南定理的内容：任何一个有源二端线性网络都可以用一个电压源和一个电阻串联的二端网络来等效。其中，电压源电压等于该网络的开路电压 u_{oc}，串联电阻 R_0 等于二端网络中所有电源都置零（理想电压源短路，理想电流源开路）后所得到的无源网络的等效电阻，又称为戴维南等效电阻 R_0。由电压源 u_{oc} 和电阻 R_0 串联的二端网络，称为戴维南等效电路。

2）求开路电压 u_{oc} 和等效电阻 R_0 的方法。

求开路电压 u_{oc} 一般方法：一种是用前面已介绍的分析计算方法，如网孔分析法、节点分析法、叠加定理、等效变换等方法求；另一种是用实验的方法求。

求等效电阻 R_0 的方法如下：

a）用电阻串并联的等效变换求等效电阻。

b）外加电压法：对无源二端网络，在端口处外加电压 u，端口的输入电流为 i，则 $R_0 = \dfrac{u}{i}$。

（5）用戴维南定理分析电路时解题步骤及注意事项。

1）把待求支路从电路中移开，把余下的二端网络作为研究对象。

2）求开路电压 u_{oc}，注意开路电压的参考方向。

3）求等效电阻 R_0。注意电路含受控源时，只能用外加电压法求。

4）画出戴维南等效电路，并与待求支路相连，得到一个单回路电路，求出待解量。

（6）最大功率传输定理：含源线性电阻二端网络向可变电阻负载 R_L 传输最大功率的条件是负载电阻 R_L 与二端网络的戴维南等效电阻 R_0 相等。满足 $R_L = R_0$ 条件时，称为最大功率匹配，此时负载电阻 R_L 获得的最大功率为 $P_{Lmax} = \dfrac{u_{oc}^2}{4R_0}$。

习 题 三

3-1 电路如图 3-59 所示，试用网孔分析法求各支路电流。

3-2 电路如图 3-60 所示，试用网孔分析法求解电路中的电压 u_0。

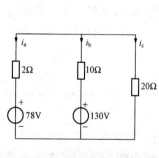

图 3-59　题 3-1 图

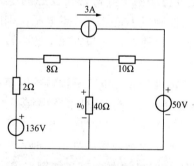

图 3-60　题 3-2 图

3-3 试用节点分析法求解图 3-61 所示电路中的电压 u_{ab}。

3-4 试用节点分析法求解图 3-62 所示电路中的电流 i_s 和 i_0。

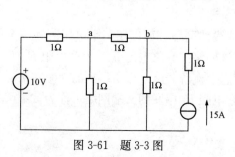

图 3-61　题 3-3 图

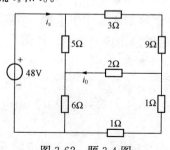

图 3-62　题 3-4 图

3-5　电路如图 3-63 所示，试用节点分析法求电压 u_0。

3-6　电路如图 3-64 所示电路中，试用网孔分析法求各支路电流。

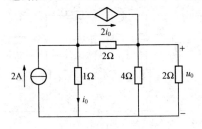 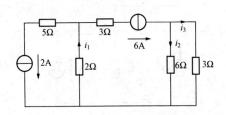

图 3-63　题 3-5 图　　　　　　　　　　图 3-64　题 3-6 图

3-7　电路如图 3-65 所示，试用网孔分析法求电路的电流 i 和电压 u。

3-8　电路如图 3-66 所示，试用节点电压法求电路的电流 i_1 和 i_2。

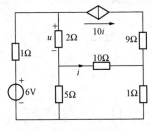 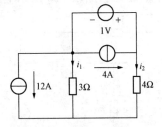

图 3-65　题 3-7 图　　　　　　　　　　图 3-66　题 3-8 图

3-9　电路如图 3-67 所示，试用网孔分析法求各支路电流。

3-10　电路如图 3-68 所示，试用节点分析法求电路中 4Ω 电阻的功率。

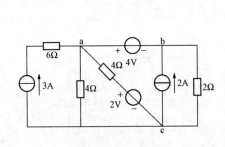 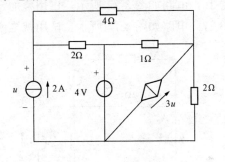

图 3-67　题 3-9 图　　　　　　　　　　图 3-68　题 3-10 图

3-11　电路如图 3-69 所示，试求各支路电流。

3-12　电路如图 3-70 所示，试求支路电流 i。

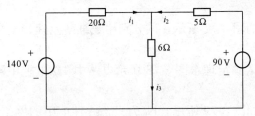 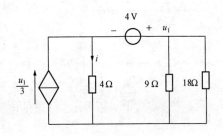

图 3-69　题 3-11 图　　　　　　　　　　图 3-70　题 3-12 图

3-13　电路如图 3-71 所示，试列出图各电路的节点电压方程。

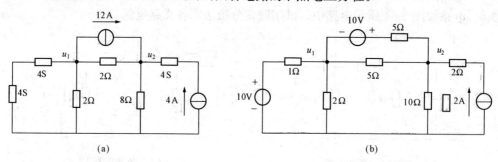

(a)　　　　　　　　　　　　　　　　(b)

图 3-71　题 3-13 图

3-14　电路如图 3-72 所示，试用节点分析法求电压 u。

3-15　试用叠加定理求图 3-73 所示电路中电流源电压 u。

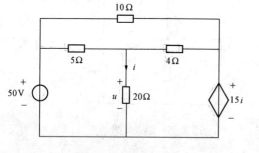

图 3-72　题 3-14 图

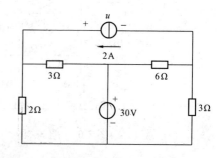

图 3-73　题 3-15 图

3-16　电路如图 3-74 所示，试用叠加定理求电流 i。

3-17　电路如图 3-75 所示，试用戴维南等效电路求电流 i。

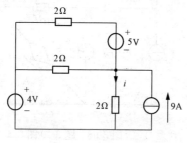

图 3-74　题 3-16 图

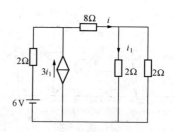

图 3-75　题 3-17 图

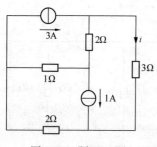

图 3-76　题 3-18 图

3-18　电路如图 3-76 所示，试用戴维南定理求电路中的电流 i。

3-19　电路如图 3-77 所示，试分别用戴维南定理和诺顿定理计算电流 i。

3-20　试用诺顿定理求图 3-78 所示电路中 4Ω 电阻中流过的电流 i。

3-21　电路如图 3-79 所示，N_0 为只含线性电阻的网络，已知当开关 S 在位置 1 时，$i_1 = -4A$，当开关 K 在位置 2 时，

$i_1 = 2A$，问开关S在位置3时，$i_1 = ?$

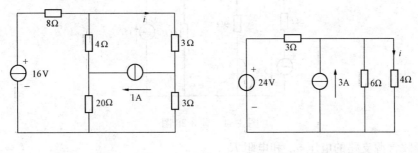

图 3-77 题 3-19 图　　　　　　　图 3-78 题 3-20 图

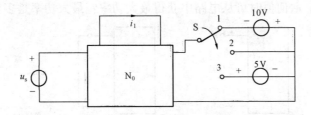

图 3-79 题 3-21 图

3-22　图 3-80 所示电路中负载电阻 R_L 等于多大时可获得最大功率？并求该最大功率。

3-23　图 3-81 所示电路中负载电阻 R_L 取何值时可获得最大功率？并求最大功率。

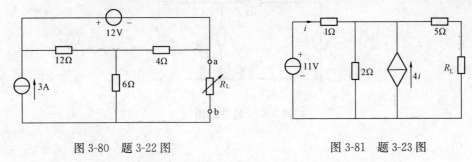

图 3-80 题 3-22 图　　　　　　　图 3-81 题 3-23 图

3-24　电路如图 3-82 所示，试用戴维南定理求电压 u。

3-25　试用戴维南定理求图 3-83 所示电路中电流 i。

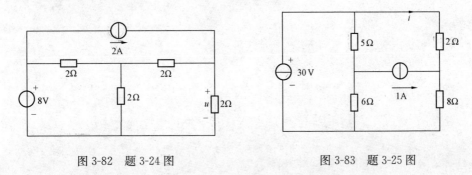

图 3-82 题 3-24 图　　　　　　　图 3-83 题 3-25 图

3-26　试用叠加定理求图 3-84 所示电路中电流 i_1 和 i_2 和电压 u。

3-27　图 3-85 所示网络中，测得其开路电压 100V，测得其短路电流 10A。试求：

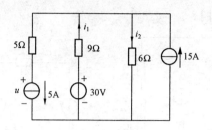

图 3-84　题 3-26 图

（1）等效含源支路的电压 u_{oc} 和电阻 R_0。

（2）若 a、b 端接负载电阻 $R_L = 20\Omega$，则负载电流 i_L 和负载功率 P_L 各为多少？

（3）负载电阻 R_L 取何值时可从电路中获得最大功率？最大功率是多少？

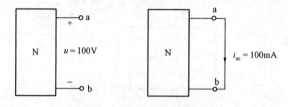

图 3-85　题 3-27 图

3-28　电路如图 3-86 所示，试求电路 ab 端的等效电阻。

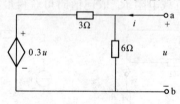

图 3-86　题 3-28 图

项目四　日常家庭照明电路的分析与安装

【项目描述】

日常家庭照明电路所用电源是随时间按正弦规律变化的交流电源（见图 4-1）。而所谓的正弦交流电路，是指含有上述正弦交流电源而且电路各部分所产生的电压和电流均按正弦规律变化的电路。因此，掌握正弦交流电路的分析计算是很有现实意义的。本项目中所讨论的一些知识点应熟练掌握，所介绍的一些技能点应能运用。

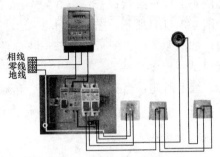

相线
零线
地线

图 4-1　日常家庭照明电路

【学习内容】

掌握正弦交流电路的基本概念和分析方法，掌握正弦交流电路中有功功率、无功功率、视在功率、复功率等的概念、分析计算和测量；识别常用的家庭照明电路中所用的元器件；使用交流电压表、交流电流表及万用表测量电路中的正弦电压、电流及功率；日常家庭照明电路的安装及调试。

任务 1　正弦交流电源的观察与测量

【任务要求】掌握正弦交流电路的基本概念（电压、电流、正弦量三要素、相位差、有效值、相量）。

知识点 1　正弦量的三要素

如图 4-2 所示，正弦交流电路中的电流和电压都是随时间按照正弦规律变化的，称为正弦电流和正弦电压。正弦电流和正弦电压统称为正弦量。

正弦电流和正弦电压用正弦函数描述为

$$i(t) = I_{\mathrm{m}}\sin(\omega t + \varphi_i)\mathrm{A} \tag{4-1}$$

$$u(t) = U_{\mathrm{m}}\sin(\omega t + \varphi_u)\mathrm{V} \tag{4-2}$$

式中：I_{m} 为电流 i 的振幅，是 i 在整个变化过程中可能达到的最大值；ω 称为正弦电流的角频率，是正弦电流每秒走过的电角度，反映了其变化的快慢，单位是弧度/秒（rad/s）。

由于正弦电流变化一周，走过的电角度为 2π，因此角频率 ω 也可表示为

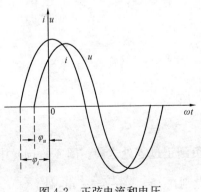

图 4-2　正弦电流和电压

$$\omega = \frac{2\pi}{T} = 2\pi f \qquad (4-3)$$

式中：T 为正弦电流变化一周的时间，称为正弦电流的周期，单位是秒（s）；f 为正弦电流每秒变化的次数，称为正弦电流的频率，单位是赫兹（Hz），简称赫。频率较高时，常用千赫或兆赫作单位。

$\omega t + \varphi_i$ 是某一瞬间正弦电流的电角度，称为相位。φ_i 是正弦电流在计时起点 $t = 0$ 时的相位，称为初相位，简称初相。若 $\varphi_i = 0$、$t = 0$ 时 $i = 0$，计时起点选在 i 从负到正过零处，如图 4-3（a）所示；若 $\varphi_i > 0$、$t = 0$ 时 $i = I_{\mathrm{m}}\sin\varphi_i > 0$，计时起点选在 i 从负到正过零处之后，如图 4-3（b）所示；若 $\varphi_i < 0$、$t = 0$ 时 $i = I_{\mathrm{m}}\sin\varphi_i < 0$，计时起点选在 i 从负到正过零处之前，如图 4-3（c）所示。由于正弦量是周期性变化的，习惯规定初相的取值范围为 $|\varphi_i| \leqslant \pi\mathrm{rad}$ 或 $|\varphi_i| \leqslant 180°$。

综上所述，当正弦量的振幅、角频率、初相确定时，这个正弦量便唯一确定。故将振幅、角频率 ω（或 f、T）、初相 φ 称为正弦量的三要素。

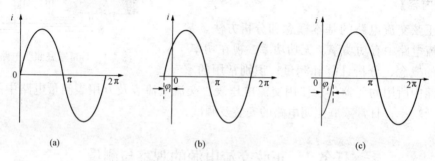

图 4-3 不同初相位的正弦波
(a) $\varphi_i = 0$；(b) $\varphi_i > 0$；(c) $\varphi_i < 0$

【例 4-1】 已知正弦电压 $u(t)$ 的振幅 $U_{\mathrm{m}} = 100\mathrm{mV}$，初相 $\varphi_u = -45°$，周期 $T = 1\mathrm{ms}$，试写出 $u(t)$ 的函数表达式，并绘出它的波形。

解 由已知条件得出正弦电压 $u(t)$ 的三要素：

振幅 $\qquad\qquad\qquad\qquad U_{\mathrm{m}} = 100\mathrm{mV}$

角频率 $\qquad\qquad\quad \omega = \frac{2\pi}{T} = \frac{2\pi}{10^{-3}} = 2000(\pi\mathrm{rad/s})$

初相 $\qquad\qquad\qquad\quad \varphi_u = -45°$

若初相以 rad 为单位，则有 $\varphi_u = -\frac{\pi}{4}\mathrm{rad}$。

将求得的三要素代入式（4-2）得

$$u(t) = 100\sin\left(2000\pi t - \frac{\pi}{4}\right)\mathrm{mV}$$

波形如图 4-4（a）所示。

由于电压初相位为负，所以波形图中 u 的原点在由负到正过零处之前。图 4-4（a）中，该点在 $\omega t = |\varphi_i| = \frac{\pi}{4}\mathrm{rad}$ 处。而在图 4-4（b）中，该点则在 $t = \frac{|\varphi_i|}{\omega} = \frac{1}{8}\mathrm{ms}$ 处。

若横坐标变量用 t 表示，当 $\omega t = \dfrac{\pi}{4}$ 时 $t = \dfrac{\dfrac{\pi}{4}}{\omega} = \dfrac{\dfrac{\pi}{4}}{2000\pi} = \dfrac{1}{8}$ ms，相应波形如图 4-4（b）所示。

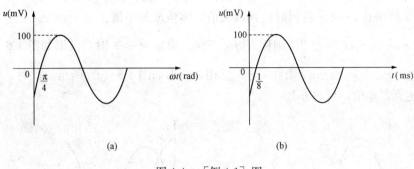

(a)　　　　　　　　　　　　　　　(b)

图 4-4　[例 4-1] 图

(a) 横坐标为 ωt；（b）横坐标为 t

知识点 2　同频率正弦量的相位差

在正弦电源激励下，电路中各支路的电压或电流都是与电源同角频率的正弦量。对于同一电路中的正弦量都采用相同的计时零点，重点关注正弦量的相位关系。

具有公共计时零点的两个同频率正弦量在同一时刻的相位之差称为相位差。设相同频率的正弦电流和电压分别为

$$i(t) = I_\mathrm{m}\sin(\omega t + \varphi_i)$$
$$u(t) = U_\mathrm{m}\sin(\omega t + \varphi_u)$$

二者的相位差用 φ 表示，则有

$$\varphi = (\omega t + \varphi_i) - (\omega t + \varphi_u) = \varphi_i - \varphi_u \tag{4-4}$$

可见，两个同频率正弦量的相位差等于它们的初相之差，是与时间 t 无关的常数。

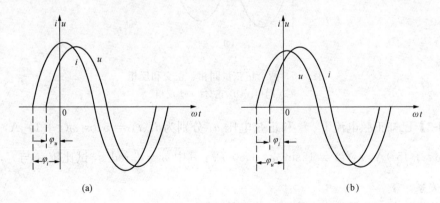

(a)　　　　　　　　　　　　　　　(b)

图 4-5　两个正弦量的相位差

(a) $\varphi_i - \varphi_u > 0$；(b) $\varphi_i - \varphi_u < 0$

如图 4-5（a）所示，$\varphi = \varphi_i - \varphi_u > 0$，表示随 t 的增大，电流 i 要比电压 u 先达到最大值、零值或最小值。这种关系称为 i 超前于 u 或 u 滞后于 i，其超前或滞后的角度是 φ。如图

4-5（b）所示，$\varphi = \varphi_i - \varphi_u < 0$，表示随 t 的增大，电压 u 要比电流 i 先达到最大值、零值或最小值。这时称为电流 i 滞后于电压 u 或电压 u 超前于电流 i，其滞后或超前的角度是 $|\varphi|$。

在工程应用中，分析计算同频率正弦量相位差时，经常碰到以下三种特殊情况：

（1）若 $\varphi = \varphi_i - \varphi_u = 0$，即 $\varphi_i = \varphi_u$，则称 i 与 u 同相，波形如图 4-6（a）所示。这种情况下随时间 t 的增长，i 与 u 将同时达到最大值、零值或最小值。

（2）若 $\varphi = \varphi_i - \varphi_u = \pm \dfrac{\pi}{2}$，则称 i 与 u 正交。取 $\varphi = -\dfrac{\pi}{2}$ 时，波形如图 4-6（b）所示。

（3）若 $\varphi = \varphi_i - \varphi_u = \pm \pi$，则称 i 与 u 反相，波形如图 4-6（c）所示。此时，当 i 达到最大值时，u 达到最小值，反之亦然。

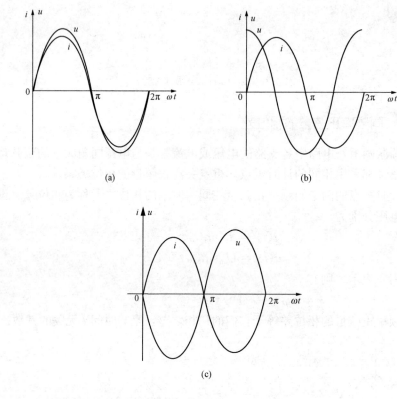

（a）

（b）

（c）

图 4-6　两个正弦量同相、正交和反相

(a) 同相；(b) 正交；(c) 反相

【例 4-2】已知正弦电流 i_1、i_2 和正弦电压 u_3 分别为 $i_1(t) = 5\cos[\omega(t+1)]\text{A}$，$i_2(t) = -10\cos(\omega t + 45°)\text{A}$，$u_3(t) = 15\sin(\omega t + 60°)\text{V}$，其中 $\omega = \dfrac{\pi}{6}\text{rad/s}$，试比较 i_1 与 i_2，i_1 与 u_3 间的相位关系。

解　首先将各正弦量的表达式用正弦函数表示

$$i_1(t) = 5\cos(\omega t + \omega) = 5\cos\left(\omega t + \frac{\pi}{6}\right) = 5\sin\left(\omega t + \frac{\pi}{6} + \frac{\pi}{2}\right) = 5\sin(\omega t + 120°)(\text{A})$$

$$i_2(t) = -10\cos(\omega t + 45°) = 10\cos(\omega t - 135°) = 10\sin(\omega t - 135° + 90°)$$
$$= 10\sin(\omega t - 45°)(\text{A})$$

$$u_3(t) = 15\sin(\omega t + 60°)(\text{V})$$

则 i_1 与 i_2 之间的相位差为

$$\varphi_{12} = 120° - (-45°) = 165°$$

i_1 与 u_3 间的相位差为

$$\varphi_{13} = 120° - 60° = 60°$$

所以，电流 i_1 超前电流 i_2 的角度为 $165°$，电流 i_1 超前电压 u_3 的角度为 $60°$。

　　注意：比较两个正弦量的相位关系时，要求它们具有相同角频率；各正弦量均要用正弦函数表示，其初相角要用统一的单位，同时考虑正弦量表达式前面的负号对初相的影响。

知识点 3　正弦电流、电压的有效值

　　在电工技术中，主要关心电路的能量转换问题，即一段时间内正弦电压电流的变化情况。正弦量的瞬时值、平均值、最大值都不能确切反映它们在转换能量方面的效果，所以定义有效值这个物理量来表示正弦量的量值，并用来计算能量的转换。

　　交流电和直流电具有不同的特点，但是从能量转换的角度来看，两者是可以等效的。一个交流电流 i 和一个直流电流 I 分别流经同一电阻，如果经过一个周期的时间两者所消耗的电能相等，就可以认为直流电流 I 和交流电流 i 有相同的能量转换效果，则直流电流 I 的数值称为这个正弦电流 i 的有效值。有效值用大写字母表示，如 I、U 等。

　　设一正弦电流 $i(t) = I_m\sin(\omega t + \varphi_i)$ 通过电阻 R，在一个周期 T 时间内电阻消耗的电能为 $\int_0^T i^2 R dt$；如果通过电阻 R 的电流是直流电流 I，则周期时间 T 内电阻消耗的电能为 I^2RT。根据有效值的定义，有

$$\int_0^T i^2 R dt = I^2 RT \tag{4-5}$$

则正弦电流的有效值为

$$I = \sqrt{\frac{1}{T}\int_0^T I_m^2 \sin^2(\omega t + \varphi_i) dt} = \sqrt{\frac{1}{T}\int_0^T \frac{I_m^2}{2}[1 - \cos(2\omega t + 2\varphi_i)] dt} \tag{4-6}$$

$$= \frac{1}{\sqrt{2}} I_m \approx 0.707 I_m$$

同理，正弦电压的有效值为

$$U = \frac{1}{\sqrt{2}} U_m \approx 0.707 U_m \tag{4-7}$$

　　可见，最大值为 1A 的正弦电流在电路中转换能量的实际效果和 0.707A 的直流电流相当。正弦交流电的有效值与交流电的最大值有关。最大值越大，它的有效值也越大；最大值越小，它的有效值也越小。

　　在交流电路中各电气设备铭牌上所标的电流、电压值都是有效值。一般交流电流表、交流电压表的标尺都是按有效值刻度的。如"220V 40W"的白炽灯，其额定电压的有效值为 220V。不加说明，交流量的大小皆指有效值而言。但在分析击穿电压、绝缘耐压水平时，要按交流电压的最大值考虑。

知识点 4 正弦量的相量表示

一、用相量表示正弦量

设正弦电流为 $i(t) = \sqrt{2} I \sin(\omega t + \varphi_i)$，根据欧拉公式 $e^{j\varphi} = \cos\varphi + j\sin\varphi$，所以有

$$\sqrt{2} I e^{j(\omega t + \varphi_i)} = \sqrt{2} I \cos(\omega t + \varphi_i) + j\sqrt{2} I \sin(\omega t + \varphi_i) \tag{4-8}$$

式（4-8）的虚部正好是正弦电流 $i(t)$，即

$$i(t) = \text{Im}[\sqrt{2} I e^{j(\omega t + \varphi_i)}] = \sqrt{2}\text{Im}[I e^{j\varphi_i} e^{j\omega t}] = \sqrt{2}\text{Im}[\dot{I} e^{j\omega t}]$$

其中

$$\dot{I} = I e^{j\varphi_i} = I\angle\varphi_i \tag{4-9}$$

$\dot{I}$ 是一个与时间无关的复常数，该复数的模是正弦电流的有效值，辐角是正弦电流的初相。由于在正弦电路中，所有电流、电压都是与正弦电源同频率的正弦量，频率是已知的，$\dot{I}$ 便足以表示正弦电流。通常把这样一个能表示正弦电流有效值及初相的复数 $\dot{I}$ 叫作正弦电流的相量。

同样，正弦电压的相量为

$$\dot{U} = U\angle\varphi_u \tag{4-10}$$

所以说相量是一个表示正弦量的复数。需特别注意的是，相量只能表征正弦量而并不等于正弦量。二者之间不能直接用等号表示等价的关系，只能用"$\leftrightarrow$"符号表示相对应的关系。

$$i(t) \leftrightarrow \dot{I} \cdots i(t) = \sqrt{2}\text{Im}[\dot{I} e^{j\omega t}]$$

$$u(t) \leftrightarrow \dot{U} \cdots u(t) = \sqrt{2}\text{Im}[\dot{U} e^{j\omega t}]$$

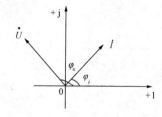

图 4-7 正弦量的相量图

相量是一个复数，它可以在复平面上用有方向的线段表示出来，有向线段的长度表示正弦量的有效值（或最大值），有向线段与横轴正方向的夹角表示正弦量的初相，如图 4-7 所示，相量在复平面上的图示称为相量图。同频率正弦量的相量可以画在同一个相量图上，在相量图上能够清楚地看出各个正弦量在大小和相位上的关系。

相量用振幅值来定义可表示为

$$\dot{I}_m = I_m\angle\varphi_i, \quad \dot{U}_m = U_m\angle\varphi_u$$

【例 4-3】 已知正弦电压 $u_1(t) = 141\sin\left(\omega t + \dfrac{\pi}{3}\right)\text{V}$，$u_2(t) = 70.5\sin\left(\omega t - \dfrac{\pi}{6}\right)\text{V}$，写出 u_1 和 u_2 的相量，并画出相量图。

解 $u_1 \leftrightarrow \dot{U}_1 = \dfrac{141}{\sqrt{2}}\angle\dfrac{\pi}{3} = 100\angle\dfrac{\pi}{3}(\text{V})$

$u_2 \leftrightarrow \dot{U}_2 = \dfrac{70.5}{\sqrt{2}}\angle\dfrac{-\pi}{6} = 50\angle-\dfrac{\pi}{6}(\text{V})$

相量图如图 4-8 所示。

【例 4-4】 已知两个频率均为 50Hz 的正弦电压，它们的相量分别为 $\dot{U}_1 = 380\angle\dfrac{\pi}{6}\text{V}$，

$\dot{U}_2 = 220\angle\dfrac{\pi}{3}\text{V}$，试求这两个电压的函数表达式。

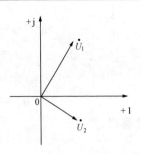

图 4-8　［例 4-3］的相量图

解　$\omega = 2\pi f = 2\pi \times 50 = 314(\text{rad}/\text{s})$

$$\dot{U}_1 \leftrightarrow u_1 = \sqrt{2}U_1\sin(\omega t + \varphi_1) = 380\sqrt{2}\sin\left(314t + \dfrac{\pi}{6}\right)(\text{V})$$

$$\dot{U}_2 \leftrightarrow u_2 = \sqrt{2}U_2\sin(\omega t + \varphi_2) = 220\sqrt{2}\sin\left(314t + \dfrac{\pi}{3}\right)(\text{V})$$

二、两个同频率正弦量之和

设有两个同频率正弦量

$$u_1(t) = U_{1\text{m}}\sin(\omega t + \varphi_1) = \sqrt{2}U_1\sin(\omega t + \varphi_1)$$

$$u_2(t) = U_{2\text{m}}\sin(\omega t + \varphi_2) = \sqrt{2}U_2\sin(\omega t + \varphi_2)$$

利用三角函数，可以得出它们之和为同频率的正弦量，即

$$u(t) = u_1(t) + u_2(t) = \sqrt{2}U\sin(\omega t + \varphi)$$

其中　　　　　$$U = \sqrt{(U_1\cos\varphi_1 + U_2\cos\varphi_2)^2 + (U_1\sin\varphi_1 + U_2\sin\varphi_2)^2}$$

$$\varphi = \arctan\dfrac{U_1\sin\varphi_1 + U_2\sin\varphi_2}{U_1\cos\varphi_1 + U_2\cos\varphi_2}$$

由上述可知，通过三角函数方法求同频率正弦量的和与差时，计算过程烦琐。引入相量的概念后，求解它们的和与差就比较方便。由于

$$u(t) = u_1(t) \pm u_2(t) = \text{Im}[\sqrt{2}\,\dot{U}_1\text{e}^{\text{j}\omega t}] \pm \text{Im}[\sqrt{2}\,\dot{U}_2\text{e}^{\text{j}\omega t}] = \text{Im}[\sqrt{2}(\dot{U}_1 \pm \dot{U}_2)\text{e}^{\text{j}\omega t}]$$

而两个同频率的正弦电压的和（差）仍是同频率的正弦电压 $u(t)$，可以表示为

$$u(t) = \text{Im}[\sqrt{2}\dot{U}\text{e}^{\text{j}\omega t}]$$

比较以上两个表达式可得

$$\text{Im}[\sqrt{2}\dot{U}\text{e}^{\text{j}\omega t}] = \text{Im}[\sqrt{2}(\dot{U}_1 \pm \dot{U}_2)\text{e}^{\text{j}\omega t}]$$

则有　　　　　　　　　　　　　$$\dot{U} = \dot{U}_1 \pm \dot{U}_2$$

因此，同频率正弦量相加的问题可以化成对应的相量相加的问题。其步骤为：

（1）由各相加的正弦量的解析式写出相应的相量，并表示为代数形式，也即直角坐标形式。

（2）按复数运算法则进行相量相加，求出和的相量。

（3）由和的相量写出对应的和的正弦量。

将同频率正弦量相加和相减的问题转换成相量相加减，形象、直观、方便，相量求和求差还可应用相量图法按照矢量的平行四边形法则来求解。也可按矢量的三角形法则计算两个相量的和与差，使过程简化，如图 4-9 所示。

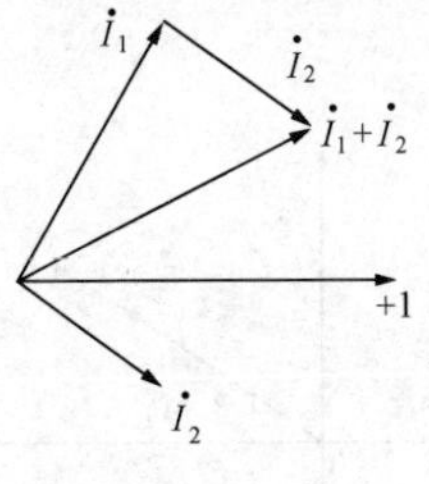

图 4-9　两个正弦量的和与差

【例 4-5】已知 $u_\text{A}(t) = 220\sqrt{2}\sin\omega t\,\text{V}$，$u_\text{B}(t) = 220\sqrt{2}\sin(\omega t - 120°)\text{V}$，求 $u_\text{A} + u_\text{B}$ 和 $u_\text{A} - u_\text{B}$。

解　用相量直接求和与差，则

$$u_\text{A} \leftrightarrow \dot{U}_\text{A} = 220\angle 0° = 220 + \text{j}0(\text{V})$$

$$u_B \leftrightarrow \dot{U}_B = 220\angle-120° = 220\cos(-120°) + j220\sin(-120°)$$
$$= -110 - j110\sqrt{3}(V)$$
$$u_A + u_B \leftrightarrow \dot{U}_A + \dot{U}_B = 110 - j110\sqrt{3} = 220\angle-60°(V)$$
$$u_A - u_B \leftrightarrow \dot{U}_A - \dot{U}_B = 330 + j110\sqrt{3} = 380\angle30°(V)$$

计算得

$$u_A + u_B = 220\sqrt{2}\sin(\omega t - 60°)V$$
$$u_A - u_B = 380\sqrt{2}\sin(\omega t + 30°)V$$

任务2 R、L、C三种基本元件的伏安特性和功率的计算

【任务要求】 掌握电阻、电感和电容三种基本元件的伏安关系及其相量形式，各基本元件平均功率、无功功率、能量的计算。

知识点1 三种基本元件的伏安关系及其相量形式

一、电阻元件

在图4-10（a）中，设电流为

$$i(t) = \sqrt{2}I\sin(\omega t + \varphi_i)$$

按照电阻元件的伏安特性有

$$u(t) = \sqrt{2}RI\sin(\omega t + \varphi_i)$$

而

$$u(t) = \sqrt{2}U\sin(\omega t + \varphi_u)$$

故得电阻两端电压U和电流I的关系

$$U = RI$$
$$\varphi_i = \varphi_u \tag{4-11}$$

从式（4-11）可以看出，在正弦交流电路中，电阻元件两端的电压和流过的电流相位相同，电压与电流有效值（或幅值）之比等于电阻R。

用相量形式表示

$$\frac{\dot{U}}{\dot{I}} = \frac{U\angle\varphi_u}{I\angle\varphi_i} = R$$

即

$$\dot{U} = R\dot{I} \tag{4-12}$$

式（4-12）就是电阻元件伏安特性的相量形式，它不仅表明了正弦交流电路中电阻电压和电流之间有效值的关系，而且包含了相位关系，与式（4-11）的意义相同。电压、电流的相量图如图4-10（b）所示。

二、电感元件

1. 电感元件

用导电性能良好的金属导线紧密缠绕在某种材料

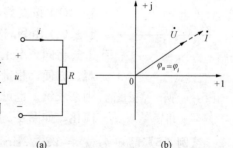

图4-10 电阻元件的相量形式
(a) 电阻元件符号；(b) 电流、电压相量图

制成的骨架上就成为实际的电感线圈。内部有铁磁材料的线圈称为铁芯线圈，不含铁磁材料的线圈称为空心线圈。当线圈中通有电流时，在线圈内部及周围产生了磁场，电能转换为磁场能储存在电感线圈中。由于线圈的密绕使得磁场主要集中在线圈内部，通常用磁通 Φ 来描述磁场强弱，它与 N 匝线圈相交链产生的磁链 $\psi = N\Phi$。实际的电感线圈如图 4-11 所示。在 SI 中，Φ 的单位与 ψ 相同，为韦伯，符号为 Wb。

电感元件是实际电感线圈的理想模型。其电路符号如图 4-12（a）所示。

磁链与产生它的电流的比值叫作电感元件的电感，用符号 L 表示。理想电感元件的电感为一常数，磁链 ψ 总是与产生它的电流 i 成正比，当磁通 Φ 的参考方向与电流 i 的参考方向之间符合右手螺旋定则时，有

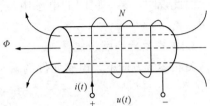

图 4-11　实际电感线圈的示意图

$$\psi = Li \tag{4-13}$$

电感 L 是体现电感元件在电流激励下产生磁场强弱的参数。在 SI 中，电感的单位为亨［利］，符号为 H，常用的单位有毫亨（mH）、微亨（μH）。式（4-13）所表示的电感元件磁链与产生它的电流之间的约束关系称为电感的韦安特性，是通过坐标原点的一条直线，如图 4-12（b）所示。

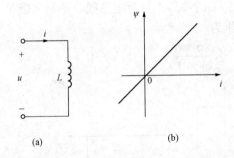

图 4-12　电感元件的符号及其 ψ-i 特性曲线
（a）电感元件符号；（b）ψ-i 特性曲线

2. 电感元件的伏安特性

根据电磁感应定律，电感元件两端的感应电压等于磁链的变化率，即

$$u = \frac{\mathrm{d}\psi}{\mathrm{d}t}$$

结合式（4-13）有

$$u = \frac{\mathrm{d}\psi}{\mathrm{d}t} = \frac{\mathrm{d}Li}{\mathrm{d}t} = L\frac{\mathrm{d}i}{\mathrm{d}t} \tag{4-14}$$

这就是电感元件的伏安特性。

注意式（4-14）要在 u、i 关联参考方向下才能使用，因为在这一前提下该式才能符合楞次定律。

当 u、i 为非关联参考方向时有

$$u = -L\frac{\mathrm{d}i}{\mathrm{d}t}$$

式（4-14）表明：任意时刻，电感元件端电压的大小与该瞬间电流的变化率成正比，而与该瞬间的电流大小无关。即使电感的电流很大，但不变化，电压仍为零。反之，电流为零时，电压不一定为零。由于在电流变动的条件下才有电压，所以电感元件也称为动态元件，其所在的电路称为动态电路。在直流激励的电路中，当电路达到稳态后，流过电感的电流始终不变，它的电压为零，此时电感相当于短路。

对式（4-14）进行积分可求出某一时刻电感的电流值。任选初始时刻 t_0 后，t 时刻的电流为

$$i(t) = \frac{1}{L}\int_{-\infty}^{t} u(\xi)\mathrm{d}\xi = \frac{1}{L}\int_{-\infty}^{t_0} u(\xi)\mathrm{d}\xi + \frac{1}{L}\int_{t_0}^{t} u(\xi)\mathrm{d}\xi$$

$$= i(t_0) + \frac{1}{L} \int_{t_0}^{t} u(\xi) d\xi \qquad (4\text{-}15)$$

若取 $t_0 = 0$，则

$$i(t) = i(0) + \frac{1}{L} \int_{0}^{t} u(\xi) d\xi \qquad (4\text{-}16)$$

由此说明，某一瞬间的电感电流能反映以前电压的情况，即电感电流有"记忆"电压作用。

3. 电感元件的磁场能量

关联参考方向下，电感元件的瞬时功率

$$p = ui = Li \frac{di}{dt}$$

电感电流从 $i(0) = 0$（磁场能为零）增大到 $i(t)$ 时总共储存的能量，即为 t 时刻电感的磁场能量

$$W_L(t) = \int_{0}^{t} p dt = \int_{i(0)}^{i(t)} Li \, di = \frac{1}{2} Li^2(t) \qquad (4\text{-}17)$$

当电感的电流从某一值减小到零时，释放的磁场能量也可按上式计算。式（4-17）表明电感元件在某时刻储存的磁场能量仅取决于该时刻流过电感的电流。

【例 4-6】电感元件的电感 $L = 100\text{mH}$，u 和 i 的参考方向一致，i 的波形如图 4-13（a）所示。试求各段时间电感元件两端的电压 u_L，并作出 u_L 的波形，计算电感吸收的最大能量。

解　u_L 和 i 所给的参考方向一致，各段感应电压为

(1) $0 \sim 1\text{ms}$ 间，$u_L = L \dfrac{di}{dt} = L \dfrac{\Delta i}{\Delta t} = 100 \times 10^{-3} \times \dfrac{10 \times 10^{-3}}{1 \times 10^{-3}} = 1(\text{V})$。

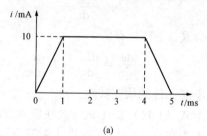 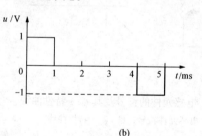

(a)　　　　　　　　　　　　　　　　(b)

图 4-13　［例 4-6］图

(2) $1 \sim 4\text{ms}$ 间，电流不变化，得 $u_L = 0\text{V}$。

(3) $4 \sim 5\text{ms}$ 间，$u_L = L \dfrac{di}{dt} = L \dfrac{\Delta i}{\Delta t} = 100 \times 10^{-3} \times \dfrac{0 - 10 \times 10^{-3}}{1 \times 10^{-3}} = -1(\text{V})$。

u_L 的波形如图 4-13（b）所示。

吸收的最大能量　$W_{L\text{max}} = \dfrac{1}{2} L I_m^2 = \dfrac{1}{2} \times 100 \times 10^{-3} \times (10 \times 10^{-3})^2 = 5 \times 10^{-6}(\text{J})$。

4. 伏安关系的相量形式

在图 4-12（a）中，设电流为

$$i(t) = \sqrt{2} I \sin(\omega t + \varphi_i)$$

按照电感元件的伏安特性有

$$u(t) = L\frac{\mathrm{d}i}{\mathrm{d}t} = \sqrt{2}\omega LI\cos(\omega t + \varphi_i)$$

$$= \sqrt{2}\omega LI\sin\left(\omega t + \varphi_i + \frac{\pi}{2}\right)$$

而

$$u(t) = \sqrt{2}U\sin(\omega t + \varphi_u)$$

故得电感两端电压 u 和电流 i 之间的关系

$$U = \omega LI = X_L I$$

$$\varphi_u = \varphi_i + 90° \tag{4-18}$$

式中

$$X_L = \omega L = 2\pi fL = \frac{U}{I} = \frac{U_m}{I_m} \tag{4-19}$$

X_L 称为感抗，单位为欧姆（Ω），是表示电感对正弦电流阻碍作用大小的一个物理量，它与电源频率及电感成正比。

感抗的倒数 $B_L = \frac{1}{X_L} = \frac{1}{\omega L}$ 称为感纳，单位为西门子（S）。

用相量形式表示

$$\frac{\dot{U}}{\dot{I}} = \frac{U\angle\varphi_u}{I\angle\varphi_i} = \frac{U}{I}\angle(\varphi_u - \varphi_i) = jX_L$$

即

$$\dot{U} = jX_L\dot{I} \tag{4-20}$$

式（4-20）就是电感伏安特性的相量形式。它不仅表明电感电压和电流有效值的关系，而且表明了它们之间的相位关系。在正弦交流电路中，电感元件两端的电压在相位上超前电流 90°，电压与电流有效值（或幅值）之比为 ωL。电感电压、电流的相量图如图 4-14 所示。

三、电容元件

1. 电容元件

两块金属板用不导电的介质隔开就构成一个简单的电容器。当电容器的两极板间加上电压时，沿电压的方向将有等量的正、负电荷分别聚集在两个极板上，于是两极板间建立了电场，电能转换为电场能储存在电容器中。由于两极板间是不导电的介质，所以当外加电压去掉后电荷可以继续聚集在极板上，电场依然存在。实际的电容器示意图如图 4-15 所示。

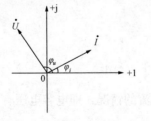

图 4-14　电感伏安关系相量图

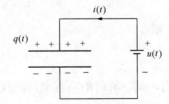

图 4-15　实际电容器的示意图

电容元件是各种实际电容器的理想模型，其符号如图 4-16（a）所示。

电荷量与端电压的比值叫作电容元件的电容，理想电容元件的电容为一常数，电荷量 q 总是与端电压 u 成正比，即

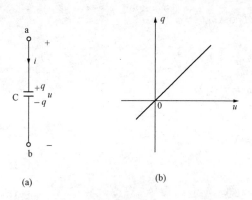

图 4-16　电容元件符号及其 q-u 特性曲线

(a) 电容元件符号；(b) q-u 特性曲线

$$q = Cu \tag{4-21}$$

电容 C 是体现电容元件在外加电压激励下储存电荷能量大小的参数。SI 中，电容的单位为法（拉），符号为 F。常用单位有微法（μF）、皮法（pF）。式（4-21）表示的电容元件电荷量与电压之间的约束关系，称为线性电容的库伏特性，它是过坐标原点的一条直线，如图 4-16（b）所示。

2. 电容元件的伏安特性

当电容两端加电压 u 时，在电容极板上聚集等量的正负电荷，电荷的移动形成如图 4-16（a）所示方向的电流，结合式（4-21），有

$$i = \frac{\mathrm{d}q}{\mathrm{d}t} = \frac{\mathrm{d}(Cu)}{\mathrm{d}t} = C\frac{\mathrm{d}u}{\mathrm{d}t} \tag{4-22}$$

式（4-22）为电容元件的伏安特性。

当 u、i 为非关联参考方向时，有

$$i = -C\frac{\mathrm{d}u}{\mathrm{d}t}$$

式（4-22）表明：任意时刻，电容电流的大小与该瞬间电压变化率成正比，而与这一瞬间电压大小无关。即使电容两端电压很高，但不变化，电流值仍为零。反之，当电压为零时，电流不一定为零。由于在电压变动条件下电路才有电流，所以电容元件又称为动态元件，其所在的电路称为动态电路。在直流激励的电路中，当电路达到稳定状态后，电容电压保持不变，其电流为零，此时电容相当于开路。

对式（4-22）进行积分可求出某一时刻电容的电压值。任选初始时刻 t_0 以后，t 时刻的电压为

$$u(t) = \frac{1}{C}\int_{-\infty}^{t} i(\xi)\mathrm{d}\xi = \frac{1}{C}\int_{-\infty}^{t_0} i(\xi)\mathrm{d}\xi + \frac{1}{C}\int_{t_0}^{t} i(\xi)\mathrm{d}\xi$$

$$= u(t_0) + \frac{1}{C}\int_{t_0}^{t} i(\xi)\mathrm{d}\xi$$

若取 $t_0 = 0$，则

$$u(t) = u(0) + \frac{1}{C}\int_{0}^{t} i(\xi)\mathrm{d}\xi \tag{4-23}$$

由此说明，某一瞬时的电容电压能反映以前电流的情况，即电容电压有"记忆"电流的作用。

3. 电容元件的电场能量

关联参考方向下，电容的瞬时功率

$$p = iu = Cu\frac{\mathrm{d}u}{\mathrm{d}t}$$

电容元件从 $u(0) = 0$（电场能为零）增大到 $u(t)$ 时，总共储存的能量即为 t 时刻电容的

电场能量

$$W_C(t) = \int_0^t p\,\mathrm{d}t = \int_{u(0)}^{u(t)} Cu\,\mathrm{d}u = \frac{1}{2}Cu^2(t) \qquad (4\text{-}24)$$

当电容电压由 u 减小到零时，释放的电场能量也按上式计算。电容在某一时刻所储存的电场能量，仅取决于同一时刻电容两端的电压。

【例 4-7】（1）$2\mu F$ 电容两端的电压由 $t = 1\mu s$ 时的 6V 线性增长至 $t = 5\mu s$ 时的 50V，试求在该时间范围内的电流值及增加的电场能。（2）原来不带电荷的 $100\mu F$ 的电容器，今予以充电，充电电流为 1mA，持续时间为 2s，求电容器充电后的电压。假定电压、电流都为关联参考方向。

解　（1）由式（4-22）得

$$i = C\frac{\mathrm{d}u}{\mathrm{d}t} = 2 \times 10^{-6} \times \frac{50-6}{(5-1)\times 10^{-6}} = 22(\mathrm{A})$$

增加的电场能量

$$\Delta W_C = \frac{1}{2}Cu_2^2 - \frac{1}{2}Cu_1^2 = \frac{1}{2} \times 2 \times 10^{-6} \times (2500-36) = 2.464 \times 10^{-3}(\mathrm{J})$$

（2）由式（4-23）和已知条件 $u(0) = 0$，求出 2s 末的电压

$$u(2) = u(0) + \frac{1}{C}\int_0^2 i(t)\,\mathrm{d}t = \frac{1}{100 \times 10^{-6}} \times 2 \times 10^{-3} = 20(\mathrm{V})$$

4. 伏安关系的相量形式

在图 4-16（a）中，设加在电容两端的电压为

$$u(t) = \sqrt{2}U\sin(\omega t + \varphi_u)$$

按照电容元件的伏安特性有

$$i(t) = C\frac{\mathrm{d}u}{\mathrm{d}t} = \sqrt{2}\omega CU\cos(\omega t + \varphi_u)$$

$$= \sqrt{2}\omega CU\sin\left(\omega t + \varphi_u + \frac{\pi}{2}\right)$$

而
$$i(t) = \sqrt{2}I\sin(\omega t + \varphi_i)$$

故得电容两端电压 u 和电流 i 之间的关系。

$$I = \omega CU = \frac{U}{1/\omega C} = \frac{U}{X_C} \qquad (4\text{-}25)$$

$$\varphi_i = \varphi_u + 90°$$

式中
$$X_C = \frac{1}{\omega C} = \frac{1}{2\pi fC} = \frac{U}{I} = \frac{U_m}{I_m} \qquad (4\text{-}26)$$

X_C 称为容抗，单位为欧姆（Ω），是表示电容对正弦电流阻碍作用大小的一个物理量。它与电源频率及电容成反比。

容抗的倒数 $B_C = \dfrac{1}{X_C} = \omega C$ 称为容纳，单位为西门子（S）。

容抗用相量形式表示

$$\frac{\dot{U}}{\dot{I}} = \frac{U\angle\varphi_u}{I\angle\varphi_i} = \frac{U}{I}\angle(\varphi_u - \varphi_i) = -\mathrm{j}X_C$$

即
$$\dot{U} = -\mathrm{j}X_C\dot{I} \tag{4-27}$$

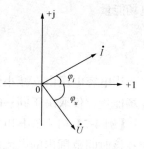

图 4-17　电容伏安关系相量图

式（4-27）是电容伏安特性的相量形式，它不仅表明电容电压和电流有效值的关系，而且表明了它们之间的相位关系。在正弦电路中，电容两端的电压在相位上滞后电流 90°，电压与电流有效值（或幅值）之比为 $\dfrac{1}{\omega C}$。电容电压、电流的相量图如图4-17 所示。

知识点2　三种基本元件的功率和能量

一、电阻元件的功率

图 4-18 为正弦交流电路中的电阻元件。为了计算方便，取电阻两端电压的初相位为零，即 $\varphi_u = 0$，设 $u = \sqrt{2}U\sin\omega t$，根据欧姆定律得

$$i = \frac{u}{R} = \sqrt{2}\frac{U}{R}\sin\omega t = \sqrt{2}I\sin\omega t$$

关联参考方向下电阻元件吸收的瞬时功率为

$$p = \sqrt{2}U\sin\omega t \cdot \sqrt{2}I\sin\omega t = 2UI\sin^2\omega t = UI(1 - \cos2\omega t) \geqslant 0 \tag{4-28}$$

其波形如图 4-19 所示。可见，它随时间周期性变化，其值总是大于等于零的。这说明电阻始终消耗功率，是耗能元件。图中阴影面积的值相当于一个周期内电阻消耗的能量。

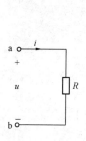

图 4-18　正弦交流电路中的电阻元件

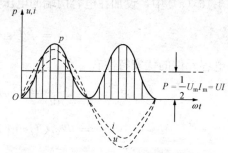

$$P = \frac{1}{2}U_m I_m = UI$$

图 4-19　电阻元件 p、u、i 波形

一般需了解一段时间内功率和能量的变化情况，因此工程中采用平均功率这一概念。平均功率定义为瞬时功率 p 在一个周期 T 内的平均值，用大写字母 P 表示，即

$$P = \frac{1}{T}\int_0^T p\,\mathrm{d}t = \frac{1}{T}\int_0^T UI(1 - \cos2\omega t)\mathrm{d}t$$
$$\tag{4-29}$$
$$= UI = I^2R = \frac{U^2}{R}$$

式（4-29）与直流电路中电阻功率的计算公式完全一致，只是其中的 U 和 I 是有效值。由于 $\int_0^T p\,\mathrm{d}t$ 是元件一个周期消耗的能量，所以平均功率反映了实际耗能的情况，又称为有功功

率，其单位是瓦（W）。一般电气设备所标的额定功率以及功率表测量的值都是指平均功率，习惯上简称功率。

【例 4-8】 电阻 $R = 100\Omega$，通过电阻的电流 $i(t) = 1.41\sin(\omega t - 30°)$A。试求：

（1）R 两端电压 U 和 u。

（2）R 消耗的功率 P。

解　（1）电流有效值

$$I = \frac{I_m}{\sqrt{2}} = \frac{1.41}{\sqrt{2}} = 1(A)$$

电压有效值

$$U = RI = 100 \times 1 = 100(V)$$

$$u(t) = Ri = 100 \times 1.41\sin(\omega t - 30°) = 141\sin(\omega t - 30°)(V)$$

或利用相量关系求解

$$\dot{I} = \frac{1.41}{\sqrt{2}} \angle -30° = 1\angle -30°(A)$$

$$\dot{U} = R\dot{I} = 100 \times \angle -30° = 100\angle -30°(V)$$

对应的正弦量

$$u(t) = 100\sqrt{2}\sin(\omega t - 30°)$$
$$= 141\sin(\omega t - 30°)(V)$$

其有效值为

$$U = 100(V)$$

（2）R 消耗的功率

$$P = UI = 1 \times 100 = 100(W)$$

二、电感元件的功率和能量

图 4-20 为正弦交流电路中的电感元件。为了计算方便，取电感电流的初相位为零，即 $\varphi_i = 0°$，设 $i = \sqrt{2}I\sin\omega t$，根据电感元件的伏安关系得

$$u = L\frac{\mathrm{d}i}{\mathrm{d}t} = \sqrt{2}\omega LI\cos\omega t = \sqrt{2}U\sin\left(\omega t + \frac{\pi}{2}\right)$$

因此电感的瞬时功率为

$$p = ui = \sqrt{2}U\sin\left(\omega t + \frac{\pi}{2}\right) \cdot \sqrt{2}I\sin\omega t$$
$$= 2UI\cos\omega t \cdot \sin\omega t = UI\sin2\omega t = I^2 X_L\sin2\omega t \tag{4-30}$$

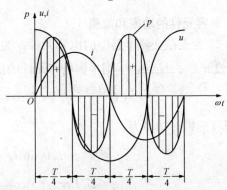

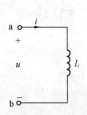

图 4-20　正弦交流电路中的电感元件　　　图 4-21　电感元件 p、u、i 波形

由式（4-30）或由图 4-21 可见瞬时功率 p 是以两倍于电流的频率按正弦规律变化，最大值为 UI 或 $I^2 X_L$。

电感储存磁场能量

$$W_L = \frac{1}{2} Li^2 = \frac{1}{2} LI^2 (1 - \cos 2\omega t) \tag{4-31}$$

磁场能量在最大值 $\frac{1}{2} LI_m^2 (LI^2)$ 和零之间周期性地变化，总是大于零。

由图 4-21 可以看出，电感在某一个 1/4 周期从外部吸收多少能量，就在另一个 1/4 周期释放多少能量，电感本身不消耗能量，平均功率为零。P 也可以由下式计算出

$$P = \frac{1}{T} \int_0^T p \, \mathrm{d}t = \frac{1}{T} \int_0^T UI \sin 2\omega t \, \mathrm{d}t = 0 \tag{4-32}$$

由于当 ω 一定时 UI 乘积的大小确定了电感与外部电路进行能量交换的多少，为了衡量电感与外部交换能量的规模，引入无功功率 Q_L，定义

$$Q_L = UI = I^2 X_L = \frac{U^2}{X_L} \tag{4-33}$$

电感的无功功率并不是实际做功的功率，而是用以表明电感与外部能量交换的规模。为了与有功功率相区别，它的单位为乏（var）。

【例 4-9】流过 0.1H 电感的电流为 $i(t) = 15\sqrt{2} \sin(200t + 10°) \text{A}$，试求关联参考方向下电感两端的电压 u 及无功功率，磁场能量的最大值。

解 用相量关系求解

$$\dot{I} = 15 \angle 10° \text{A}$$

$$\dot{U} = jX_L \dot{I} = j200 \times 0.1 \times 15 \angle 10° = 300 \angle (90° + 10°) = 300 \angle 100° \text{(V)}$$

对应的正弦电压

$$u(t) = 300\sqrt{2} \sin(200t + 100°) \text{V}$$

无功功率

$$Q_L = UI = 300 \times 15 = 4500 \text{(var)}$$

磁场能量的最大值

$$W_{Lmax} = \frac{1}{2} LI_m^2 = \frac{1}{2} \times 0.1 \times (15\sqrt{2})^2 = 22.5 \text{(J)}$$

三、电容元件的功率和能量

图 4-22 为正弦交流电路中的电容元件。为了计算方便，取电容电压的初相位为零，即 $\varphi_u = 0$，设 $u = \sqrt{2} U \sin \omega t$，则根据电容元件的伏安关系得

$$i = C \frac{\mathrm{d}u}{\mathrm{d}t} = \sqrt{2} \omega CU \cos \omega t = \sqrt{2} I \sin\left(\omega t + \frac{\pi}{2}\right)$$

则电容吸收的瞬时功率为

$$\begin{aligned}
p = ui &= \sqrt{2} U \sin \omega t \cdot \sqrt{2} I \sin\left(\omega t + \frac{\pi}{2}\right) \\
&= 2UI \sin \omega t \cdot \cos \omega t = UI \sin 2\omega t \\
&= I^2 X_C \sin 2\omega t
\end{aligned} \tag{4-34}$$

由式（4-34）或由图 4-23 可见 p 是以 2 倍于电压的频率按正弦规律变化，最大值为 UI

或 $I^2 X_C$。

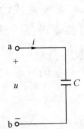

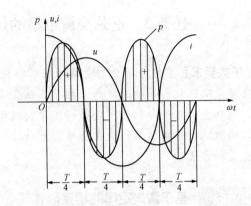

图 4-22 正弦交流电路中的电容元件　　图 4-23 电容元件 p、u、i 波形

电容储存电场能量

$$W_C = \frac{1}{2}Cu^2 = \frac{1}{2}CU^2(1-\cos2\omega t) \tag{4-35}$$

电场能量在最大值 $\frac{1}{2}CU_m^2(CU^2)$ 和 0 之间周期性地变化，总是大于零。

由图 4-23 可以看出，电容在某一个 1/4 周期从外部吸收多少能量，就在另一个 1/4 周期释放多少能量，电容本身不消耗能量，平均功率为零。P 也可以由下式计算出

$$P = \frac{1}{T}\int_0^T p\mathrm{d}t = \frac{1}{T}\int_0^T UI\sin2\omega t\,\mathrm{d}t = 0 \tag{4-36}$$

为了衡量电容与外部进行能量交换的规模引入无功功率 Q_C，定义

$$Q_C = -UI = -I^2 X_C = -\frac{U^2}{X_C} \tag{4-37}$$

电容无功功率的单位与电感无功功率的单位相同。定义电感的无功功率为正，电容的无功功率为负，以表明两者所涉及的储能性质不同。

【例 4-10】 流过 0.5F 电容的电流为 $i(t) = \sqrt{2}\sin(100t-30°)$A，试求关联参考方向下电容的电压 u 及无功功率，电场能量的最大值。

解　用相量关系求解

$$\dot{I} = 1\angle-30°(A)$$

$$\dot{U} = -\mathrm{j}X_C\dot{I} = -\mathrm{j}\frac{1}{\omega C}\dot{I} = -\mathrm{j}\frac{1}{100\times0.5}\times\angle-30°$$

$$= 2\times10^{-2}\angle(-90°-30°) = 2\times10^{-2}\angle-120°(V)$$

故

$$u(t) = 0.02\sqrt{2}\sin(100t-120°)(V)$$

无功功率

$$Q_C = -UI = -0.02\times1 = -0.02(\mathrm{var})$$

电场能量最大值

$$W_{Cmax} = \frac{1}{2}CU_m^2 = \frac{1}{2}\times0.5\times(0.02\sqrt{2})^2 = 0.0002(J)$$

任务 3 　 正弦交流电路的伏安特性和功率的计算

【任务要求】掌握分析交流电路的基本依据之一——基尔霍夫定律的相量形式,掌握正弦交流电路阻抗和导纳的概念,推导正弦交流稳态电路的相量模型。以相量模型为分析对象,用相量解析法和相量图法分析正弦交流电路,并且掌握 R、L、C 三种元件组成的无源二端网络的平均功率、视在功率、无功功率和复功率等参数的计算,熟悉提高功率因数的意义和方法。

知识点 1 　 基尔霍夫定律的相量形式

由耗能元件 R、储能元件 L 和 C、正弦稳态电压源和电流源组成的正弦交流电路,仍然根据元件的伏安关系和基尔霍夫定律来进行分析和计算。

一、KCL 的相量形式

任意时刻,对于复杂电路中的任一节点(见图 4-24),基尔霍夫电流定律(KCL)的内容是流入(或流出)该节点的所有支路电流的代数和等于零,即 $\sum i(t) = 0$。正弦交流电路中每一支路电流 i 都是按正弦规律变化的,设第 k 条支路的电流为

$$i_k(t) = \sqrt{2}I_k\sin(\omega t + \varphi_i) = \mathrm{Im}[\sqrt{2}\,\dot{I}_k\mathrm{e}^{j\omega t}]$$

则

$$\sum_{k=1}^{n} i_k(t) = \sum_{k=1}^{n} \mathrm{Im}[\sqrt{2}\,\dot{I}_k\mathrm{e}^{j\omega t}]$$

$$= \mathrm{Im}\left[\sqrt{2}\left(\sum_{k=1}^{n}\dot{I}_k\right)\mathrm{e}^{j\omega t}\right] = 0$$

式中:n 为与该节点相连的支路数。

从而得
$$\sum_{k=1}^{n}\dot{I}_k = 0 \tag{4-38}$$

这就是基尔霍夫电流定律的相量形式。它表明:在正弦稳态电路中,流入(或流出)任一节点的各支路电流相量的代数和为零。

二、KVL 的相量形式

任意时刻,对于任一回路(见图 4-25),基尔霍夫电压定律(KVL)的内容是沿着回路的绕行方向所有支路电压升(或电压降)的代数和为零,即 $\sum u_k(t) = 0$。

$u_k(t)$ 代表第 k 条支路的电压,n 为该回路的支路数。

同样可得
$$\sum_{k=1}^{n}\dot{U}_k = 0 \tag{4-39}$$

这是基尔霍夫电压定律的相量形式。它表明:在正弦稳态电路中,沿着回路的绕行方向所有的电压升(或电压降)相量的代数和为零。

【例 4-11】 图 4-26 中所示为电路中一个节点,已知 $i_1(t) = 10\sqrt{2}\sin(\omega t + 60°)\mathrm{A}$,$i_2(t) = 5\sqrt{2}\sin\omega t\,\mathrm{A}$,求 $i_3(t)$。

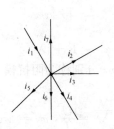

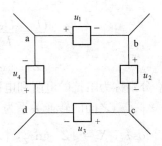

图 4-24　节点电路图　　　　　　　图 4-25　回路电路

解　由于 $\dot{I}_1 = 10\angle 60°\text{A}, \dot{I}_2 = 5\angle 0°\text{A}$，则根据基尔霍夫电流定律得相量形式

$$\dot{I}_3 = -\dot{I}_1 - \dot{I}_2 = -10\angle 60° - 5\angle 0° = 13.23\angle -139°(\text{A})$$

所以　　　　　　　$i_3(t) = 13.23\sqrt{2}\sin(\omega t - 139°)(\text{A})$

【例 4-12】 已知 $u_{ab}(t) = -10\sqrt{2}\sin(\omega t + 60°)\text{V}, u_{bc}(t) = 8\sqrt{2}\sin(\omega t + 30°)\text{V}$，求 $u_{ac}(t)$。

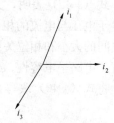

图 4-26　［例 4-11］电路

解　由于 $\dot{U}_{ab} = 10\angle -120°\text{V}, \dot{U}_{bc} = 8\angle 30°\text{V}$，则根据基尔霍夫电压定律得相量形式

$$\dot{U}_{ac} = \dot{U}_{ab} + \dot{U}_{bc} = 10\angle -120° + 8\angle 30° = 5.04\angle -67.53°(\text{A})$$

所以　　　　　　　$u_{ac}(t) = 5.04\sqrt{2}\sin(\omega t - 67.53°)\text{A}$

知识点 2　阻抗和导纳

设无源二端网络如图 4-27（a）所示，在正弦稳态情况下，端口电流 $\dot{I}$ 和电压 $\dot{U}$ 采用关联参考方向。定义无源二端网络端口电压相量与电流相量之比为该电路的阻抗，记为 Z，即

$$Z = \frac{\dot{U}_{\text{m}}}{\dot{I}_{\text{m}}} = \frac{\dot{U}}{\dot{I}} \tag{4-40}$$

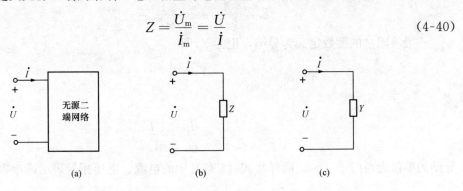

图 4-27　阻抗与导纳

（a）无源二端网络；（b）相量形式的欧姆定律（阻抗）；
（c）相量形式的欧姆定律（导纳）

显然，阻抗的单位为欧姆（Ω）。将式（4-40）中的相量表示成指数形式，可得

$$Z = \frac{\dot{U}}{\dot{I}} = \frac{U e^{j\varphi_u}}{I e^{j\varphi_i}} = \frac{U}{I} e^{j(\varphi_u - \varphi_i)} = |Z| e^{j\varphi_Z} \tag{4-41}$$

$$= |Z| \cos\varphi_Z + j|Z| \sin\varphi_Z = R + jX$$

式中：R 和 X 分别称为阻抗的电阻和电抗；$|Z|$ 和 φ_Z 分别称为阻抗模和阻抗角。

R、X、$|Z|$、φ_Z 之间的转换关系为

$$R = |Z| \cos\varphi_Z,\ X = |Z| \sin\varphi_Z,\ |Z| = \sqrt{R^2 + X^2} = \frac{U}{I},\ \varphi_Z = \arctan\frac{X}{R} = \varphi_u - \varphi_i \tag{4-42}$$

式（4-42）表明，无源二端网络的阻抗模等于端口电压与端口电流的有效值之比，阻抗角等于电压与电流的相位差。因此，阻抗反映了正弦交流电路中无源二端网络端口电压与电流之间的大小和相位关系，若 $\varphi_Z > 0$，表示电压超前电流，电路呈电感性；$\varphi_Z < 0$，电压滞后电流，电路呈电容性；$\varphi_Z = 0$，电抗为零，电压与电流同相，电路呈电阻性。

将式（4-40）改写为

$$\dot{U}_m = Z \dot{I}_m \qquad \text{或} \qquad \dot{U} = Z\dot{I} \tag{4-43}$$

式（4-43）与电阻电路中的欧姆定律相似，故称为欧姆定律的相量形式。根据式（4-43）画出的相量模型如图 4-27（b）所示。

在电流、电压采用关联参考方向的条件下，三种基本元件伏安特性的相量形式为：

幅值相量 $\qquad \dot{U}_m = R \dot{I}_m,\ \dot{U}_m = j\omega L \dot{I}_m,\ \dot{U}_m = \frac{1}{j\omega C} \dot{I}_m \tag{4-44a}$

或有效值相量 $\qquad \dot{U} = R\dot{I},\ \dot{U} = j\omega L\dot{I},\ \dot{U} = \frac{1}{j\omega C}\dot{I} \tag{4-44b}$

比较式（4-43）与式（4-44）可得基本元件 R、L、C 的阻抗分别为

$$Z_R = R$$

$$Z_L = j\omega L = jX_L$$

$$Z_C = \frac{1}{j\omega C} = -j\frac{1}{\omega C} = -jX_C \tag{4-45}$$

一般将阻抗的倒数定义为导纳，记为 Y，即

$$Y = \frac{1}{Z} \tag{4-46}$$

或

$$Y = \frac{\dot{I}_m}{\dot{U}_m} = \frac{\dot{I}}{\dot{U}} \tag{4-47}$$

导纳的单位为西门子（S）。同样将式（4-47）中的电流、电压相量表示成指数形式，可得

$$Y = \frac{I e^{j\varphi_i}}{U e^{j\varphi_u}} = \frac{I}{U} e^{j(\varphi_i - \varphi_u)} = |Y| e^{j\varphi_Y} \tag{4-48}$$

$$= |Y| \cos\varphi_Y + j|Y| \sin\varphi_Y = G + jB$$

式中：G 和 B 分别称为导纳的电导和电纳；$|Y|$ 和 φ_Y 分别称为导纳模和导纳角。

由式（4-48）和式（4-42）可得 G、B 与 $|Y|$、φ_Y，$|Y|$ 与 $|Z|$，φ_Y 与 φ_Z 之间的关系分别为

$$G = |Y| \cos\varphi_Y$$

$$B = |Y| \sin\varphi_Y$$

$$|Y| = \sqrt{G^2 + B^2} = \frac{I}{U} = \frac{1}{|Z|} \tag{4-49}$$

$$\varphi_Y = \arctan\frac{B}{G} = \varphi_i - \varphi_u = -\varphi_Z$$

式（4-49）表明，无源二端网络的导纳模等于端口电流与电压的有效值之比，也等于阻抗模的倒数；导纳角等于电流与电压的相位差，也等于负的阻抗角。若 $\varphi_Y > 0$，表示 $\dot{U}$ 滞后 $\dot{I}$，电路呈电容性；若 $\varphi_Y < 0$，则 $\dot{U}$ 超前 $\dot{I}$，电路呈电感性；若 $\varphi_Y = 0$，$\dot{U}$ 与 $\dot{I}$ 同相，电路呈电阻性。

将式（4-47）改写为

$$\dot{I}_m = Y\dot{U}_m \qquad 或 \qquad \dot{I} = Y\dot{U} \tag{4-50}$$

该式也常称为欧姆定律的相量形式。它的相量模型如图 4-27（c）所示。比较式（4-44）与式（4-50）可知，元件 R、L 和 C 的导纳分别为

$$Y_R = \frac{1}{R} = G$$

$$Y_L = \frac{1}{j\omega L} = -j\frac{1}{\omega L} = -jB_L \tag{4-51}$$

$$Y_C = j\omega C = jB_C$$

【例 4-13】求图 4-28 所示二端网络的输入阻抗 Z。

解　先求 R、C 并联部分的阻抗 Z_{RC}，得

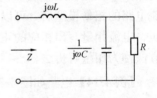

图 4-28　［例 4-13］图

$$Z_{RC} = \frac{Z_R Z_C}{Z_R + Z_C} = \frac{R/j\omega C}{R + 1/j\omega C} = \frac{R}{1 + j\omega RC}$$

$$= \frac{R}{1 + j\omega RC} \frac{1 - j\omega RC}{1 - j\omega RC} = \frac{R}{1 + (\omega RC)^2} - j\frac{\omega R^2 C}{1 + (\omega RC)^2}$$

输入阻抗

$$Z = Z_L + Z_{RC} = j\omega L + Z_{RC}$$

$$= \frac{R}{1 + (\omega RC)^2} + j\left[\omega L - \frac{\omega R^2 C}{1 + (\omega RC)^2}\right]$$

知识点 3　正弦交流电路的相量模型和相量解法

在上文涉及的电路模型中，电流和电压都是时间域变量，故称为时域模型。在正弦稳态情况下，如果把时域模型中的元件用阻抗或导纳代替，电流、电压均用相量表示，那么这样得到的电路模型称为相量模型。例如，对于图 4-29（a）给出的正弦稳态电路（时域模型），设正弦电压源角频率为 ω，其相量模型如图 4-29（b）所示。容易看出，相量模型与时域模型具有相同的电路结构。

将正弦交流电路的时域模型变换成相量模型之后，可以用相量法分析求解正弦交流电路。相量法包含相量解析法和相量图法。

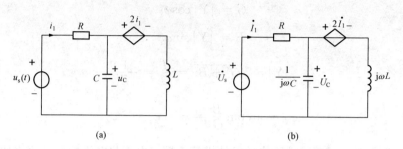

图 4-29　正弦交流电路的时域模型和相量模型

(a) 时域模型；(b) 相量模型

一、正弦交流电路的相量解析法

一般在进行直流电路分析时，各种分析和计算方法都是根据基尔霍夫定律和元件的伏安关系得出的。电路 KCL、KVL 和元件伏安关系为

$$\sum_{k=1}^{n} u_k = 0, \quad \sum_{k=1}^{n} i_k = 0, \quad u = Ri \,(i = Gu) \tag{4-52}$$

对于正弦稳态电路，电路 KCL、KVL 和元件伏安关系的相量形式为

$$\sum_{k=1}^{n} \dot{U}_k = 0, \quad \sum_{k=1}^{n} \dot{I}_k = 0, \quad \dot{U} = Z\dot{I} \,(\dot{I} = Y\dot{U}) \tag{4-53}$$

对比式 (4-52) 和式 (4-53)，它们的形式相似，差别仅在于：①相量形式中不直接用电压和电流，而用相应的电压相量和电流相量；②相量形式中元件不是用电阻而是用阻抗或导纳表示。若注意到这一对换关系，分析直流电路的所有方法就可以完全用到分析正弦交流电路中。相量模型中电压、电流正是用相应的相量表示，各元件用阻抗表示，在作出正弦交流电路的相量模型后，可以依照直流电路的分析方法来求电压相量和电流相量。最后根据电压、电流相量写出相应的正弦电压和正弦电流，如例 4-14。这种针对正弦交流电路的分析方法称为相量解析法。

【例 4-14】 电路如图 4-30 (a) 所示，其中 $u_s(t) = 10\sqrt{2}\sin(5000t - 90°)$ V。求电流 $i(t)$ 和 $i_C(t)$。

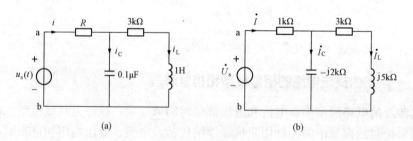

图 4-30　[例 4-14] 图

(a) 电路图；(b) 相量图

解　已知 $u_s(t) = 10\sqrt{2}\sin(5000t - 90°)$ V，则电源电压相量 $\dot{U}_s$ 和 X_L、X_C 分别为

$$\dot{U}_s = 10\angle -90°\text{V}$$

$$X_L = \omega L = 5000 \times 1 = 5(\text{k}\Omega)$$

$$X_C = \frac{1}{\omega C} = \frac{1}{5000 \times 0.1 \times 10^{-6}} = 2(k\Omega)$$

画出电路相量模型，如图 4-30（b）所示。

设 RL 串联支路的阻抗为 Z_1，电容支路的阻抗为 Z_2，即

$$Z_1 = 3 + j5 = 5.83\angle 59°(k\Omega)$$

$$Z_2 = -j2 = 2\angle -90°(k\Omega)$$

Z_1 和 Z_2 并联的等效阻抗 Z_{12} 为

$$Z_{12} = \frac{Z_1 Z_2}{Z_1 + Z_2} = \frac{5.83\angle 59° \times 2\angle -90°}{3 + j5 - j2} = \frac{11.66\angle -31°}{4.24\angle 45°}$$

$$= 2.74\angle -76° = 0.663 - j2.66(k\Omega)$$

在 ab 两端的等效阻抗（常为输入阻抗）为

$$Z = 1 + Z_{12} = 1 + 0.663 - j2.66 = 3.14\angle -58°(k\Omega)$$

总电流相量

$$\dot{I} = \frac{\dot{U}_s}{Z} = \frac{10\angle -90°}{3.14\angle -58°} = 3.18\angle -32°(mA)$$

利用分流公式

$$\dot{I}_C = \frac{Z_1}{Z_1 + Z_2}\dot{I} = \frac{5.83\angle 59°}{3 + j5 - j2} \times 3.18\angle -32° = 4.37\angle -18°(mA)$$

各电流的瞬时值表达式为

$$i(t) = 3.18\sqrt{2}\sin(5000t - 32°)(mA)$$

$$i_C(t) = 4.37\sqrt{2}\sin(5000t - 18°)(mA)$$

二、正弦交流电路的相量图法

用相量图来分析正弦交流电路的方法叫相量图法。这种方法不但形象直观，而且对某些特殊的情况还可避免烦琐的计算。

作相量图时，先选定某一相量为参考相量。对并联的电路，通常选电压为参考相量；对串联电路，通常选电流为参考相量。规定参考相量的初相位为零。

相量解析法和相量图法都属于相量法，它们的依据都是相同的。

【例 4-15】RLC 串联电路如图 4-31（a）所示，试画出电流以及各电压的相量。

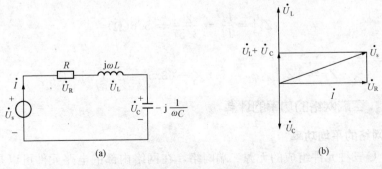

图 4-31　［例 4-15］图
(a) RLC 串联电路；(b) 电压相量图

解 RLC 串联电路以电流 $\dot{I}$ 为参考相量绘制相量图。根据电阻、电感、电容三种元件伏安关系的相量形式可画出 $\dot{U}_R$、$\dot{U}_L$ 和 $\dot{U}_C$ 相量，然后根据多边形法则可作出 $\dot{U}_s$ 相量，如图 4-31（b）所示。

【例 4-16】 图 4-32（a）所示的并联阻抗电路中，$U = 20V$，$Z_1 = 3 + j4\Omega$。开关 S 合上前后 i 的有效值不变，开关合上后 $\dot{I}$ 与 $\dot{U}$ 同相。试求 Z_2。

解 根据题中所给条件，以电压 $\dot{U}$ 为参考相量，如图 4-32（b）所示。由 $Z_1 = 3 + j4\Omega$ 可知，负载 Z_1 为感性，$\dot{I}_1$ 滞后 $\dot{U}$，$\varphi_1 = \arctan\dfrac{4}{3} = 53°$。由此确定出 $\dot{I}_1$ 的位置。S 合上前后，$|\dot{I}| = |\dot{I}_1|$，$\dot{I}$ 和 $\dot{U}$ 同相，由此画出 $\dot{I}$。因为 $\dot{I} = \dot{I}_1 + \dot{I}_2$，所以 $\dot{I}_1$、$\dot{I}_2$ 及 $\dot{I}$ 组成一个等腰三角形。$\dot{I}_1$ 及 $\dot{I}$ 为腰，$\dot{I}_2$ 是底边，两个底角为 $(180° - 53°)/2 = 63.5°$，由此可画出 $\dot{I}_2$，那么阻抗 Z_2 的阻抗角 $\varphi_2 = -63.5°$。

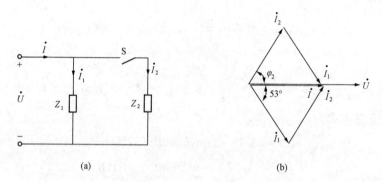

图 4-32 ［例 4-16］图
(a) 并联电路；(b) 相量图

$$I = I_1 = \frac{U}{|Z_1|} = \frac{20}{\sqrt{3^2 + 4^2}} = 4(\text{A})$$

由图 4-32（b）相量图，根据等腰三角形底边与腰的关系可得

$$I_2 = 2I_1 \cos 63.5° = 8 \times 0.446 = 3.57(\text{A})$$

则

$$|Z_2| = \frac{U}{I_2} = \frac{20}{3.57} = 5.6(\Omega)$$

而

$$Z_2 = |Z_2| \angle \varphi_2 = 5.6 \angle -63.5° = 2.5 - j5(\Omega)$$

知识点 4 二端网络的功率的计算

一、二端网络的平均功率

由 R、L、C 三种元件组成的无源二端网络，在网络内部的电路元件可以是串联、并联或混联的连接方式。此无源二端电路可以等效成阻抗 Z，如图 4-33 所示。设端口电流 $i(t)$ 和端口电压 $u(t)$ 为关联参考方向。若端口电压为

$$u(t) = U_m \sin(\omega t + \theta_u)$$

端口电流为

$$i(t) = I_m \sin(\omega t + \theta_i)$$

二端网络的瞬时功率为

$$p(t) = u(t)i(t)$$
$$= U_m I_m \sin(\omega t + \theta_u) \cdot \sin(\omega t + \theta_i)$$

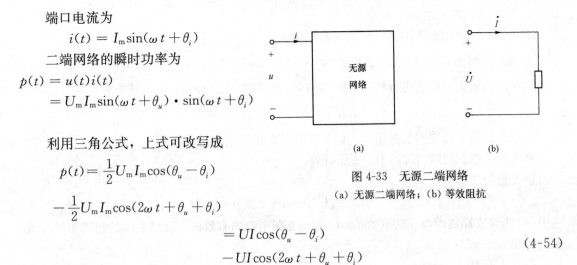

图 4-33　无源二端网络

(a) 无源二端网络；(b) 等效阻抗

利用三角公式，上式可改写成

$$p(t) = \frac{1}{2}U_m I_m \cos(\theta_u - \theta_i)$$
$$- \frac{1}{2}U_m I_m \cos(2\omega t + \theta_u + \theta_i)$$

$$= UI\cos(\theta_u - \theta_i)$$
$$- UI\cos(2\omega t + \theta_u + \theta_i) \tag{4-54}$$

二端网络的平均功率为

$$P = \frac{1}{T}\int_0^T p(t)\mathrm{d}t = UI\cos(\theta_u - \theta_i) = UI\cos\theta \tag{4-55}$$

式（4-55）表明：二端网络的平均功率不仅与电流、电压的有效值大小有关，而且还与电压和电流之间的相位差 $\theta = \theta_u - \theta_i$ 的余弦有关。

当二端网络用阻抗 Z 表示时，$|Z| = \dfrac{U}{I}$，$\theta_Z = \theta_u - \theta_i$，则

$$P = UI\cos\theta_Z = \frac{U^2}{|Z|}\cos\theta_Z = I^2|Z|\cos\theta_Z = I^2\mathrm{Re}[Z] \tag{4-56}$$

当阻抗为电阻性时，$\theta = 0$，$\cos\theta = 1$，$P = UI$。当阻抗为纯电感或纯电容时，$\theta = \pm 90°$，$\cos\theta = 0$，$P = 0$。因此，前面讨论的 R、L、C 三种基本元件的功率可以看成是二端网络平均功率的特殊情况。

【例 4-17】二端网络的电压为 $u = 300\sqrt{2}\sin(314t + 10°)\mathrm{V}$，电流为 $i = 50\sqrt{2}\sin(314t - 45°)\mathrm{A}$，电压、电流为关联参考方向，求该网络所吸收的功率。

解　由已知条件得电压、电流的有效值分别为

$$U = 300\mathrm{V},\ I = 50\mathrm{A}, \theta = 10° - (-45°) = 55°$$
$$P = UI\cos\theta = 300 \times 50 \times 0.574 = 8610(\mathrm{W})$$

【例 4-18】图 4-34（b）所示为图 4-34（a）电路的相量模型，其中 $R = 3\Omega$，$\mathrm{j}\omega L = \mathrm{j}4\Omega$，$-\mathrm{j}\dfrac{1}{\omega C} = -\mathrm{j}5\Omega$。已知 $\dot{I} = 12.65\angle 18.5°\mathrm{A}$，$\dot{I}_1 = 20\angle -53.1°\mathrm{A}$，$\dot{I}_2 = 20\angle 90°\mathrm{A}$，$\dot{U} = $

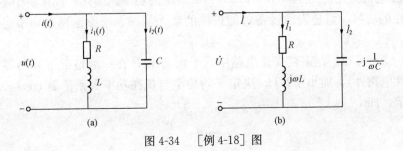

图 4-34　［例 4-18］图

$100\angle 0°\text{V}$，求二端网络的功率 P。

解 解法一：用二端网络端口电压和电流来计算。

$$P = UI\cos(\theta_u - \theta_i) = 100 \times 12.65\cos(-18.5°) = 1200(\text{W})$$

解法二：就内部电阻进行计算。二端网络内部只有电阻消耗功率，其功率

$$P = I_1^2 R = 20^2 \times 3 = 1200(\text{W})$$

这也就是整个二端网络的功率，因为没有其他消耗功率的元件。

解法三：根据网络内部的 RL 支路计算。

该支路的功率

$$P = UI_1\cos(\theta_u - \theta_{i_1})$$

式中：U 为该支路两端电压的有效值；I_1 为该支路电流的有效值，又该电压的初相为 $0°$，电流的初相为 $-53.1°$。

由上式可得

$$P = 100 \times 20\cos53.1° = 1200(\text{W})$$

解法四：根据二端网络等效阻抗的实部，即电阻分量来计算。

$$Z = \frac{(3+j4)(-j5)}{3+j4-j5} = \frac{20-j15}{3-j1} = \frac{25\angle-36.87°}{3.162\angle-18.43°}$$

$$= 7.911\angle-18.44° = 7.5 - j2.5(\Omega)$$

$$P = I^2|Z|\cos\theta_z = 12.65^2 \times 7.5 = 1200(\text{W})$$

以上 4 种方法是求二端网络平均功率的几种常用方法。

二、二端网络的功率因数

在电工技术中，一般把二端网络端口电压和电流有效值的乘积 UI 称为视在功率，用 S 表示，即

$$S = UI \tag{4-57}$$

视在功率的单位为伏安（VA）。有了平均功率，为什么还要再定义一个视在功率呢？任何设备出厂时，都规定了额定电压和额定电流，即电器设备正常工作时的电压和电流。对于电阻性设备，如灯泡、电烙铁等，视在功率与平均功率在数值上相等。但对于发电机、变压器这类电气设备，它们的平均功率和与之连接的负载有关，只能给出它们的额定视在功率，而不能给出平均功率的额定值。例如，某发电机额定视在功率 $S = 5000\text{VA}$，若负载为电阻性负载，$\cos\theta = 1$，那么发电机的平均功率为 5000W；若负载为电动机，假设 $\cos\theta = 0.85$，那么发电机只能输出 $5000\text{W} \times 0.85 = 4250\text{W}$ 的功率。因此，视在功率不是表示交流电路实际消耗的功率，而是表示设备可能提供的最大功率，把额定视在功率定义为设备的容量。

由式（4-55）可知，在正弦交流电路中，平均功率 P 在一般情况下并不等于视在功率 UI（除纯阻性电路外），而小于 UI。决定平均功率与视在功率关系的是 $\cos\theta$，称为功率因数，用 λ 表示，即

$$\lambda = \cos\theta = \frac{P}{S} \tag{4-58}$$

其中，θ 称为功率因数角，是端口电压与电流之间的相位差角，能反映网络的性质。$\theta > 0$ 时，u 超前 i，网络呈电感性质；$\theta < 0$ 时，u 滞后 i，网络呈电容性质。但 λ 却不能反映网络的性质，因为不论 θ 是正是负，λ 总是为正，所以在给出 λ 时还需加上"滞后"或"超前"的字样，以表示出网络的性质。"滞后"是指 i 滞后 u，"超前"是指 i 超前 u。

在生产和生活中使用的电气设备大多属于感性负载，它们的功率因数都较低。如异步电动机在额定情况下工作时功率因数为 $0.6 \sim 0.9$，工频感应加热炉的功率因数为 $0.1 \sim 0.3$，日光灯的功率因数为 $0.5 \sim 0.6$。供电系统的功率因数是由用户负载的大小和性质决定的。在一般情况下，若供电系统的功率因数较低，则会产生以下两个问题：

（1）使发电设备容量不能被充分利用。每个供电设备都有额定容量，即额定视在功率 $S = UI$。在电路正常工作时是不允许超过额定值的，否则会损坏供电设备。对于非电阻负载电路，供电设备输出的功率 $P = S\cos\theta$，如果功率因数 $\cos\theta$ 低，设备输出的功率就小，发电设备的容量不能被充分利用。

（2）增加输电线路上的损耗。功率因数低，会增加发电机绕组、变压器和线路的功率损耗。由于 $P = UI\cos\theta$，当电压和功率一定时，电路中的电流与功率因数成反比，即

$$I = \frac{P}{U\cos\theta}$$

功率因数越低，电路中的电流越大，线路上的压降也就越大，输电线路的功率损失也就越大。这样，不仅使电能白白地消耗在线路上，而且使得负载两端的电压降低，影响负载的正常工作。因此，为了节省电能和提高电源设备的利用率，必须提高用电设备的功率因数。根据供电管理规则，高压供电的工业企业用户的平均功率因数不低于 0.95，低压供电的用户不低于 0.9。

常用的提高功率因数方法是在感性负载的两端并联电容器。其电路图和相量图分别如图 4-35（a）、（b）所示。

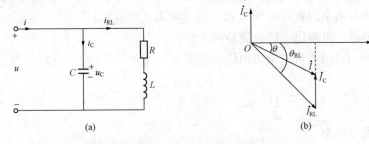

图 4-35　并联电容提高感性负载的功率因数

（a）并联电容电路；（b）相量图

在感性负载 RL 支路上并联电容器 C 后，因电压 U（额定）和负载参数不变，所以流过负载支路的电流

$$I_{RL} = \frac{U}{\sqrt{R^2 + X_L^2}}$$

不变。其次，负载本身的功率因数

$$\cos\theta_{RL} = \frac{R}{\sqrt{R^2 + X_L^2}}$$

不变。由于电容不消耗功率，所以并联电容器 C 后，电路中消耗的有功功率也不变。但从相量图上看，并联电容器 C 后，电压 $\dot{U}$ 与总电流 $\dot{I}$ 的相位差减小了，总功率因数 $\cos\theta$ 增大了。因此功率因数的提高是指电源或电网的功率因数提高，而不是提高某个感性负载的功率因数。

随着电容 C 的增加，θ 角随之减小，$\cos\theta$ 随之增大，总电流 $\dot{I}$ 也随之减小，若继续增大电容 C，会出现 $\cos\theta = 1$，这是不经济也是不合理的。那么，如何根据具体的功率因数补偿的要求计算所需并联的电容 C 的值呢？

若把电路的功率因数由 $\cos\theta_{RL}$ 提高到 $\cos\theta$，则由图 4-35（b）中的相量图可求得电容 C。由

$$\frac{U}{I_C} = \frac{1}{\omega C}$$

可得

$$
\begin{aligned}
C &= \frac{I_C}{U\omega} = \frac{I_{RL}\sin\theta_{RL} - I\sin\theta}{U\omega} \\
&= \frac{\dfrac{P}{U\cos\theta_{RL}}\sin\theta_{RL} - \dfrac{P}{U\cos\theta}\sin\theta}{U\omega} \\
&= \frac{P}{U^2\omega}(\tan\theta_{RL} - \tan\theta)
\end{aligned}
\tag{4-59}
$$

此公式在计算提高功率因数需并联的电容值时可直接应用。

【例 4-19】现有电压 $u = 220\sqrt{2}\sin314t$ V，额定视在功率 $S = 10\text{kVA}$ 的正弦交流电源，供电给有功功率 $P = 8\text{kW}$，功率因数 $\cos\theta = 0.6$ 的感性负载。试求解下列问题：

（1）该电源供出电流是否超过额定值？

（2）欲将电路的功率因数提高到 0.95，应并联多大电容？

（3）并联电容后，电源供出的电流是多少？

解（1）由 $P = UI\cos\theta$ 可求出电源供出电流为

$$I = \frac{P}{U\cos\theta} = \frac{8 \times 10^3}{220 \times 0.6} = 60.6(\text{A})$$

而电源的额定电流为

$$I_N = \frac{S}{U} = \frac{10 \times 10^3}{220} = 45.5(\text{A})$$

可见该电源提供的电流 60.6A 已超过额定电流值 45.5A，使电源过载工作。

（2）由 $\cos\theta = 0.6$ 得 $\theta_{RL} = 53.13°$，由 $\cos\theta = 0.95$ 得 $\theta = 18.19°$，则

$$C = \frac{P}{U^2\omega}(\tan\theta_{RL} - \tan\theta) = \frac{8 \times 10^3}{220^2 \times 314}(\tan53.13° - \tan18.19°) = 526(\mu\text{F})$$

欲将功率因数提高到 0.95，需并联 $526\mu\text{F}$ 的电容。

（3）并联电容后，电源提供的电流为

$$I' = \frac{P}{U\cos\theta} = \frac{8 \times 10^3}{220 \times 0.95} = 38.3(\text{A})$$

此时电源提供的电流 38.3A 小于其额定电流 45.5A，使电源不再过载工作。

三、无功功率

二端网络与外界也有能量交换，定义二端网络的无功功率为

$$Q = UI\sin\theta \tag{4-60}$$

其单位是乏（var）。

二端网络的视在功率 S，一部分是平均功率 P，它表示电路消耗的能量，另一部分是无功功率 Q，它不表示能量的损耗，仅表示二端网络与外电路或电源进行能量交换的规模。当二端网络是纯电阻时，$\theta = 0°$，$Q_R = 0$；当二端网络是纯电感时，$\theta = 90°$，$Q_L = UI$；当二端网络是纯电容时，$\theta = -90°$，$Q_C = -UI$。

根据 P 和 Q 的表达式可知，它们与视在功率有以下关系

$$S = \sqrt{P^2 + Q^2}$$
$$\frac{P}{Q} = \tan\theta \tag{4-61}$$

所以 S、P 和 Q 三个量的关系可以用直角三角形来表示，称为功率三角形，如图 4-36 所示。

这里要指出的是，平均功率 P 反映能量消耗的情况，无功功率 Q 反映能量交换的情况，所以它们是守恒的。而视在功率 S 表示电气设备的容量，是不守恒的。

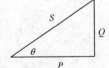

图 4-36　功率三角形

【例 4-20】已知电阻 $R = 30\Omega$，电感 $L = 382\text{mH}$，电容 $C = 40\mu\text{F}$，串联后接到电压 $u = 220\sqrt{2}\sin(314t + 30°)\text{V}$ 的电源上。求电路的 λ、P、Q 和 S。

解　电路的阻抗

$$Z = R + \text{j}(X_L - X_C) = 30 + \text{j}\left(314 \times 382 \times 10^{-3} - \frac{1}{314 \times 40 \times 10^{-6}}\right)$$

$$= 30 + \text{j}(120 - 80) = 30 + \text{j}40 = 50\angle 53.1°(\Omega)$$

$$I = \frac{U}{|Z|} = \frac{220}{50} = 4.4(\text{A})$$

功率因数　　　$\lambda = \cos 53.1° = 0.6$（滞后）

平均功率　　　$P = UI\cos\theta = 220 \times 4.4\cos 53.1° = 580(\text{W})$

无功功率　　　$Q = UI\sin\theta = 220 \times 4.4\sin 53.1° = 774(\text{var})$

视在功率　　　$S = UI = 220 \times 4.4 = 968(\text{VA})$

四、复功率

为了方便计算，引入复功率。若二端网络的电压相量和电流相量分别为 $\dot{U} = U\angle\theta_u$，$\dot{I} = I\angle\theta_i$，且电流相量的共轭复数为 $\overset{*}{I} = I\angle -\theta_i$，则定义复功率为

$$\tilde{S} = \dot{U}\overset{*}{I} = UI\angle\theta_u - \theta_i$$
$$= UI[\cos(\theta_u - \theta_i) + j\sin(\theta_u - \theta_i)] \qquad (4\text{-}62)$$
$$= P + jQ$$

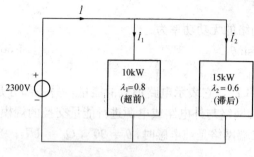

图 4-37   [例 4-21] 图

显然，复功率 $\tilde{S}$ 的模为视在功率 S，复功率的辐角是电压与电流的相位差角，即为二端网络的功率因数角。

由于有 $P = \sum P_k$ 和 $Q = \sum Q_k$，所以

$$\tilde{S} = \sum P_k + j\sum Q_k \qquad (4\text{-}63)$$

将此式称为复功率守恒。

【例 4-21】 求图 4-37 中输入电流以及电压源的功率因数。

解 $\theta_1 = -\cos^{-1}0.8 = -36.87°$

$\theta_2 = \cos^{-1}0.6 = 53.13°$

$\sum P_k = 10 + 15 = 25(\text{kW})$

$\sum Q_k = 10\tan\theta_1 + 15\tan\theta_2$

$\qquad = 10\tan(-36.87°) + 15\tan53.13°$

$\qquad = 12.5(\text{kvar})$

所以

$\tilde{S} = \sum P_k + j\sum Q_k$

$\quad = 25000 + j12500 = 27951\angle 26.57°(\text{VA})$

$S = 27\ 951\text{VA},\ \theta = 26.57°$

$\lambda = \cos\theta = 0.894$（滞后）

$I = \dfrac{S}{U} = \dfrac{27951}{2300} = 12.15(\text{A})$

任务 4   基于 Multisim 软件的交流电路的分析

【任务要求】 掌握 Multisim 软件中绘制正弦交流电路的要点，会利用 Multisim 软件中的工具对家庭照明电路进行分析。

技能点 1   交流电路相关仿真工具的使用

用于正弦交流电路的仿真工具主要有交流电压表、交流电流表和功率表，分别如图 4-38（a）、（b）、（c）所示。这三个表分别用来测出某个元件两端的电压、流过的电流及其消耗的有功功率，然后可进一步计算视在功率、无功功率、复功率和功率因数等。

交流电压表和交流电流表均选自指示部件库（Indicators）▓。需要注意的是：①选择一个电压表（Voltmeter）或电流表（Ammeter）放置在电路编辑窗口，该表默认是测量直流电压或直流电流，需在属性对话框中设置成交流，如图 4-39 所示。②由于内阻对测量误

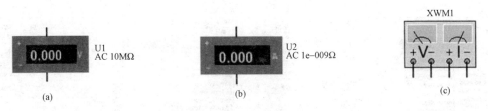

图 4-38 交流电路仿真工具
（a）交流电压表；（b）交流电流表；（c）功率表

差有影响，所以建议电压表内阻设置得大一些，电流表内阻设置得小一些。

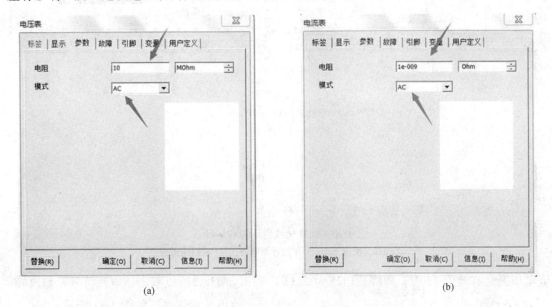

图 4-39 交流电压表和交流电流表的属性设置
（a）交流电压表；（b）交流电流表

技能点2 家庭照明电路的仿真分析

针对日常家庭照明电路，利用 Multisim 软件进行仿真分析的步骤如下：

（1）打开 Multisim 软件，新建一个原理图，即弹出一个新的电路图编辑窗口，将该原理图文件命名为"日常家庭照明电路"，保存到指定文件夹下。

这里需要说明的是：①文件的名字要能体现电路的功能；②在电路图的编辑和仿真过程中，要养成随时保存文件的习惯。以免由于没有及时保存而导致文件的丢失或损坏；③文件的保存位置有固定路径和一个专门的文件夹，这样便于管理。

（2）首先放置正弦交流电源和熔断器。单击元件栏的"放置信号源 ✚"，弹出如图 4-40（a）所示的对话框，选择交流电压源（AC_VOLTAGE）放置在电路图编辑窗口。然后单击元件栏的"放置功率组件▣"，弹出如图 4-40（b）所示的对话框，选择 0.5A 熔断器（0.5_AMP）放置在电路图编辑窗口，如图 4-40（c）所示。

（3）由图 4-40（c）可知，放置的交流电压源符号显示的是 1V、1kHz。这里需要的交

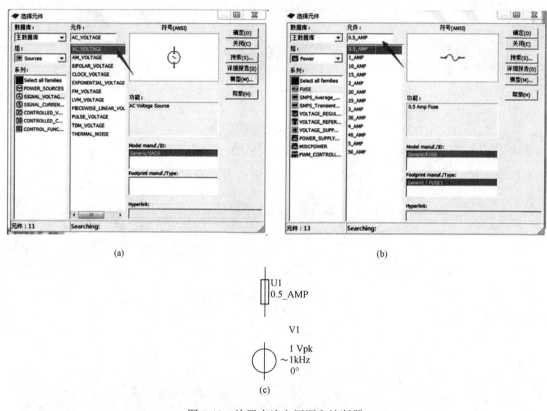

(a)

(b)

U1
0.5_AMP

V1
1 Vpk
~1kHz
0°

(c)

图 4-40 放置交流电压源和熔断器
(a) 选择交流电压源；(b) 选择熔断器；(c) 电路编辑窗口

流电压源是有效值 220V，即峰值电压为 311V，频率 50Hz，所以双击该电源符号，修改峰值电压和频率，如图 4-41 所示。

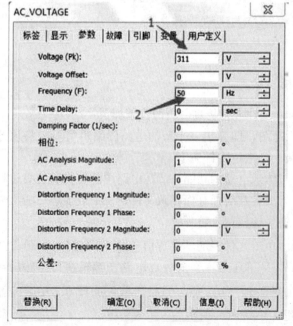

图 4-41 修改交流电压源的参数

（4）接下来放置灯和两个双联开关。首先单击元件栏的"放置指示器 ⊞"，在弹出的对话框中选择虚拟灯泡（Virtual Lamp），如图 4-42（a）所示。单击"确定"按钮把灯泡放置在电路图编辑窗口，顺时针旋转 90°，并双击灯泡，在弹出的属性对话框中修改最大额定电压（是有效值）和最大额定功率分别为 220V 和 100W，如图 4-42（b）所示。

然后单击元件栏的"放置基础元件 ⋀⋀⋀"，弹出对话框，单击"确定"按钮选择双联开关（SPDT）放置在电路图编辑窗口，如图 4-42（c）所示。再单击一次"确定"按钮放置第二个双联开

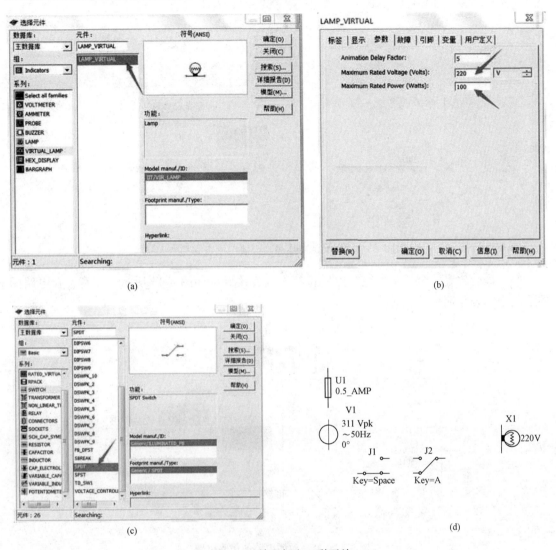

图 4-42　放置灯和双联开关

（a）选择灯；（b）修改灯参数；（c）选择双联开关；（d）电路编辑窗口

关，之后单击"关闭"按钮关闭该选择元件对话框。在电路图编辑窗口把第二个双联开关 J2 逆时针旋转 180°，双击 J2，在弹出的属性对话框中修改 key for Switch 栏，改为字母 "A"，分别用 Space 键（空格键）和 A 键来改变 J1、J2 双联开关的通断状态。至此电路图编辑窗口如图 4-42（d）所示。

（5）再接下来放置交流电压表、交流电流表和功率表。单击元件栏的"放置指示器 🔲"，在弹出的对话框中先选择电压表（VOLTMETER ＿ V），单击"确定"按钮把电压表放置在电路图编辑窗口中适当位置；然后选择电流表（AMMETER ＿ V），单击"确定"按钮把电流表放置在电路图编辑窗口中适当位置。再左键单击仪表栏的功率表 ▦ 图标，移动鼠标到电路图编辑窗口恰当位置处，单击鼠标左键放置功率表。图 4-43 为放置了电压表、电流表和功率表的电路。最后分别双击电压表图标和电流表图标，在属性对话框中按图 4-39 所示修改成交流表。

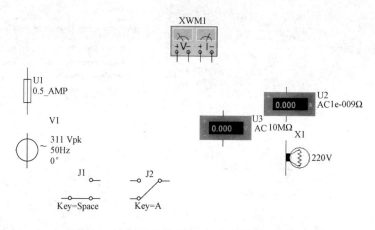

图 4-43 放置交流电压表、交流电流表和功率表

（6）最后放置一个公共地线，然后将各连线连接好，如图 4-44 所示。注意：在电路图的绘制中，公共地线是必需的。

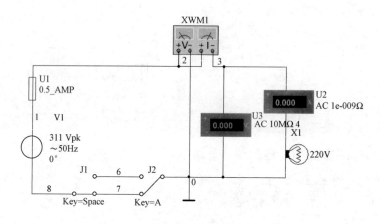

图 4-44 家庭照明电路的仿真电路

图 4-45 功率表的显示

（7）电路连接完毕，检查无误后，便可以进行仿真。单击仿真栏中的绿色开始按钮 ▷，电路进入仿真状态，可以切换两个双联开关看灯泡通断情况。另外，双击图中的功率表符号，即可弹出如图 4-45 所示的对话框，功率表显示了灯泡的实际功率值。

（8）单击停止仿真按钮 ■，改变虚拟灯泡的功率值，按照第（7）步再次观察功率表的读数。另外，如果将虚拟灯泡的功率值改得过大，使得交流电流表读数超过熔断器可承受的最大电流，熔断器将烧断。这一结果也符合照明电路中某一路负载超过漏电保护开关额定电流时漏电保护开关会跳闸的实际情况。除此之外，还有可仿真灯泡额定电压小于交流电源的情况，请读者自行完成。

任务 5 常用的家庭照明电路的安装与调试

【任务要求】掌握常用家庭照明电路的安装技巧及调试。

技能点 1 常用的家庭照明电路的安装

　　常用的家庭照明电路由单相电能表、空气断路器（漏电保护开关）、开关、插座、照明灯具、连接导线等组成，如图 4-46 所示。

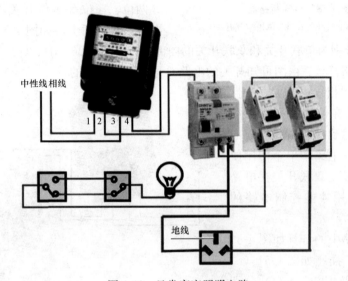

图 4-46　日常家庭照明电路

　　单相电能表是用来记录用户消耗电能多少的仪表，如图 4-47 所示。

　　单相电能表的接线有直接接入和经互感器接入两种方式。前者适用于低电压（220V）、小电流（5～10A）。电能表在接线时除了必须将电流线与负载串联、电压线圈与负载并联外，还必须遵守"发电机端"接线规则，即电流线圈和电压线圈的"发电机端"应共接在电源同一极。电能表本身带有接线盒，盒内共有 4 个接线端子。根据要求，电能表的接线原则一般是："相线 1 进 2

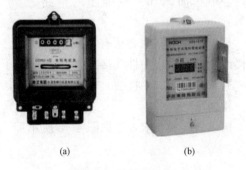

(a) (b)

图 4-47　单相电能表
(a) 普通 DD862-4 型单相电能表；
(b) 单相 DDSY 插卡式电能表

出，中性线 3 进 4 出"。"进"端接电源，"出"端接负载。如果出现电能表接线端子排列与此不同的情况，应根据厂家提供的接线图进行正确连接。

　　空气断路器（俗称空气开关，简称空开）用来接通和断开电源，另外还提供线路或设备

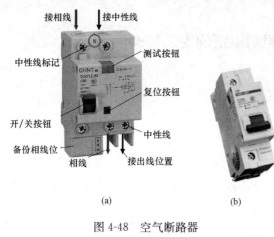

图 4-48　空气断路器

(a) 两极空气开关；(b) 单极空气开关

的过载保护、短路保护及漏电保护与人身触电保护。图 4-48（a）、（b）分别为两极空开和单极空开。

若只接一个照明灯具负载，单相电能表与双极、单极空气开关的接线方式如图 4-49 所示。若家庭照明电路中还有其他负载，可再增加单极空气开关，如图 4-46 所示。

开关在电路中通常可分为单联开关与双联开关两种。单联开关也有一位、两位、三位等多位开关，多位开关集中在一个板面上，如图 4-50（a）所示。图 4-50（b）、（c）分别为单联开关和双联开关的内部结构，图 4-50（d）、（e）分别为单联开关和双联开关的电路符号。由图可知开关的电路符号还是很形象的。

请记住这句"相线进开关，中性线进灯头"，开关在使用中要将相线接入开关中，以达到控制负载通断的目的。单联开关在电路中单个使用便可控制电路的通断，双联开关在电路中需两个配套使用才能控制电路的通断。

家庭照明电路中的灯具如图 4-51（a）、（b）所示，插座如图 4-51（c）所示。图 4-51（d）、（e）、（f）分别为灯、单相插座和三相插座的电路符号。

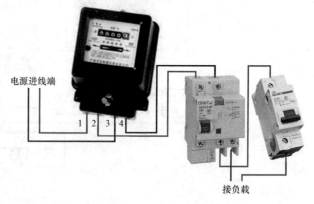

图 4-49　单相电能表与双极、单极空气开关的接线图

灯具接在电路中必须有相线和中性线。在接线中要注意灯座上的标号，将相线接在 L 的接线端子上，将中性线接在 N 的接线端子上。

通常按左零（中性线）右相的接法来接单相插座，按上地左零（中性线）右相的接法来接三相插座。

按以上接线要求，根据图 4-46 所示照明电路把各器件安装到照明配电箱中，安装要求如下：

1. 布线要求

（1）按电源相线电流流入的顺序，确定元器件在面板上的摆放顺序。

（2）配电板垂直放置时，开关、熔断器等设备应上端接电源，下端接负载。刀开关（或自动低压断路器）、插座等配电装置应左侧接零线，右侧接相线，称作"左零（中性线）右相"。

（3）螺口灯座和开关的内触头应接相线，单相电能表的接线应是"左相右零（中性线）"。

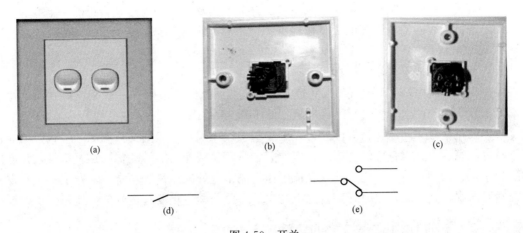

图 4-50　开关

(a) 两位的多位单联开关；(b) 单联开关内部结构；(c) 双联开关内部结构；
(d) 单联开关电路符号；(e) 双联开关电路符号

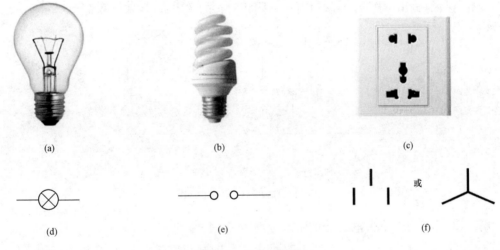

图 4-51　灯具和插座

(a) 白炽灯；(b) 节能灯；(c) 插座；(d) 灯的电路符号；(e) 单相插座的电路符号；(f) 三相插座的电路符号

(4) 配电板背面布线应横平竖直，分布均匀，避免交叉，导线转角圆成 90°，圆角的圆弧形要自然过渡。

2. 外观要求

(1) 采用暗敷方式，元器件置于配电板正面，配线都在板背面。

(2) 测量仪表置于板上方，便于观察；刀开关、电灯开关置于其右侧，便于操作。

(3) 连接仪表、开关的导线材料的线径和长度要合适，裸露部分要少。用螺钉压接后裸露线长度应小于 1mm，线头连接要牢固到位。

技能点 2　常用的家庭照明电路的调试

线路安装完毕后，须进行检查及验收，要求如下：

(1) 各种灯具，开关、吊线盒性能规格是否符合要求、完好。

（2）灯具吊挂是否牢固，电源引线是否良好，灯具及附件的连接是否正确、牢靠。

（3）用万用表欧姆挡将配电板整体检查一遍，看有无接错或断路现象，相线、中性线、地线有无颠倒。

检查无误后，按下列步骤试送电：

（1）先暂不装电灯，而是用 500V 绝缘电阻表测线路绝缘电阻（一般相线对零线绝缘电阻不低于 0.22MΩ，相与相之间绝缘电阻不低于 0.38MΩ）。

（2）线路绝缘无问题，将灯泡装好，经检查接线无误后，接通交流电源。检查开关能否控制电灯的亮、灭；检查电灯亮灭时，电能表铝盘随负载变化的转动情况是否正常，计度器上的数字是否也相应转动；用万用表交流电压挡测量各处电压是否正常。若发现不正常现象立即断开电源，查找故障及时处理。送电合格后，照明配电箱要有良好的接地。

知识拓展 **典型单相交流电路的习题分析**

1. 混联电路的分析计算

【**例 4-22**】图 4-52（a）为电子电路中常用的 RC 选频网络，端口正弦电压 u 的频率可以调节变化。计算输出电压 u_2 与端口电压 u 同相时 u 的频率 ω_0，并计算 U_2/U。

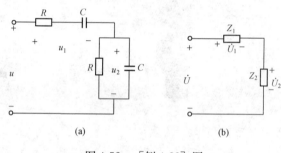

图 4-52　［例 4-22］图
(a) RC 选频电路；(b) 相量图

解　RC 串联部分和并联部分的阻抗分别用 Z_1 和 Z_2 表示

$$Z_1 = R + \frac{1}{j\omega C} = \frac{1+j\omega RC}{j\omega C}$$

$$Z_2 = \frac{R \times \dfrac{1}{j\omega C}}{R + \dfrac{1}{j\omega C}} = \frac{R}{1+j\omega RC}$$

原电路的相量模型为 Z_1、Z_2 的串联，如图 4-52（b）所示，由分压关系得

$$\dot{U}_2 = \frac{Z_2}{Z_1+Z_2}\dot{U} = \frac{1}{1+Z_1/Z_2}\dot{U}$$

由题意可知，$\dot{U}_2$ 与 $\dot{U}$ 同相时，$\mathrm{Im}\left[\dfrac{Z_1}{Z_2}\right]=0$，而

$$\frac{Z_1}{Z_2} = \frac{(1+j\omega RC)(1+j\omega RC)}{j\omega RC}$$

$$= -j\,\frac{1-\omega^2 R^2 C^2 + j2\omega RC}{\omega RC}$$

$$= \frac{2\omega RC + j(\omega^2 R^2 C^2 - 1)}{\omega RC}$$

那么
$$\omega_0^2 R^2 C^2 - 1 = 0$$

则
$$\omega_0 = \frac{1}{RC}$$

$$\frac{Z_1}{Z_2} = \frac{2\omega_0 RC}{\omega_0 RC} = 2 \Rightarrow \frac{\dot{U}_2}{\dot{U}} = \frac{1}{1 + Z_1/Z_2} = \frac{1}{3}$$

即
$$\dot{U}_2 = \frac{1}{3}\dot{U}$$

则 $U_2 = \frac{1}{3}U$ 且为最大值。

2. 用网孔电流法分析正弦电路

【例 4-23】图 4-53 所示电路中，$\dot{U}_{s1} = 100\angle 0°V$，$\dot{U}_{s2} = 100\angle 90°V$，$X_L = 5\Omega$，$R = 5\Omega$，$X_C = 2\Omega$，求各支路的电流。

解　各支路电流 $\dot{I}_1$、$\dot{I}_2$、$\dot{I}_3$ 和网孔电流 $\dot{I}_a$、$\dot{I}_b$ 的参考方向如图 4-53 中所示，网孔方程为

$$\begin{cases} (5 - j2)\dot{I}_a - 5\dot{I}_b = 100 \\ -5\dot{I}_a + (5 + j5)\dot{I}_b = -j100 \end{cases}$$

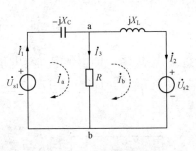

图 4-53　［例 4-23］图

那么

$$\dot{I}_a = \frac{\begin{vmatrix} 100 & -5 \\ -j100 & 5+j5 \end{vmatrix}}{\begin{vmatrix} 5-j2 & -5 \\ -5 & 5+j5 \end{vmatrix}} = \frac{100(5+j5) - j500}{(5-j2)(5+j5) - 25}$$

$$= \frac{500 + j500 - j500}{25 + 10 + j15 - 25} = \frac{500}{10 + j15} = \frac{100}{2 + j3}$$

$$= 15.38 - j23.1 = 27.8\angle -56.3°(A)$$

$$\dot{I}_b = \frac{\begin{vmatrix} 5-j2 & 100 \\ -5 & -j100 \end{vmatrix}}{\begin{vmatrix} 5-j2 & -5 \\ -5 & 5+j5 \end{vmatrix}} = \frac{-j100(5-j2) + 500}{10 + j15}$$

$$= \frac{300 - j500}{10 + j15} = \frac{60 - j100}{2 + j3} = -13.82 - j29.2$$

$$= 32.3\angle -115.3°(A)$$

$$\dot{I}_1 = \dot{I}_a = 27.8\angle -56.3°A$$

$$\dot{I}_2 = \dot{I}_b = 32.3\angle -115.3°(A)$$

$$\dot{I}_3 = \dot{I}_a - \dot{I}_b = 29.2 + j6.1 = 29.8\angle 11.8°(A)$$

3. 用戴维南定理分析正弦电路

【例 4-24】 用戴维南定理计算 ［例 4-23］ 中 R 支路的电流 $\dot{I}_3$ 。

解　先将图 4-53 所示的电路改画为图 4-54 （a） 所示的电路，将 ab 支路断开，由 ab 两端向左看进去，是一个有源二端网络。先求其开路电压，根据弥尔曼定理得

$$\dot{U}_{oc} = \frac{\dot{U}_{s1}/(-jX_C) + \dot{U}_{s2}/jX_L}{1/(-jX_C) + 1/jX_L} = \frac{100 \times \dfrac{j}{2} + j100 \times \left(-\dfrac{j}{5}\right)}{\dfrac{j}{2} - \dfrac{j}{5}}$$

$$= \frac{20 + j50}{j0.3} = \frac{53.9\angle 68.2°}{0.3\angle 90°}$$

$$= 179.7\angle -21.8°(V)$$

再求输入阻抗，将电压源置零

$$Z_i = j5/(-j2) = \frac{j5(-j2)}{j5 - j2} = \frac{10}{j3} = -j3.33(\Omega)$$

计算电流 $\dot{I}_3$ 的戴维南等效电路的相量模型如图 4-54 （b） 所示，则

$$\dot{I}_3 = \frac{\dot{U}_{oc}}{Z_i + R} = \frac{179.7\angle -21.8°}{5 - j3.33} = \frac{179.7\angle -21.8°}{6\angle -33.7°} = 29.9\angle 11.9°(A)$$

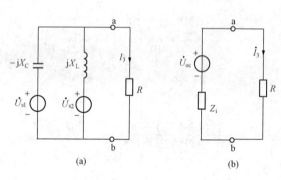

图 4-54　［例 4-24］图
(a) 戴维南等效电路；(b) 相量模型

由上述例题分析可知，正弦交流电路的相量解析法的一般步骤为：

（1）作出相量模型图，电路结构不变，将电路中的电压、电流都写成相量形式，每个元件或无源二端网络都用阻抗或导纳表示。

（2）运用直流电路中所用的分析和计算方法对相量模型进行分析计算，如网孔法、节点法和一些线性电路定理。计算所得结果是正弦量的相量。

（3）根据需要，由正弦量的相量写出对应的正弦量。

技能拓展　两居室公寓的家用电路设计

图 4-55 所示两居室公寓的装修过程中，要全面考虑电路的设计，主要包括：①照明电路：用于家中的照明和装饰；②空调线路：电流大，需要单独控制；③插座线路：用于家电供电使用。为了避免在日常生活中三种线路互相影响，常将这三种线路分开安装布线，避免出现布线不合理或漏布现象，并根据需要来选择相应的断路器。

设计的原则是根据用电负荷的实际情况和可能添置的设备负荷来设计配电箱。选择电源线时，一定要选择国标线，以免造成超负荷而引起的联线、短路或毁坏设备。在选择电气元件时，千万不能以次充好，以免造成事故。电路改造涉及空间的定位，还要开槽，所以要提前进行。严禁将导线直接埋入抹灰层，导线在线管中严禁有接头，同时对使用的线管（PVC 阻燃管或铁管）进行严格检查，要符合国家标准，对管路铺设遵循"安全、方便、经

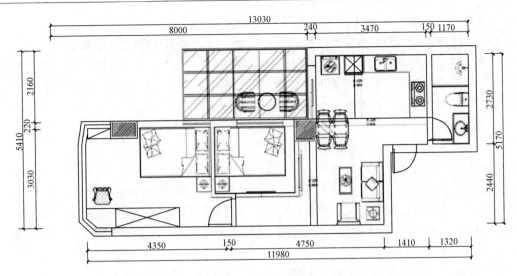

图 4-55　两居室公寓的平面布置图

济、客观"的原则。对特殊用电回路，如空调、整体浴室、速热式电热水器等，建议在购买时检查是否有保护装置，然后再配置相应的漏电保护开关，以确保用户的人身及财产安全。电路施工完成后，要进行漏电开关检测，给出完整的电路图，以便日后维修。

下面介绍该两居室公寓具体的电路设计。

1. 客厅的电路设计

客厅布线一般至少为 8 支路线，包括电源线、照明线、空调线、电视线、电话线、电脑线、对讲器或门铃线、报警线。

客厅各线终端预留分布：在电视柜上方预留电源（5 孔面板）、电视、电脑线终端。空调线终端预留孔应按照空调专业安装人员测定的部位预留空调线（16A 面板）、照明线开关。单头或吸顶灯，可采用单联开关；多头吊灯，可在吊灯上安装灯光分控器，根据需要调节亮度。在沙发的边沿处预留电话线口。在户门内侧预留对讲器或门铃线口。在顶部预留报警线口。客厅如果需要摆放冰箱、饮水机、加湿器等设备，应根据摆放位置预留电源线口。一般情况下客厅至少应留 5 个电源线口。

2. 卧室的电路设计

卧室布线一般至少为 6 支线路，包括电源线、照明线、空调线、电视线、电话线、报警线。

卧室各线终端预留分布：床头柜的上方预留电源线口，并采用 5 孔插线板带开关为宜，可以减少床头灯没开关的麻烦，还应预留电话线口，如果双床头柜，应在两个床头柜上方分别预留电源、电话线口。梳妆台上方应预留电源接线口，另外考虑梳妆镜上方应有反射灯光，在电线盒旁另加装一个开关。写字台或电脑桌上方应安装电源线、电视线、电脑线、电话线接口。照明灯光采用单头灯或吸顶灯，多头灯应加装分控器，重点是开关，建议采用双控开关，单联，一个开关安装在卧室门外侧，另一个开关安装在床头柜上侧或床边较易操作部位。空调线终端接口预留，需由空调安装专业人员设定位置。报警线在顶部位置预留线口。如果卧室采用地板下远红外取暖，电源线与开关调节器必须采用适合 6 平方铜线与所需电压相匹配的开关，温控调节器切不可用普通照明开关，该电路必须另行铺设，直到入户电源控开部分。

3. 走廊、门厅的电路设计

走廊、门厅布线一般至少为 2 支线路，包括电源线、照明线或考虑人体感应灯。

电源终端接口预留 1～2 个。灯光应根据走廊长度、面积而定。如果较宽可安装顶灯、壁灯；如果狭窄，只能安装顶灯或透光玻璃顶灯，在户内外侧安装开关。另外，也可以考虑人体感应灯，人来灯亮、人走灯灭，这样非常方便实用灯。

4. 厨房的电路设计

厨房布线一般至少为 3 支线路，包括电源线、照明线、电话线。

电源线部分尤为重要，最好选用 4mm² 线，因为随着厨房设备的更新，目前使用如微波炉、抽油烟机、洗碗机、消毒柜、食品加工机、电烤箱、电冰箱等设备增多，所以应根据客户要求在不同部位预留电源接口，并稍有富余，以备日后所增添的厨房设备使用，电源接口距地不得低于 50cm，避免因潮湿造成短路。照明灯光的开关，最好安装在厨房门的外侧。

5. 餐厅的电路设计

餐厅布线一般至少为 3 支线路，包括电源线、照明线、空调线。

电源线尽量预留 2～3 个接线口。灯光照明最好选用暖色光源，开关选在门内侧。空调也需按专业人员要求预留接口。

6. 卫生间的电路设计

卫生间布线一般至少为 3 支线路，包括电源线、照明线、电话线。

电源线以选用 4mm² 线为宜。考虑电热水器、电加热器等大电流设备，电源线接口最好安装在不易受到水浸泡的部位，如在电热水器上侧，或在吊顶上侧。电加热器（如浴霸）同时解决照明、加热、排风等问题，浴霸开关应放在室内。而照明灯光或镜灯开关，应放在门外侧。在相对干燥的地方预留一个电话接口，最好选在坐便器左右为宜，电话接口应注意要选用防水型的。

7. 阳台的电路设计

阳台布线一般至少为 2 支线路，包括电源线、照明线。

电源线终端预留 1～2 个接口。照明灯光应设在不影响晾衣物的墙壁上或暗装在挡板下方，开关应装在与阳台门相连的室内，不应安装在阳台内。

最后，需注意的是，家里配电箱中不同区域的照明、插座、空调、热水器等电路都要分开分组布线；一旦某路需要断电检修时，不影响其他电器的正常使用，如图 4-56 所示。走线安装完成的配电箱实物如图 4-57 所示。

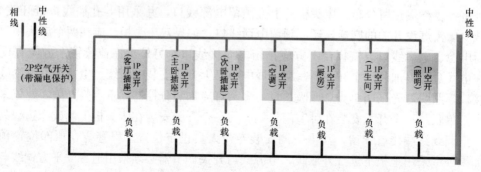

图 4-56 两居室公寓电路分组布线图

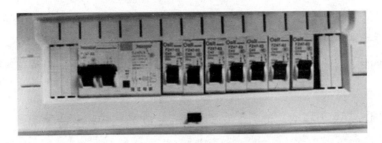

图 4-57　配电箱实物图

项目小结

（1）将正弦量的振幅（或有效值）、角频率 ω（或 f、T）、初相 φ 称为确定正弦量的三要素。比较两个同频率正弦量的相位关系时，相位差等于初相之差。

（2）正弦电压和电流的有效值分别为

$$U = \frac{1}{\sqrt{2}}U_m \approx 0.707U_m , \ I = \frac{1}{\sqrt{2}}I_m \approx 0.707I_m$$

（3）正弦电流和电压的相量表示为

$$\dot{I} = I\angle\varphi_i , \ \dot{U} = U\angle\varphi_u$$

相量是一个表示正弦量的复数，该复数的模是正弦电流（或电压）的有效值，辐角是正弦电流（或电压）的初相。需特别注意的是，相量只能表征正弦量而并不等于正弦量。

另外，同频率正弦量相加的问题可以化成对应的相量相加的问题。

（4）电阻、电感和电容这三种基本元件伏安关系的相量形式分别为

$$\dot{U} = R\dot{I} , \ \dot{U} = jX_L\dot{I} , \ \dot{U} = -jX_C\dot{I}$$

（5）在正弦交流电路中电阻的平均功率计算式为

$$P = UI = I^2R = \frac{U^2}{R}$$

其与直流电路中电阻功率计算公式相同，只是其中的 U 和 I 是正弦电压、电流的有效值。

电感和电容两种基本元件的平均功率都为零，二者本身都不消耗能量。但是在周期时间内表现为与外界有能量的交换，是储能元件，所以定义无功功率来表征它们与外部能量交换的规模，即

$$Q_L = UI = I^2X_L = \frac{U^2}{X_L} , \ Q_C = -UI = -I^2X_C = -\frac{U^2}{X_C}$$

电容无功功率的单位与电感无功功率的单位是乏（var）。定义电感的无功功率为正，电容的无功功率为负，以表明两者所涉及的储能性质不同。

（6）基尔霍夫电流定律和电压定律的相量形式分别为

$$\Sigma\dot{I}_k = 0 , \ \Sigma\dot{U}_k = 0$$

（7）在正弦稳态情况下，端口电流 $\dot{I}$ 和电压 $\dot{U}$ 采用关联参考方向。定义无源二端网络端口电压相量与电流相量之比为该电路的阻抗，记为 Z，即

$$Z = \frac{\dot{U}_m}{\dot{I}_m} = \frac{\dot{U}}{\dot{I}} = \frac{U \angle \varphi_u}{I \angle \varphi_i} = \frac{U}{I} \angle (\varphi_u - \varphi_i) = |Z| \angle \varphi_Z$$

无源二端网络的阻抗模等于端口电压与端口电流的有效值之比，阻抗角等于电压与电流的相位差。

将阻抗的倒数定义为导纳，记为 Y，即 $Y = \frac{1}{Z}$ 或 $Y = \frac{\dot{I}_m}{\dot{U}_m} = \frac{\dot{I}}{\dot{U}}$。

（8）在正弦稳态情况下，把时域模型中的元件用阻抗或导纳代替，电流、电压均用相量表示，这样得到的电路模型称为相量模型，其与电路的时域模型具有相同的电路结构。在作出正弦交流电路的相量模型后，可以依照直流电路的分析方法来求电压相量和电流相量。再根据电压相量、电流相量写出相应的正弦电压和正弦电流。这种求解正弦交流电路电压电流的方法称为相量解析法。

（9）用相量图来分析正弦交流电路的方法叫作相量图法。这种方法不但形象直观，而且对某些特殊的情况还可避免烦琐的计算。作相量图时，先选定某一相量为参考相量。对并联的电路通常选择电压为参考相量；对串联的电路通常选择电流为参考相量。规定参考相量的初相位为零。

（10）由 R、L、C 三种元件组成的二端网络的平均功率定义为 $P = UI\cos\theta$。其中，U、I 分别为二端网络端口的电压和电流的有效值，θ 为端口电压和电流之间的相位差。

当二端网络用阻抗 Z 表示时，$|Z| = \frac{U}{I}$，$\theta_Z = \theta_u - \theta_i$，则

$$P = UI\cos\theta_Z = \frac{U^2}{|Z|}\cos\theta_Z = I^2|Z|\cos\theta_Z = I^2 \mathrm{Re}[Z]$$

平均功率 P 反映二端网络能量消耗的情况，它是守恒的。

（11）在电工技术中，将二端网络端口电压和电流有效值的乘积 UI 称为视在功率，用 S 表示，即 $S = UI$。额定视在功率 S_N 表示电气设备的容量，视在功率 S 是不守恒的。

在正弦交流电路中，决定平均功率与视在功率关系的是 $\cos\theta$，称为功率因数，用 λ 表示，即 $\lambda = \cos\theta = \frac{P}{S}$。

通常为了节省电能和提高电源设备的利用率，必须提高用电设备的功率因数。一般采用在感性负载的两端并联电容器的方法来提高功率因数。

（12）二端网络的无功功率定义为

$$Q = UI\sin\theta$$

无功功率 Q 反映二端网络与外界能量交换的情况，它是守恒的。

另外，为了方便计算引入复功率，复功率为

$$\widetilde{S} = \dot{U}\overset{*}{I} = UI \angle \theta_u - \theta_i = P + jQ$$

（13）在 Multisim 10.0 中进行家庭照明电路的仿真分析时，可修改双联开关属性对话框中的 Key for Switch 栏。自行决定用某一键来改变该双联开关的通断状态。

（14）在安装日常家庭照明电路时注意布线要求，尽量做到布线横平竖直，分布均匀，避免交叉，导线转角圆成 $90°$，圆角的圆弧形要自然过渡；同时外观上裸露部分要少，用螺钉压接后裸露线长度应小于 1mm，线头连接要牢固到位。

调试时先暂不装电灯，检测绝缘是否良好，绝缘良好情况下将灯泡装好，经检查接线无误后，接通交流电源。检查各部件是否正常工作，并用万用表交流电压挡测量各处电压是否正常。若发现不正常现象立即断开电源，查找故障并及时处理。送电合格后，照明配电箱要有良好的接地。

习 题 四

4-1 已知 $u_1 = \sqrt{2}U\sin(\omega t + \varphi_1)$，$u_2 = \sqrt{2}U\sin(\omega t + \varphi_2)$。试讨论两个电压，在什么情况下，会出现超前、滞后、同相、反相的情况。

4-2 已知 $u_1(t) = 10\sin(\omega t - 30°)\text{V}$，$u_2(t) = 5\sin(\omega t + 120°)\text{V}$。试写出相量 $\dot{U}_1$、$\dot{U}_2$，并画出相量图，求相位差 φ_{12}。

4-3 已知 $\dot{I}_1 = 8 - j6\text{A}$，$\dot{I}_2 = -8 + j6\text{A}$。试写出它们所代表正弦电流的瞬时值表达式，画出相量图，并求相位差 φ_{12}。

4-4 一个正弦电压初相为 $-60°$，在 $t = 3T/4$ 时瞬时值为 -268V。试求它的有效值。

4-5 已知正弦电流最大值为 20A，频率为 100Hz，在 0.02s 时，瞬时值为 15A。试求初相 φ_i，写出函数表达式。

4-6 已知 $u(t) = 110\sqrt{2}\sin(314t - 30°)\text{V}$，作用在电感 $L = 0.2\text{H}$ 上。试求电流 $i(t)$，并画出 $\dot{U}$、$\dot{I}$ 的相量图。

4-7 电路如图 4-58 所示，已知 R、L、C 并联，$u(t) = 60\sqrt{2}\sin(100t + 90°)\text{V}$，$R = 15\Omega$，$L = 300\text{mH}$，$C = 833\mu\text{F}$。试求 $i(t)$。

4-8 图 4-59 所示二端网络 N，其端电压 $u(t)$ 和电流 $i(t)$ 分别有以下三种情况。试问：N 可能是何种元件？并求其参数。

(1) $u(t) = 10\cos(10t + 50°)\text{V}$，$i(t) = 2\sin(10t + 140°)\text{A}$。

(2) $u(t) = 10\sin10t\ \text{V}$，$i(t) = 2\cos10t\ \text{A}$。

(3) $u(t) = -10\cos t\ \text{V}$，$i(t) = -2\sin t\ \text{A}$。

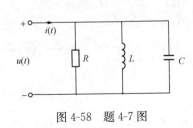

图 4-58 题 4-7 图

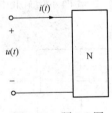

图 4-59 题 4-8 图

4-9 图 4-60 所示电路中，已知电压表 PV1、PV2 的读数分别为 3V、4V。试求电压表 V 的读数，并分别画出 $\dot{U}_1$、$\dot{U}_2$、$\dot{U}$ 的相量图。

4-10 在 RLC 并联电路中，$R = 40\Omega$，$X_L = 15\Omega$，$X_C = 30\Omega$，接到外加电压源 $u(t) = 120\sqrt{2}\sin\left(100\pi t + \dfrac{\pi}{6}\right)\text{V}$ 上。试求：(1) 电路上的总电流；(2) 电路的总阻抗。

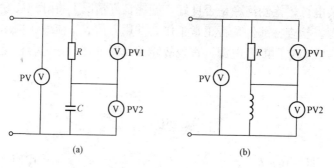

图 4-60　题 4-9 图

4-11　图 4-61 所示电路中，若电源为频率相同、有效值相同的正弦电源且 $R = X_L = X_C$ 。试问哪个图中的灯泡最亮？哪个图中的灯泡最暗？

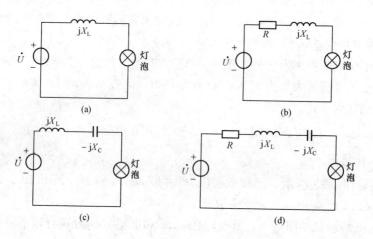

图 4-61　题 4-11 图

4-12　图 4-62 所示电路中，$u_s(t) = 50\sqrt{2}\sin 10^3 t \text{V}$ ，试求 $i(t)$ 。

4-13　列出图 4-63 所示电路的网孔电流方程。

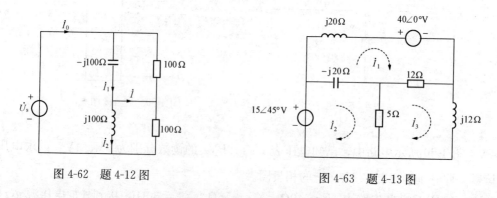

图 4-62　题 4-12 图　　　　　　图 4-63　题 4-13 图

4-14　试列出图 4-64 所示电路的节点电压方程。

4-15　试求图 4-65 所示电路的戴维南等效电路。

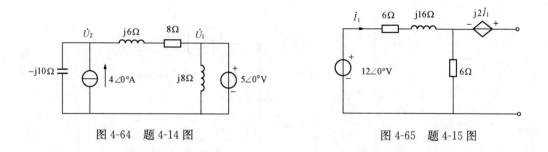

图 4-64　题 4-14 图　　　　　　　　图 4-65　题 4-15 图

4-16　图 4-66 所示电路中，已知 $R = 5\text{k}\Omega$，交流电源频率 $f = 100\text{Hz}$。若要求 u_{SC} 与 u_{SR} 的相位差为 30°，则电容 C 应为多少？并判断 u_{SC} 与 u_{SR} 的相位关系（超前还是滞后）。

4-17　图 4-67 所示电路中，有一个纯电容电路，其容抗为 X_C，加上交流电压后，电流表测得的电流读数为 4A。若将一纯电感并接在电容两端，电源电压不变，则电流表的读数也不变，问并联电感的感抗为多少？

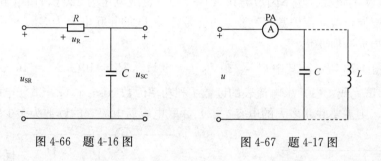

图 4-66　题 4-16 图　　　　　　　　图 4-67　题 4-17 图

4-18　图 4-68 所示正弦稳态电路中，已知电压表 PV1、PV2、PV3 的读数分别为 30、60、100V。试求电压表 PV 的读数。

4-19　已知图 4-69 所示正弦交流电路中电流表 PA1、PA2、PA3 的读数分别为 5、20、25A。试求：（1）图中电流表 PA 的读数。（2）如维持 PA1 的读数不变，而将电源的频率提高一倍，再求电流表 PA 的读数。

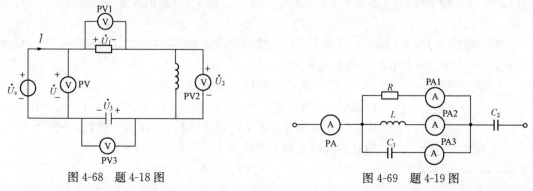

图 4-68　题 4-18 图　　　　　　　　图 4-69　题 4-19 图

4-20　电路如图 4-70 所示，试求电路的 P、S 和 λ。

4-21　电路如图 4-71 所示，已知 $Z_1 = 0.5 - \text{j}3.5\Omega$，$Z_2 = 5\angle 53°\Omega$，$Z_3 = 5\angle -90°\Omega$。试求：（1）$\dot{I}$；（2）整个电路吸收的平均功率和功率因数。

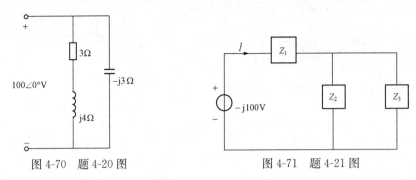

图 4-70　题 4-20 图　　　　　　　图 4-71　题 4-21 图

4-22　已知输电线的阻抗为 $0.08+j0.25\Omega$，用它来传送功率给负载。负载为电感性，其电压为 $220\angle0°V$，功率为 $12kW$。已知输电线的功率损失为 $560W$，试求负载的功率因数角。

4-23　20Ω 电阻与 $0.1H$、10Ω 的电感线圈并联如图 4-72 所示。已知并联电路的总电流有效值为 $10A$，$\omega=1000rad/s$，试求并联电路的 P、Q 和 S。

4-24　$60kW$ 的负载，功率因数为 0.5（滞后），负载电压为 $220V$，由电阻为 0.1Ω 的输电线供电。若要使负载功率因数提高到 0.9（滞后），试求并联电容为多大? 并联电容前后，输电线的功率损失有何变化?

4-25　如图 4-73 所示，其中 $U=220V$，$f=50Hz$，$R_1=10\Omega$，$X_1=10\sqrt{3}\Omega$，$R_2=5\Omega$，$X_2=5\sqrt{3}\Omega$。试完成：(1) 求电流表的读数 I 和功率因数 $\cos\theta_1$；(2) 欲使电路的功率因数提高到 0.866，则需要并联多大的电容? (3) 并联电容后电流表的读数为多少?

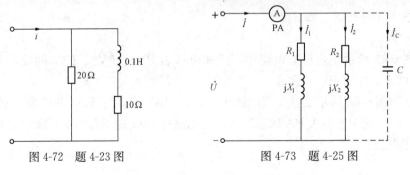

图 4-72　题 4-23 图　　　　　　　图 4-73　题 4-25 图

4-26　电路如图 4-74 所示，已知 $i_L(t)=\sqrt{2}\sin5tA$，电路消耗的总功率 $P=5W$，$C=0.02F$，$L=1H$。试求电阻 R 和电压 $u_C(t)$。

4-27　某照明电路，日光灯 $40W$，共 25 只，$\cos\theta_1=0.5$，白炽灯 $100W$，共 5 只，$\cos\theta_2=1$，$U=220V$，$f=50Hz$。试求：(1) 电路总电流 I，功率因数 $\cos\theta$；(2) 欲使 $\cos\theta'=0.9$，应并联补偿电容 C 和电流 I。

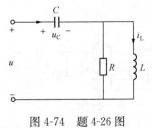

图 4-74　题 4-26 图

项目五　变压器电路的分析

【项目描述】

在日常的电力输送和低压照明中，变压器起着至关重要的作用。变压器是利用电磁感应原理，将某一数值的交流电压变换为同频率的另一数值的交流电压的静止电气设备。图 5-1 为电能传输分配示意图。发电站发出的电力往往需经远距离传输才能到达用电地区。在传输的功率恒定时，传输电压越高，则线路中的电流和损耗就越小。因此，在传输过程中，采用升压变压器获得较高的传输电压。而电能被送到用电区后，又要根据不同用户的需要，采用降压变压器降压。变压器不仅对电力系统中电能的传输、分配和安全使用有重要意义，而且广泛应用于电气控制、电子技术和焊接技术等领域。

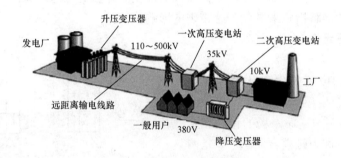

图 5-1　电能传输分配示意图

【学习内容】

了解在电能传输过程中变压器的作用，掌握耦合电感元件的原理和电路模型；根据电路的特点，学会分析含有耦合电感元件的正弦交流电路；了解变压器的类型和主要参数，掌握含理想变压器的正弦交流电路的分析方法。

任务 1　含耦合电感元件的正弦交流电路分析

【任务要求】理解耦合电感和耦合元件，掌握磁耦合的概念，学会列写耦合电感元件端口的伏安关系式，学会分析含耦合电感元件的正弦交流电路。

知识点 1　认识耦合电感元件

前面已介绍的电阻、电感和电容这三种基本电路元件都是二端元件。除二端元件外，电路中还有一类元件，它们不止一条支路，其中一条支路的电压或电流与另一条支路的电压或电流相关联，这类元件称为耦合元件。前面介绍过的受控源就是一种耦合元件。

一、自感和互感现象

1. 自感现象

自感现象是一种特殊的电磁感应现象，是流过线圈的电流发生变化，导致穿过线圈的磁通量发生变化而产生的自感电动势。这个自感电动势总是阻碍线圈中原来电流的变化。当原来电流在增大时，自感电动势与原来电流方向相反；当原来电流减小时，自感电动势与原来电流方向相同。因此，"自感"简单地说，就是由于导体本身的电流发生变化而产生的电磁感应现象。自感现象在各种电器设备和无线电技术中有广泛的应用，日光灯的镇流器就是利用线圈的自感现象制成的。

2. 互感现象

互感现象是指两个相邻线圈，一个线圈的电流随时间变化时导致穿过另一线圈的磁通量发生变化，而在该线圈中出现感应电动势的现象。互感现象产生的感生电动势称为互感电动势。变压器是互感现象最典型的应用，它应用两个线圈间存在互感耦合制成，可以起到升高电压或者降低电压的作用，还可以把交变信号由一个电路传递到另一个电路。但是互感现象也会带来危害，电子装置内部往往由于导线或器件之间存在的互感现象而干扰正常工作，这就需要采取一定的屏蔽措施来避免互感带来的影响。

二、耦合电感元件

1. 磁耦合的概念

当一个线圈的电流发生变化时，在相邻的线圈上便会产生感应电动势。两个线圈在电的方面彼此独立，靠磁场的作用相互影响，电子学上，称为磁耦合。图 5-2 是两个相互有磁耦合的线圈。

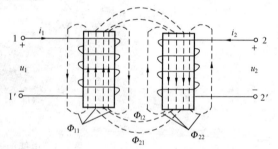

图 5-2　有磁耦合的两个线圈

线圈 1 中的电流 i_1 产生的磁通不但穿过本身的线圈 1，还有一部分会穿过相邻的线圈 2。同样，线圈 2 中的电流 i_2 产生的磁通不但会穿过本身的线圈 2，还有一部分会穿过相邻的线圈 1，两个线圈之间发生互感现象。Φ_{11} 为电流 i_1 在线圈 1 中产生的磁通，Φ_{12} 为电流 i_2 产生的穿过线圈 1 的磁通，Φ_{22} 为电流 i_2 在线圈 2 中产生的磁通，Φ_{21} 为电流 i_1 产生的穿过线圈 2 的磁通，这样每个线圈中的磁通可以写成

$$\Phi_1 = \Phi_{11} + \Phi_{12}$$
$$\Phi_2 = \Phi_{21} + \Phi_{22}$$

式中：Φ_{11}、Φ_{22} 为自感磁通；Φ_{12}、Φ_{21} 为互感磁通。

每个线圈中的磁通与线圈的匝数相交链产生磁链，则每个线圈的磁链为

$$\Psi_1 = \Psi_{11} + \Psi_{12} = L_1 i_1 + M_{12} i_2 \tag{5-1}$$
$$\Psi_2 = \Psi_{22} + \Psi_{21} = L_2 i_2 + M_{21} i_1 \tag{5-2}$$

式中：Ψ_{11}、Ψ_{22} 称为自感磁链；Ψ_{12}、Ψ_{21} 称为互感磁链；L_1 和 L_2 分别是线圈 1 和 2 的自感系数，M_{12} 和 M_{21} 分别是线圈 1 和 2 的互感系数。

磁链是导电线圈或电流回路所链环的磁通量。磁链等于导电线圈匝数 N 与穿过该线圈各匝的平均磁通量 Φ 的乘积，即 $\psi = N\Phi$，故又称磁通匝。

自感系数表示线圈产生自感能力的物理量，常用 L 来表示，单位为 H（亨利）。一个闭

合电路所交链的全部磁通除以所通过的电流，即 $L = \psi/i$，比例系数 L 叫作自感系数。自感系数的大小仅与线圈的几何形状、匝数和周围介质的性质有关，线圈面积越大、线圈越长、单位长度匝数越密，它的自感系数就越大。另外，有铁芯的线圈的自感系数比没有铁芯的大。注意自感系数 L_1 和 L_2 总为正值。

互感系数表示两线圈之间产生互感能力的物理量，常用 M 来表示，单位与自感相同为 H（亨利）。穿越第二个线圈的互磁链与激发该互磁链的第一个线圈中的电流之比，称为线圈一对线圈二的互感系数，即 $M_{12} = \psi_{12}/i_2$；$M_{21} = \psi_{21}/i_1$。互感系数 M_{12} 和 M_{21} 的大小取值与两个线圈的形状、相对位置和周围磁介质的磁导率有关，可证明在线性磁介质的情况下以下关系式成立

$$M_{12} = M_{21} = M \tag{5-3}$$

由于 $\Phi_{21} \leqslant \Phi_{11}$，$\Phi_{12} \leqslant \Phi_{22}$，所以

$$M^2 = M_{21}M_{12} = \frac{\Psi_{21}}{i_1} \cdot \frac{\Psi_{12}}{i_2} = \frac{N_2\Phi_{21}}{i_1} \cdot \frac{N_1\Phi_{12}}{i_2} \leqslant \frac{N_1\Phi_{11}}{i_1} \cdot \frac{N_2\Phi_{22}}{i_2} = L_1L_2$$

故可得 $M \leqslant \sqrt{L_1L_2}$，注意互感系数 M 值有正有负。

上式仅说明互感 M 比 $\sqrt{L_1L_2}$ 小（最多相等），并不能说明 M 比 $\sqrt{L_1L_2}$ 小到什么程度。为此定义

$$M = k\sqrt{L_1L_2}$$

则

$$k = \frac{M}{\sqrt{L_1L_2}}$$

式中：k 为耦合系数。

耦合系数 k 表示两个线圈的耦合程度。k 的大小与两线圈的结构、相互位置以及周围磁介质有关。k 的取值为 $0 \leqslant k \leqslant 1$，当 $k = 1$ 时，称为全耦合；当 $k > 0.5$ 时，称为紧耦合；当 $k < 0.5$ 时，称为紧耦合；当 $k = 0$ 时，称为无耦合。

由式（5-1）和式（5-2）可知，有耦合的两个线圈中每个线圈的磁链是由自感磁链和互感磁链两部分组成的。

图 5-3（a）中有耦合的两个线圈与图 5-2 中两线圈相比，右边线圈的绕向不同。图 5-3（b）中有耦合的两个线圈与图 5-2 中两线圈相比，线圈的绕向虽然相同，但相对位置不同，

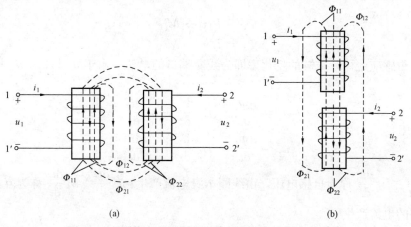

(a)　　　　　　　　　　　　　(b)

图 5-3　不同绕向和不同相对位置的两个有耦合的线圈

则两线圈中的互感磁链都与自感磁链的方向相反。

可见，有耦合的两线圈的相对位置和线圈绕向不同。它们的互感磁链与自感磁链可能方向相同，也可能方向相反，即其互感磁链的方向与两线圈的实际绕向和相对位置有关。实际线圈外包绝缘层，并经过浸漆，线圈的实际绕向看不出来。电工技术中一般用标注同名端的方法来反映线圈的绕向和相对位置。所谓同名端，是指有耦合的两个线圈中的这样两个端子：如果两电流分别从两个线圈的同名端流入，则它们产生的互感磁通和自感磁通是同方向的。

一般这样定义同名端，当两个电流分别从两个线圈的对应端子同时流入或流出时，若所产生的磁通相互加强，则这两个对应端子称为两互感线圈的同名端。即当两个线圈中电流同时由同名端流入（或流出）时，两个电流产生的磁场相互增强；当随时间增大的时变电流从一线圈的一端流入时，将会引起另一线圈相应同名端的电位升高。线圈的同名端必须两两确定，并且一般使用"Δ"/"＊"/"·"等符号加以标注。

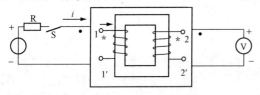

图 5-4　同名端的实验测试电路

同名端的实验测定方法如图 5-4 所示。当闭合开关 S 时，i 增加，$di/dt > 0$，$u_{22'} = M di/dt > 0$，电压表正偏。当两组线圈装在黑盒里，只引出 4 个端线组，要确定其同名端，就可以利用上面的结论来加以判断。

2. 耦合电感元件

耦合电感元件是指两个有磁耦合的电感线圈的理想元件。

（1）电路符号。耦合电感元件是双端口元件，如图 5-5 所示。其中 $11'$、$22'$ 分别是端口 1 和 2 的端子，L_1、L_2 是两个自感系数，M 是互感系数，反映了两电感线圈磁耦合的程度。用"·"表示同名端。有了同名端，表示两个线圈相互作用时，就不需考虑实际绕向，而只画出同名端及 u、i 参考方向即可。

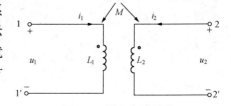

图 5-5　耦合电感元件

（2）伏安关系。电流参考方向和同名端位置如图 5-5 所示，两个线圈产生的互感磁链和自感磁链是同方向的，由式（5-1）、式（5-2）和式（5-3）可得

$$\Psi_1 = L_1 i_1 + M i_2$$
$$\Psi_2 = L_2 i_2 + M i_1$$

根据电磁感应定律，磁链的变化率即为线圈端口的电压，由于 u_1 与 i_1、u_2 与 i_2 为关联的参考方向

$$u_1 = \frac{d\Psi_1}{dt} = L_1 \frac{di_1}{dt} + M \frac{di_2}{dt} \tag{5-4}$$

$$u_2 = \frac{d\Psi_2}{dt} = L_2 \frac{di_2}{dt} + M \frac{di_1}{dt} \tag{5-5}$$

式中：$L_1 \dfrac{di_1}{dt}$、$L_2 \dfrac{di_2}{dt}$ 称为自感电压，由线圈本身电流产生；$M \dfrac{di_1}{dt}$、$M \dfrac{di_2}{dt}$ 称为互感电压，由另一个线圈的电流产生。

式（5-4）和式（5-5）反映了元件端口电压、电流的关系，称为耦合电感元件的伏安关系式。

耦合电感元件的伏安关系式中各项正、负号的确定方法如下：

（1）自感电压 $L\dfrac{\mathrm{d}i}{\mathrm{d}t}$ 项。自感电压前的正负符号只与线圈自身的电压电流参考方向有关，若自身电压电流参考方向为关联方向，则自感电压前取正号；若自身电压电流参考方向为非关联方向，则自感电压前取负号。

（2）互感电压 $M\dfrac{\mathrm{d}i}{\mathrm{d}t}$ 项。互感电压前的正负符号不仅与施感电流方向、线圈之间同名端有关，还与线圈自身电压的参考方向有关，所以分为以下步骤确定：

1）确定互感电压的"＋""－"极性。由同名端确定，若产生互感电压的电流从"·"同名端流入，则互感电压在另一侧标"·"端处为"＋"极性端。

2）确定互感电压项的正、负号。若互感电压的"＋""－"极性与线圈端钮电压的参考极性一致，则此互感电压项为正号，否则为负号。

【例 5-1】分别写出图 5-6（a）、（b）所示耦合电感的伏安关系式。

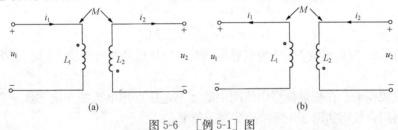

图 5-6 ［例 5-1］图

解 图 5-6（a）　　$u_1 = L_1\dfrac{\mathrm{d}i_1}{\mathrm{d}t} + M\dfrac{\mathrm{d}i_2}{\mathrm{d}t}$, $u_2 = -M\dfrac{\mathrm{d}i_1}{\mathrm{d}t} - L_2\dfrac{\mathrm{d}i_2}{\mathrm{d}t}$

图 5-6（b）　　$u_1 = -L_1\dfrac{\mathrm{d}i_1}{\mathrm{d}t} - M\dfrac{\mathrm{d}i_2}{\mathrm{d}t}$, $u_2 = M\dfrac{\mathrm{d}i_1}{\mathrm{d}t} + L_2\dfrac{\mathrm{d}i_2}{\mathrm{d}t}$

【例 5-2】电路如图 5-7（a）所示，图中 $i(t)$ 的波形如图 5-7（b）所示。试求电源电压 $u_{ac}(t)$ 和线圈电压 $u_{de}(t)$。

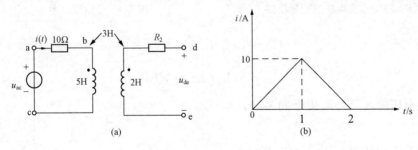

图 5-7 ［例 5-2］图

解 由图 5-7（b）可知

$$i(t) = \begin{cases} 10t, & 0 \leqslant t \leqslant 1 \\ -10(t-2), & 1 < t \leqslant 2 \\ 0, & t > 2 \end{cases}$$

则
$$u_{ac}(t) = i(t) \times 10 + L\frac{di}{dt} = \begin{cases} 100t+50, & 0 \leqslant t \leqslant 1 \\ -100t+150, & 1 < t \leqslant 2 \\ 0, & t > 2 \end{cases}$$

$$u_{dc}(t) = M\frac{di}{dt} = \begin{cases} 30, & 0 \leqslant t \leqslant 1 \\ -30, & 1 < t \leqslant 2 \\ 0, & t > 2 \end{cases}$$

3. 耦合电感元件的电路模型

（1）相量模型。在正弦稳态电路中，耦合电感元件可以用相量模型来表示。如图 5-5 中将电压和电流用相量表示，自感系数和互感系数分别用 jωL 和 jωM 代替，这样得到耦合电感元件的相量模型如图 5-8 所示。

端钮伏安关系的相量形式为

$$\dot{U}_1 = j\omega L_1 \dot{I}_1 \pm j\omega M \dot{I}_2$$

$$\dot{U}_2 = j\omega L_2 \dot{I}_2 \pm j\omega M \dot{I}_1$$

式中：jωL₁ 和 jωL₂ 为自感抗；jωM 为互感抗，互感电压前的符号取决于同名端及施感电流的流向。

（2）受控源模型。在相量模型中线圈中的互感电压可用电流控制电压源（CCVS）来模拟，从而得到耦合线圈如图 5-9 所示的受控源模型。

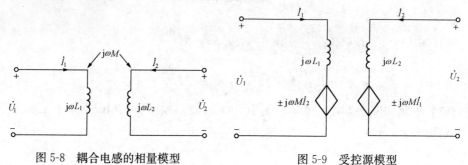

图 5-8　耦合电感的相量模型　　　　　　图 5-9　受控源模型

$$\dot{U}_1 = j\omega L_1 \dot{I}_1 \pm j\omega M \dot{I}_2$$

$$\dot{U}_2 = j\omega L_2 \dot{I}_2 \pm j\omega M \dot{I}_1$$

式中：互感电压前的符号取决于同名端及施感电流的流向。

【例 5-3】 电路如图 5-10 所示，求 $\dot{U}_2$。

解　因为　$10\angle 0° = 2\dot{I}_1 + j2\dot{I}_1$

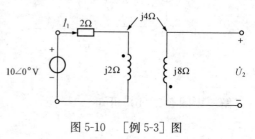

图 5-10　［例 5-3］图

则　$\dot{I}_1 = \dfrac{10\angle 0°}{2+2j} = \dfrac{5}{\sqrt{2}}\angle -45°(A)$

所以　$\dot{U}_2 = -j4\dot{I}_1 = 4 \times \dfrac{5}{\sqrt{2}}\angle -90° - 45° = 10\sqrt{2}\angle -135°(V)$

知识点 2 **耦合电感元件的正弦交流电路分析**

一、耦合电感元件的串联

耦合电感的串联有顺接、反接两种连接方式，如图 5-11 所示。

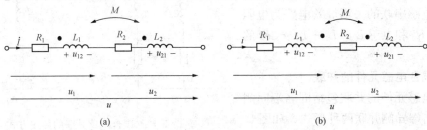

图 5-11　耦合电感的串联连接方式

（a）顺接接线方式；（b）反接接线方式

耦合电感串联的顺接方式是电流从两个电感的同名端流进或流出。反接是电流从一个电感同名端流进，从另一电感的同名端流出。

如图 5-11 中电压电流参考方向，线圈的端电压 u_1、u_2 及总电压 u 分别为

$$u_1 = R_1 i + L_1 \mathrm{d}i/\mathrm{d}t \pm M\mathrm{d}i/\mathrm{d}t$$

$$u_2 = R_2 i + L_2 \mathrm{d}i/\mathrm{d}t \pm M\mathrm{d}i/\mathrm{d}t$$

$$u = (R_1 + R_2)i + (L_1 + L_2)\mathrm{d}i/\mathrm{d}t \pm 2M\mathrm{d}i/\mathrm{d}t$$

$$= (R_1 + R_2)i + (L_1 + L_2 \pm 2M)\mathrm{d}i/\mathrm{d}t$$

以上三个式中互感电压项顺接取"+"，反接取"−"。

在正弦交流电路中，耦合电感元件串联的顺接和反接相量模型如图 5-12 所示。

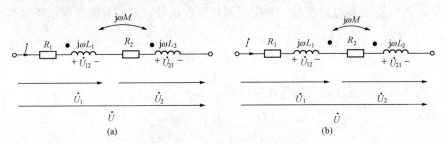

图 5-12　耦合电感串联的相量模型

（a）顺接的相量模型；（b）反接的相量模型

应用相量法可得

$$\dot{U}_1 = R_1 \dot{I} + \mathrm{j}\omega L_1 \dot{I} \pm \mathrm{j}\omega M \dot{I}$$

$$\dot{U}_2 = R_2 \dot{I} + \mathrm{j}\omega L_2 \dot{I} \pm \mathrm{j}\omega M \dot{I}$$

$$U = (R_1 + R_2)\dot{I} + \mathrm{j}\omega(L_1 + L_2)\dot{I} \pm 2\mathrm{j}\omega M \dot{I}$$

$$= (R_1 + R_2)\dot{I} + \mathrm{j}\omega(L_1 + L_2 \pm 2M)\dot{I} \tag{5-6}$$

以上三个式中互感电压项顺接取"+"，反接取"−"。

由式（5-6）可以看出，耦合电感串联的等效电感为 $L = L_1 + L_1 \pm 2M$，并且顺接时等效电感增大，反接时等效电感减少。这说明耦合电感的串联反接具有削弱自感的作用，互感

的这种作用称为互感的"容性"效应。虽然在一定条件下，可能某个线圈的自感会小于互感使该线圈呈容性，但由于耦合系数 $k \leqslant 1$ 恒成立，因此串联的等效电感不可能为负，即串联后整个电路仍然呈感性。并且以上耦合电感串联的去耦等效电路为电阻 $R_{\mathrm{e}} = R_1 + R_2$ 和电感 $L = L_1 + L_1 \pm 2M$ 的串联。

图 5-13　耦合电感并联的接线方式
(a) 耦合电感的同侧并联；(b) 耦合电感的异侧并联

二、耦合电感元件的并联

耦合电感元件的并联包括同名端同侧并联和同名端异侧并联两种形式，如图 5-13 所示。

由图 5-13 可知，在正弦电流情况下

$$
\begin{cases}
\dot{U} = (R_1 + \mathrm{j}\omega L_1)\dot{I}_1 \pm \mathrm{j}\omega M \dot{I}_2 = Z_1 \dot{I}_1 \pm Z_{\mathrm{M}} \dot{I}_2 \\
\dot{U} = (R_2 + \mathrm{j}\omega L_2)\dot{I}_2 \pm \mathrm{j}\omega M \dot{I}_1 = Z_2 \dot{I}_2 \pm Z_{\mathrm{M}} \dot{I}_1
\end{cases}
\tag{5-7}
$$

式（5-7）中含有 M（或 Z_{M}）项前边的符号，对应同侧并联取正号，对应异侧并联取负号。由式（5-7）整理可得

$$
\begin{cases}
\dot{I}_1 = \dfrac{Z_2 \mp Z_{\mathrm{M}}}{Z_1 Z_2 - Z_{\mathrm{M}}{}^2}\dot{U} \\[3mm]
\dot{I}_2 = \dfrac{Z_1 \mp Z_{\mathrm{M}}}{Z_1 Z_2 - Z_{\mathrm{M}}{}^2}\dot{U}
\end{cases}
\tag{5-8}
$$

式（5-8）中 Z_{M} 项前边的符号，对应同侧并联取负号，对应异侧并联取正号。

由图 5-13 可知

$$
\dot{I} = \dot{I}_1 + \dot{I}_2 = \frac{Z_1 + Z_2 \mp 2Z_{\mathrm{M}}}{Z_1 Z_2 - Z_{\mathrm{M}}^2}\dot{U}
\tag{5-9}
$$

所以，两个耦合电感并联后的等效阻抗为

$$
Z_{\mathrm{eq}} = \frac{\dot{U}}{\dot{I}} = \frac{Z_1 Z_2 - Z_{\mathrm{M}}^2}{Z_1 + Z_2 \mp 2Z_{\mathrm{M}}}
\tag{5-10}
$$

式（5-9）和式（5-10）中 Z_{M} 项前边的符号，对应同侧并联取负号，对应异侧并联取正号。

将 $R_1 = R_2 = 0$ 代入 Z_{eq} 后得到并联后的等效电感为

$$
L_{\mathrm{eq}} = \frac{L_1 L_2 - M^2}{L_1 + L_2 - 2M} \qquad （同侧并联）
$$

$$
L_{\mathrm{eq}} = \frac{L_1 L_2 - M^2}{L_1 + L_2 + 2M} \qquad （异侧并联）
$$

三、耦合电感元件的 T 形连接

将耦合电感的两个线圈各取一端连接起来就成了耦合电感的三端连接电路。如图 5-14 和图 5-15 所示为耦合电感元件的 T 形连接。耦合电感元件的 T 形连接包括同名端相连和异

名端相连两种。

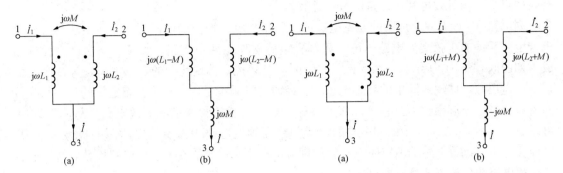

图 5-14　耦合电感元件同名端相连的 T 形连接
（a）同名端相连的 T 形连接；（b）去耦等效电路

图 5-15　耦合电感元件异名端相连的 T 形连接
（a）异名端相连的耦合电感元件 T 形连接；
（b）去耦等效电路

1. 同名端为共端的耦合电感元件 T 形去耦等效变换

由图 5-14（a）可得

$$\dot{I} = \dot{I}_1 + \dot{I}_2 \tag{5-11}$$

$$\dot{U}_{13} = j\omega L_1 \dot{I}_1 + j\omega M \dot{I}_2 \tag{5-12}$$

$$\dot{U}_{23} = j\omega L_2 \dot{I}_2 + j\omega M \dot{I}_1 \tag{5-13}$$

将式（5-11）代入式（5-12）和式（5-13）中可得

$$\dot{U}_{13} = j\omega L_1 \dot{I}_1 + j\omega M \dot{I}_2 = j\omega(L_1 - M) \dot{I}_1 + j\omega M\dot{I} \tag{5-14}$$

$$\dot{U}_{23} = j\omega L_2 \dot{I}_2 + j\omega M \dot{I}_1 = j\omega(L_2 - M) \dot{I}_2 + j\omega M\dot{I} \tag{5-15}$$

根据式（5-14）和式（5-15）得到同名端相连的耦合电感元件 T 形连接的去耦等效电路，如图 5-14（b）所示。

2. 异名端为共端的 T 形去耦等效变换

由图 5-15（a）可得

$$\dot{I} = \dot{I}_1 + \dot{I}_2 \tag{5-16}$$

$$\dot{U}_{13} = j\omega L_1 \dot{I}_1 - j\omega M \dot{I}_2 \tag{5-17}$$

$$\dot{U}_{23} = j\omega L_2 \dot{I}_2 - j\omega M \dot{I}_1 \tag{5-18}$$

将式（5-16）代入式（5-17）和式（5-18）中可得

$$\dot{U}_{13} = j\omega L_1 \dot{I}_1 - j\omega M \dot{I}_2 = j\omega(L_1 + M) \dot{I}_1 - j\omega M\dot{I} \tag{5-19}$$

$$\dot{U}_{23} = j\omega L_2 \dot{I}_2 - j\omega M \dot{I}_1 = j\omega(L_2 + M) \dot{I}_2 - j\omega M\dot{I} \tag{5-20}$$

根据式（5-19）和式（5-20）得到异名端相连的耦合电感元件 T 形连接的去耦等效电路，如图 5-15（b）所示。

四、含耦合电感的正弦交流电路

分析具有耦合电感的正弦交流电路，可以采用前面项目四介绍的正弦电路分析方法。唯一不同的是在列含有耦合电感支路的回路 KVL 方程时应加入互感电压，类似于含有电流控制电压源（CCVS）的正弦稳态电路分析。分析电路时可以直接采用支路法和回路法计算，有时也可先去耦等效再利用相量法分析计算。

列电路 KVL 方程时加入的互感电压可以看作是电流控制的电压源。具体做法是分析含耦合电感元件的正弦交流电路，可以将耦合电感看作是两条支路，每条支路由两个元件组成，如图 5-16（b）所示。一个元件是本线圈的自感抗，体现线圈的自感电压，另一个元件是受控电压源，体现线圈中的互感电压。受控源的控制量是产生这个互感电压的另一个线圈的电流相量，控制系数为互感抗。该电路称为耦合电感的含受控源等效电路。从图 5-16 中可以看出，图 5-16（a）中的同名端的位置关系在等效电路中由受控电压源的极性来反映。这样在分析含耦合电感的电路时，只要把耦合电感用它的含受控源等效电路代替，按一般含受控源电路的分析方法分析即可。

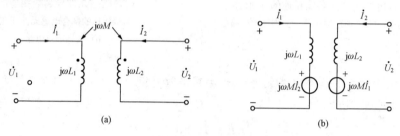

图 5-16　耦合电感的含受控源等效电路

（a）耦合电感电路；（b）等效电路

举例说明含耦合电感的正弦交流电路的分析。

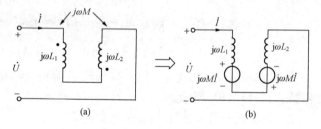

图 5-17　有耦合的两线圈串联连接

【例 5-4】求如图 5-17（a）所示的有耦合的两线圈相串联以后形成的二端网络的等效电感。

解　解法一：用耦合电感的含受控源等效电路代替原耦合电感后的电路如图 5-17（b）所示，则二端网络端口的伏安关系为

$$\dot{U} = j\omega L_1 \dot{I} + j\omega M \dot{I} + j\omega L_2 \dot{I} + j\omega M \dot{I} = j\omega (L_1 + L_2 + 2M)\dot{I}$$

由于

$$\frac{\dot{U}}{\dot{I}} = j\omega (L_1 + L_2 + 2M) = j\omega L$$

则

$$L = L_1 + L_2 + 2M$$

解法二：图 5-17 中耦合电感元件属于顺接串联的连接方式，直接利用式（5-6）求得二端网络的等效电感为 $L = L_1 + L_2 + 2M$。

【例 5-5】求如图 5-18（a）所示的有耦合的两线圈相串联以后形成的二端网络的等效电感。

解　解法一：含受控源的等效电路如图 5-18（b）所示，则二端网络端口的伏安关系为

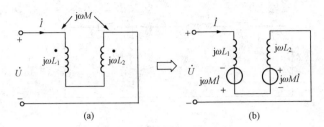

图 5-18　有耦合的两线圈串联反接

$$\dot{U} = \mathrm{j}\omega L_1 \dot{I} - \mathrm{j}\omega M\dot{I} + \mathrm{j}\omega L_2 \dot{I} - \mathrm{j}\omega M\dot{I} = \mathrm{j}\omega(L_1 + L_2 - 2M)\dot{I}$$

则
$$\frac{\dot{U}}{\dot{I}} = \mathrm{j}\omega(L_1 + L_2 - 2M) = \mathrm{j}\omega L$$

所以
$$L = L_1 + L_2 - 2M$$

解法二：图 5-18 中耦合电感元件属于反接串联的连接方式，直接利用式（5-6）求得二端网络的等效电感为 $L = L_1 + L_2 - 2M$。

【例 5-6】求如图 5-19（a）所示有耦合的两线圈并联以后形成的二端网络的等效电感。

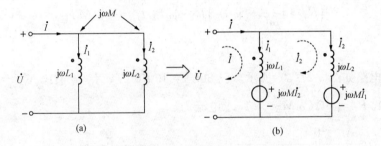

图 5-19　有耦合的两线圈并联（同名端相接）

解　解法一：含受控源的等效电路如图 5-19（b）所示，则网孔方程为

$$\mathrm{j}\omega L_1 \dot{I} - \mathrm{j}\omega L_1 \dot{I}_2 = \dot{U} - \mathrm{j}\omega M \dot{I}_2$$

$$-\mathrm{j}\omega L_1 \dot{I} + (\mathrm{j}\omega L_1 + \mathrm{j}\omega L_2)\dot{I}_2 = \mathrm{j}\omega M \dot{I}_2 - \mathrm{j}\omega M \dot{I}_1$$

$$\dot{I}_1 = \dot{I} - \dot{I}_2$$

解得
$$\dot{U} = \mathrm{j}\omega \frac{L_1 L_2 - M^2}{L_1 + L_2 - 2M}\dot{I} = \mathrm{j}\omega L\dot{I}$$

所以
$$L = \frac{L_1 L_2 - M^2}{L_1 + L_2 - 2M}$$

解法二：图 5-19 中耦合电感元件属于同侧并联的连接方式，直接利用式（5-10）求得二端网络的等效电感为 $L = \dfrac{L_1 L_2 - M^2}{L_1 + L_2 - 2M}$。

【例 5-7】　电路如图 5-20（a）所示。写出求解 $\dot{I}_1$、$\dot{I}_2$ 的网孔方程式。

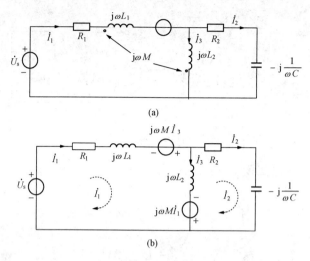

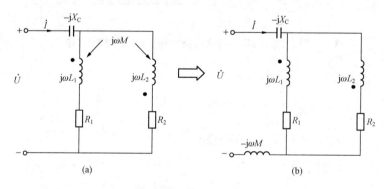

图 5-20 ［例 5-7］图

解 用耦合电感的含受控源等效电路代替原耦合电感后的电路如图 5-20(b) 所示，则

$$(R_1 + j\omega L_1 + j\omega L_2)\,\dot{I}_1 - j\omega L_2\,\dot{I}_2 = \dot{U}_s + j\omega M\dot{I}_3 + j\omega M\dot{I}_1$$

$$\left(R_2 - j\frac{1}{\omega C} + j\omega L_2\right)\dot{I}_2 - j\omega L_2\,\dot{I}_1 = -j\omega M\dot{I}_1$$

$$\dot{I}_3 = \dot{I}_1 - \dot{I}_2$$

【例 5-8】 电路如图 5-21(a) 所示。已知 $\dot{U} = 10\angle 0°\ \text{V}$，$X_C = 4\Omega$，$X_{L1} = 21\Omega$，$X_{L2} = 30\Omega$，$R_1 = 3\Omega$，$R_2 = 6\Omega$，$\omega M = 5\Omega$，求电流 $\dot{I}$。

图 5-21 ［例 5-8］图

解 将图 5-21(a) 按互感线圈同名端异侧相连去耦等效的方法得到如图 5-21(b) 所示电路，则可得

$$Z = -jX_C + [R_1 + j\omega(L_1 + M)]//[R_2 + j\omega(L_2 + M)] - j\omega M$$

$$= -j4 + [2 + j(21+5)]//[6 + j(30+5)] - j5 = 6.28\angle 70.7\ (\Omega)$$

$$\dot{I} = \frac{\dot{U}}{Z} = \frac{10\angle 0°}{6.28\angle 70.7°} = 1.59\angle -70.7°(\text{A})$$

任务 2　变 压 器

【任务要求】了解变压器的组成、分类及基本结构；理解变压器的主要参数，掌握变压器一、二次绕组电压、电流与匝数关系；掌握含理想变压器的正弦交流电路的分析方法。

知识点 1　认识变压器

一、变压器的分类

变压器是利用电磁感应的原理来改变交流电压的装置，主要构件是一次绕组、二次绕组和铁芯（磁芯）。变压器是利用电磁感应原理制成的静止用电器。它的主要功能有：电压变换、电流变换、阻抗变换、隔离、稳压（磁饱和变压器）等。

变压器一般按相数、冷却方式、用途、绕组数目和铁芯形式划分类别。

1. 按相数分类

（1）单相变压器：用于单相负荷和三相变压器组，如图 5-22（a）、（b）和（c）所示。

（2）三相变压器：用于三相系统的升、降电压，如图 5-22（d）和（e）所示。

图 5-22　变压器
(a)、(b)、(c) 单相变压器；(d)、(e) 三相变压器

2. 按冷却方式分类

（1）干式变压器：依靠空气对流进行自然冷却或增加风机冷却，多用于高层建筑、高速收费站用电及局部照明、电子线路等小容量变压器。

（2）油浸式变压器：依靠油作冷却介质，如油浸自冷、油浸风冷、油浸水冷、强迫油循环等。

3. 按用途分类

（1）电力变压器：用于输配电系统的升、降电压。

（2）仪用变压器：如电压互感器、电流互感器，用于测量仪表和继电保护装置。

（3）试验变压器：能产生高压，对电气设备进行高压试验。

（4）特种变压器：如电炉变压器、整流变压器、调整变压器、电容式变压器、移相变压器等。

4. 按绕组形式分类

（1）双绕组变压器：用于连接电力系统中的两个电压等级。

（2）三绕组变压器：一般用于电力系统区域变电站中，连接三个电压等级。

（3）自耦变电器：用于连接不同电压的电力系统。也可作为普通的升压或降压变压器用。

5. 按铁芯形式分类

（1）芯式变压器：用于高压的电力变压器。

（2）非晶合金变压器：用新型导磁材料制成，空载电流下降约 80％，是节能效果较理想的配电变压器，特别适用于农村电网和发展中地区等负载率较低地方。

（3）壳式变压器：用于大电流的特殊变压器，如电炉变压器、电焊变压器，或用于电子仪器及电视、收音机等的电源变压器。

二、变压器的铭牌数据

变压器的铭牌主要标示变压器的额定值。额定值是制造厂对变压器在指定工作条件下运行时所规定的一些量值。在额定运行时，可以保证变压器长期可靠地工作，并具有优良的性能。额定值也是产品设计和试验的依据，通常标在变压器的铭牌上，主要包括额定容量、额定电压、额定频率、绕组联结组以及额定性能数据（阻抗电压、空载电流、空载损耗和负载损耗）和总重量，如图 5-23 所示。

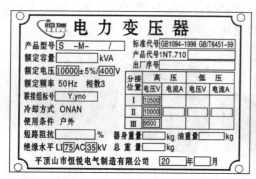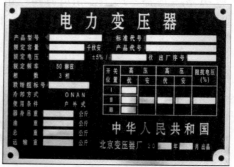

图 5-23　变压器的铭牌

（1）额定容量（kVA）：在额定电压、额定电流下连续运行时，能输送的容量。

（2）额定电压（kV）：变压器长时间运行时所能承受的工作电压。为适应电网电压变化的需要，变压器高压侧都有分接抽头，通过调整高压绕组匝数来调节低压侧输出电压。

（3）额定电流（A）：变压器在额定容量下允许长期通过的电流。

（4）空载损耗（kW）：当以额定频率的额定电压施加在一个绕组的端子上，其余绕组开路时所吸取的有功功率。与铁芯硅钢片性能及制造工艺和施加的电压有关。

（5）空载电流（％）：当变压器在额定电压下二次侧空载时，一次绕组中通过的电流。一般以额定电流的百分数表示。

（6）负载损耗（kW）：将变压器的二次绕组短路，在一次绕组额定分接位置上通入额定电流，此时变压器所消耗的功率。

（7）阻抗电压（％）：将变压器的二次绕组短路，在一次绕组慢慢升高电压，当二次绕组的短路电流等于额定值时，此时一次侧所施加的电压。一般以额定电压的百分数表示。

（8）相数和频率：三相开头以 S 表示，单相开头以 D 表示。中国国家标准频率 f 为 50Hz。国外有采用 60Hz 的，如美国。

（9）温升与冷却：变压器绕组或上层油温与变压器周围环境的温度之差，称为绕组或上层油面的温升。油浸式变压器绕组温升限值为 65K、油面温升为 55K。冷却方式也有多种：油浸自冷、强迫风冷，水冷，管式和片式等。

（10）绝缘等级：变压器的绝缘等级，并不是绝缘强度的概念，而是允许的温升的标准，即绝缘等级是指其所用绝缘材料的耐热等级，分 A、E、B、F、H 级。

（11）联结组标号：根据变压器一、二次绕组的相位关系，把变压器绕组连接成各种不同的组合，称为绕组的联结组。为了区别不同的联结组，常采用时钟表示法，即将高压侧线电压的相量作为时钟的长针，固定在 12 上，低压侧线电压的相量作为时钟的短针，看短针指在哪一个数字上，就作为该联结组的标号，如 Dyn11 表示一次绕组是（三角形）联结，二次绕组是带有中心点的（星形）联结，组号为（11）点。

知识点 2 含有变压器电路的分析

变压器是利用耦合线圈间的磁耦合来实现传递能量或信号的器件。它通常由两个或两个以上具有磁耦合的线圈组成，与电源相接的线圈称为一次绕组；与负载相接的线圈称为二次绕组。变压器的线圈绕在铁芯上，构成铁芯变压器，理想变压器是铁芯变压器的理想化模型。其理想的条件如下：

（1）变压器的一、二次绕组全耦合，即无漏磁通，耦合系数 $k = M/\sqrt{L_1 L_2} = 1$。

（2）变压器铁芯的磁导率为无穷大，即自感系数 L_1、L_2 无穷大，但 L_1/L_2 等于常数。互感系数 $M = \sqrt{L_1 L_2}$ 也为无限大。

（3）变压器无损耗，即变压器的线圈是理想的，线圈电阻为零，变压器的铁芯是理想的，其铁损为零。

因此，理想变压器可以看作是当耦合系数 $k = 1$，L_1、L_2 无穷大，且 L_1/L_2 等于常数这一极限情况下的耦合电感。

以上三个条件在工程实际中不可能满足，为了使实际变压器的性能接近理想变压器，工程上常采用两种措施：一是尽量采用具有高导磁率的铁磁材料作铁芯，二是尽量使变压器一、二次绕组紧密耦合，减少漏磁，使耦合系数 k 接近于 1，并保持一、二次绕组匝数比不变的前提下，尽量增加一、二次绕组的匝数。

一、理想变压器的变压作用

图 5-24 为一铁芯变压器的示意图，将其理想化，以推导理想变压器的变压作用。

N_1、N_2 分别为一次绕组 1 和二次绕组 2 的匝数。由于铁芯的磁导率很高，一般可认为磁通全部集中在铁芯中，并与全部线匝交链。若铁芯磁通为 Φ，则根据电磁感应定律，有

$$u_1 = N_1 \frac{\mathrm{d}\Phi}{\mathrm{d}t}$$

$$u_2 = N_2 \frac{\mathrm{d}\Phi}{\mathrm{d}t}$$

所以得理想变压器的变压关系式为

$$\frac{u_1}{u_2} = \frac{N_1}{N_2} = n \qquad (5\text{-}21)$$

式（5-21）中，n 称为变比。它等于一次绕组与

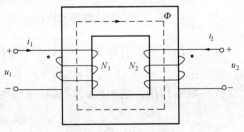

图 5-24 铁芯变压器

二次绕组的匝数比，是一个常数。

理想变压器的电路符号如图 5-25 所示。

二、理想变压器的变流作用

理想变压器是 L_1、L_2 无穷大，且 L_1/L_2 等于常数，$k=1$ 的无损耗耦合电感，则由耦合电感模型如图 5-26 所示，可得端电压相量式为

$$j\omega L_1 \dot{I}_1 + j\omega M \dot{I}_2 = \dot{U}_1$$

$$j\omega M \dot{I}_1 + j\omega L_2 \dot{I}_2 = \dot{U}_2$$

因为 $k=1$，即 $M = \sqrt{L_1 L_2}$，则

$$j\omega L_1 \dot{I}_1 + j\omega \sqrt{L_1 L_2} \dot{I}_2 = \dot{U}_1 \tag{5-22}$$

$$j\omega \sqrt{L_1 L_2} \dot{I}_1 + j\omega L_2 \dot{I}_2 = \dot{U}_2 \tag{5-23}$$

由式（5-23）得

$$\sqrt{\frac{L_2}{L_1}}(j\omega L_1 \dot{I}_1 + j\omega \sqrt{L_1 L_2} \dot{I}_2) = \dot{U}_2 \tag{5-24}$$

将式（5-22）与式（5-24）联立求得

$$\frac{\dot{U}_1}{\dot{U}_2} = \sqrt{\frac{L_1}{L_2}} = n$$

由式（5-22）可得

$$\dot{I}_1 = \frac{\dot{U}_1}{j\omega L_1} - \sqrt{\frac{L_2}{L_1}} \dot{I}_2$$

由于 $L_1 \to \infty$，因而

$$\frac{\dot{I}_1}{\dot{I}_2} = -\sqrt{\frac{L_2}{L_1}} = -\frac{1}{n} \tag{5-25}$$

式（5-25）为理想变压器的变流关系式。

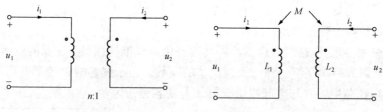

图 5-25　理想变压器　　　　　　图 5-26　耦合电感模型

理想变压器可以看作是一种极限情况下的耦合电感，这一抽象使元件性质发生了质的变化。耦合电感是动态元件；而理想变压器不是动态元件，它既不储能，也不耗能，仅起到一个变换参数的作用。它吸收的瞬时功率恒等于零，即

$$p = u_1 i_1 + u_2 i_2 = n u_2 \left(-\frac{1}{n} i_2\right) + u_2 i_2 = 0$$

此外，表征耦合电感需用 L_1、L_2 和 M 三个参数，而表征理想变压器只用变比 n 一个参

数。它们的电路符号十分相近，只能从参数的标注来判断是哪种元件。

在进行变压、变流关系计算时，要根据理想变压器符号中的同名端来确定变压、变流关系式中的正、负号。原则是：

（1）两端口电压的极性对同名端一致的，则关系式中加正号，否则加负号；

（2）两端口电流的方向对同名端相反的，则关系式中加正号，否则加负号。

根据上述原则，图 5-27 所示理想变压器的一次绕组与二次绕组间的电压、电流的关系用相量表示为

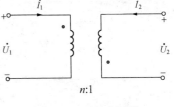

图 5-27　理想变压器

$$\dot{U}_1 = -n\dot{U}_2, \quad \dot{I}_1 = \frac{1}{n}\dot{I}_2$$

三、理想变压器的阻抗变换

图 5-28(a) 为理想变压器电路，若在二次绕组接一负载 Z_L，那么负载电压 $\dot{U}_2 = -Z_L\dot{I}_2$，这时从一次绕组看进去的输入阻抗为

$$Z_i = \frac{\dot{U}_1}{\dot{I}_1} = \frac{-n\dot{U}_2}{\frac{1}{n}\dot{I}_2} = n^2\left(\frac{\dot{U}_2}{-\dot{I}_2}\right) = n^2 Z_L \tag{5-26}$$

由式（5-26）可知，图 5-28（a）所示含理想变压器电路一次绕组等效电路如图 5-28（b）所示。即理想变压器二次绕组接负载 Z_L，对一次绕组而言，相当于在一次绕组接负载 $n^2 Z_L$。其中，$n^2 Z_L$ 称为二次绕组对一次绕组的折合阻抗。理想变压器的阻抗变换作用只改变阻抗的大小，不改变阻抗的性质。也就是说，负载阻抗为感性时折合到一次绕组的阻抗为感性，负载阻抗为容性时折合到一次绕组的阻抗也为容性。

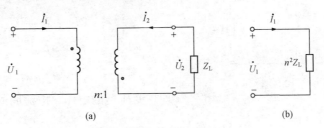

图 5-28　理想变压器变换阻抗的作用

(a) 电路图；(b) 变换阻抗

利用折合阻抗的概念可以简化某些含理想变压器的电路的分析。

四、变压器的功率性质

对于变压器的功率，因为

$$u_1 = n u_2, \quad i_1 = -\frac{1}{n}i_2$$

所以　　　　　　　$$p = u_1 i_1 + u_2 i_2 = u_1 i_1 + \frac{1}{n}u_1 \times (-n i_1) = 0$$

上式表明：理想变压器既不储能，也不耗能，在电路中只起传递信号和能量的作用；理想变压器的特性方程为代数关系，因此它是无记忆的多端元件。

【例 5-9】 电路如图 5-29(a) 所示，要使 100Ω 电阻获得最大功率，试确定理想变压器的变比 n。

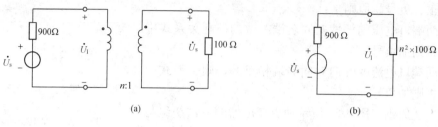

图 5-29 ［例 5-9］图

解 已知负载 $R = 100\Omega$，故二次绕组对一次绕组的折合阻抗

$$Z_L = n^2 \times 100\Omega$$

电路可等效为图 5-29(b) 所示。由最大功率传输条件可知，当 $n^2 \times 100\Omega$ 等于电压源的串联电阻（或电源内阻）时，负载可获得最大功率。所以 $n^2 \times 100 = 900$，则变比 $n = 3$。

在电子技术中，常利用变压器进行阻抗变换来达到阻抗匹配的目的，以使负载获得最大的功率。

【例 5-10】 若图 5-30 所示电路中所含变压器为理想变压器，其变比为 $n:1$，试求电流 $\dot{I}_1$ 和 $\dot{I}_2$。

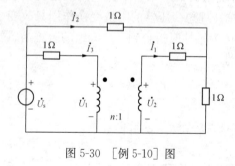

图 5-30 ［例 5-10］图

解 先将理想变压器部分电压 $\dot{U}_1$、$\dot{U}_2$ 视为未知量，在列出电流方程后再考虑理想变压器的电压、电流间的约束关系。网孔电流方程

$$2\dot{I}_1 + \dot{I}_2 = \dot{U}_2$$

$$\dot{I}_1 + 2\dot{I}_2 = \dot{U}_s$$

$$\dot{I}_3 = \dot{U}_s - \dot{U}_1$$

理想变压器的电压、电流间的约束关系

$$\dot{U}_1 = n\dot{U}_2, \ \dot{I}_1 = 1/n\dot{I}_2$$

代入消去 $\dot{U}_2$，解得

$$\dot{I}_1 = \frac{(n + 4/n - 2)\dot{U}_s}{2/n - 3n}, \ \dot{I}_2 = \frac{(1 - 1/n - 2n)\dot{U}_s}{2/n - 3n}$$

任务 3 基于 Multisim 软件的变压器电路分析

技能点 1 变压器仿真元件介绍

(1) 单击"基础元件"按钮，弹出对话框中"系列"栏如图 5-31 所示。

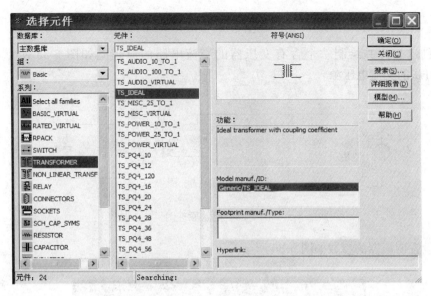

图 5-31　变压器

变压器元件有两种，如图 5-32 所示。若选中"变压器（TRANSFORMER）"，其"元件"栏中共显示有 24 种规格变压器可供调用，如图 5-31 所示。若选中"非线性变压器（NON_LINEAR_TRANSFORMER）"，其"元件"栏中共有 10 种规格非线性变压器可供调用，如图 5-33 所示。

变压器　　　　　 TRANSFORMER
非线性变压器　　 NON_LINEAR_TRA...

图 5-32　基本元件中的变压器

在含有变压器的交流电路分析中，采用 Multisim 仿真中提供的理想模型，如图 5-31 所示。

（2）将理想变压器放在绘图区，双击变压器进行参数设置，如图 5-34 所示。

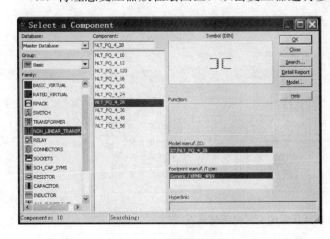

图 5-33　非线性变压器

图 5-34　理想变压器参数

可设置的参数有，Primary Coil Inductance 为一次绕组电感系数，Secondary Coil Inductance 为二次绕组电感系数，Coefficient of Coupling 为耦合系数。

技能点 2　含变压器的交流电路仿真分析

（1）创建文件并绘制一个含有变压器的交流电路的原理图如图 5-35 所示，电源为 220V、50Hz 的交流电压源。

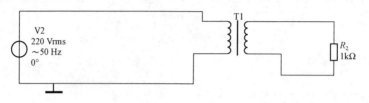

图 5-35　电路原理图

（2）设置变压器的参数如图 5-36 所示。

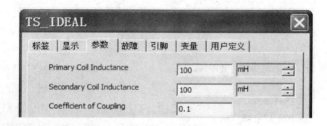

图 5-36　变压器的参数设置

变压器的参数中一次绕组和二次绕组的电感系数选择默认值（默认为 100mH），Coefficient of Coupling 设置为 0.1。

（3）为了测量变压器一次侧和二次侧的电压波形，为电路连接双踪示波器，同时在电路中用万用表测量电压值，注意：万用表测量电压要并联在电路中，并设置成交流电压测试。仿真电路如图 5-37 所示。

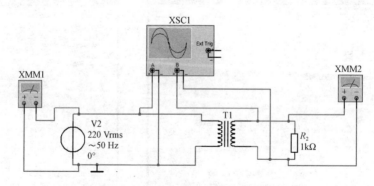

图 5-37　含变压器的交流电路仿真图

（4）单击仿真运行，查看结果如图 5-38 所示。

由于电路设置的 Coefficient of Coupling 是 0.1，所以变压器的二次侧电压为一次侧电压的 0.1 倍，为 22V 左右。若 Coefficient of Coupling 设置为 0.01，则结果如图 5-39 所示，是

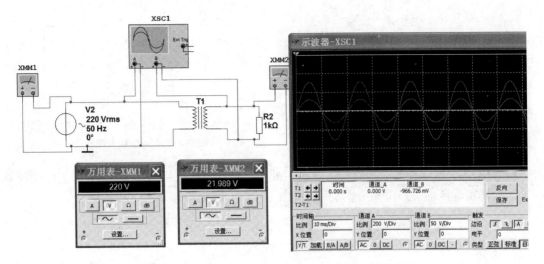

图 5-38　Coefficient of Coupling 为 0.1 电路的仿真结果

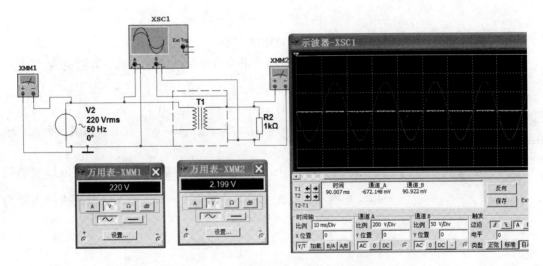

图 5-39　Coefficient of Coupling 为 0.01 电路的仿真结果

一次侧电压的 0.01 倍，2.2V 左右。

知识拓展 **典型习题分析**

【例 5-11】求图 5-40 所示电路的等效电感 L_{eq}。

解　由图 5-40 所示电路可得

$$(2+7)\frac{\mathrm{d}\,i_1}{\mathrm{d}t} + 2\frac{\mathrm{d}\,i_2}{\mathrm{d}t} = u_1,\ 2\frac{\mathrm{d}i_1}{\mathrm{d}t} + 4\frac{\mathrm{d}\,i_2}{\mathrm{d}t} = 0$$

从以上两式中消去 $\frac{\mathrm{d}\,i_2}{\mathrm{d}t}$ 得 $u_1 = 8\frac{\mathrm{d}i_1}{\mathrm{d}t}$，由此可见 $L_{eq} = 8\mathrm{H}$。

【例 5-12】图 5-41 所示电路中，$u_s = 24\cos(\omega t)\mathrm{V}$，求 i_2。

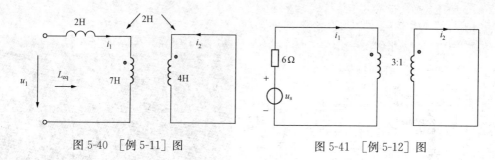

图 5-40　[例 5-11] 图　　　　　　　　图 5-41　[例 5-12] 图

解　图 5-41 所示理想变压器的二次绕组处于短路，二次绕组电压为 0。根据理想变压器一、二次绕组电压的关系可知一次绕组的电压也为 0，因此，有

$$i_1 = \frac{24\cos(\omega t)}{6} = 4\cos(\omega t) \ (\text{A})$$

再由理想变压器一、二次绕组电流的关系 $\dfrac{i_1}{i_2} = \dfrac{1}{n}$（注意此处电流 i_2 的参考方向）得

$$i_2 = ni_1 = 12\cos(\omega t) \ (\text{A})$$

【例 5-13】 在图 5-42 所示电路中，求等效阻抗 Z_i。

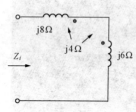

解　图 5-42 所示的耦合电感反向串联，其等效阻抗为
$$Z_i = \mathrm{j}\omega L_1 + \mathrm{j}\omega L_2 - 2 \times \mathrm{j}\omega M = \mathrm{j}8 + \mathrm{j}6 - 2 \times \mathrm{j}4 = \mathrm{j}6 \ (\Omega)$$

【例 5-14】 在图 5-43(a) 所示电路中，若 $i_s = 8\sqrt{2}\cos(\omega t)$ A，$R = 4\Omega$，$Z_1 = (16+\mathrm{j}9)\Omega$，$Z_2 = (3+\mathrm{j}4)\Omega$，电压表内阻无穷大，求电压表的读数。

解　对图 5-43(a) 的电路进行等效变换，得其相量模型如图 5-43(b) 所示。图 5-43(b) 中的 $\dot{U}_s = 32\angle 0°\text{V}$。电压表的内阻为

图 5-42　[例 5-13] 图

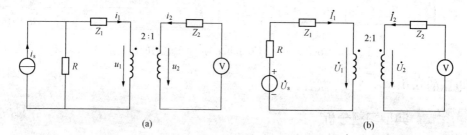

(a)　　　　　　　　　　(b)

图 5-43　[例 5-14] 图

无限大，那么 $\dot{I}_2 = 0$。根据理想变压器一、二次绕组电流相量的关系可知 $\dot{I}_1 = 0$，即 $\dot{U}_1 = \dot{U}_s$。

而
$$\dot{U}_2 = \frac{1}{2}\dot{U}_1 = \frac{1}{2}\dot{U}_s = 16\angle 0° \ (\text{V})$$

所以电压表的读数为 16 V。

【例 5-15】 在图 5-44 所示电路中，已知 $U_s = 220$ V，$Z = (3 + j4)$ Ω，求 Z 消耗的平均功率。

解　从一次绕组向二次绕组看进去的阻抗为

$$Z_i = 10^2 \times Z = (300 + j400) \ (\Omega)$$

以电源电压相量为参考相量，即 $\dot{U}_s = 220\angle 0°$ V，于是

$$\dot{I}_1 = \frac{\dot{U}_s}{Z_i} = \frac{220}{300 + j400} = 0.44\angle -53.13° \ (\text{A})$$

Z 消耗的平均功率为

$$P = U_s I_1 \cos\varphi = 220 \times 0.44\cos(53.13°) = 58.8 \ (\text{W})$$

【例 5-16】 图 5-45 所示电路处于正弦稳态状态，已知 $\dot{U}_s = 40\angle 0°$，求 $\dot{I}_1$、$\dot{I}_2$、$\dot{U}_2$。

解　对图 5-45 的电路列式为

$$\begin{cases} j2\dot{I}_1 - j4\dot{I}_2 = 40\angle 0° \\ -j4\dot{I}_1 + (8 + j8)\dot{I}_2 = 0 \end{cases}$$

解得　　$\dot{I}_1 = 20\sqrt{2}\angle -45°$A，$\dot{I}_2 = 10\angle 0°$A

所以　　　　　　　　$\dot{U}_2 = 8\dot{I}_2 = 8 \times 10\angle 0°$ A $= 80\angle 0°$ V

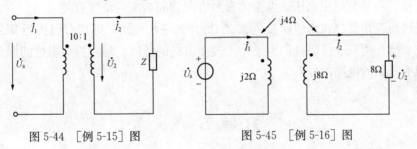

图 5-44　[例 5-15] 图　　　　　图 5-45　[例 5-16] 图

项目小结

　　(1) 两个线圈的磁通相互交链的关系称为磁耦合。在电路中用耦合电感元件表征两个有磁耦合的电感线圈。电工技术中一般用标注同名端的方法来反映线圈的绕向和相对位置。

　　(2) 耦合电感元件的伏安关系式

$$u_1 = \pm L_1 \frac{\mathrm{d}i_1}{\mathrm{d}t} \pm M \frac{\mathrm{d}i_2}{\mathrm{d}t}$$

$$u_2 = \pm L_2 \frac{\mathrm{d}i_2}{\mathrm{d}t} \pm M \frac{\mathrm{d}i_1}{\mathrm{d}t}$$

式中：$L_1 \dfrac{\mathrm{d}i_1}{\mathrm{d}t}$、$L_2 \dfrac{\mathrm{d}i_2}{\mathrm{d}t}$ 为自感电压，由线圈本身电流产生；$M \dfrac{\mathrm{d}i_1}{\mathrm{d}t}$、$M \dfrac{\mathrm{d}i_2}{\mathrm{d}t}$ 为互感电压，由另一个线圈的电流产生。其中，各项的正负号与端钮电压、电流的参考方向和同名端的位置有关。

（3）耦合电感元件的电压、电流用电压、电流相量表示，自感系数和互感系数分别用 $j\omega L$ 和 $j\omega M$ 代替，这样得到耦合电感元件的相量模型。伏安关系的相量形式

$$\dot{U}_1 = \pm j\omega L_1 \dot{I}_1 \pm j\omega M \dot{I}_2$$

$$\dot{U}_1 = \pm j\omega L_2 \dot{I}_2 \pm j\omega M \dot{I}_1$$

（4）耦合电感元件的串联的去耦等效电感 $L = L_1 + L_1 \pm 2M$，互感项顺接取正，反接取负；并联后的等效电感为 $L_{eq} = \dfrac{L_1 L_2 - M^2}{L_1 + L_2 - 2M}$（同侧并联），$L_{eq} = \dfrac{L_1 L_2 - M^2}{L_1 + L_2 + 2M}$（异侧并联）；耦合电感元件的 T 形连接分为同名端相连和异名端相连两种。

（5）分析含耦合电感的正弦交流电路，可以将耦合电感看作是两条支路，每条支路均由两个元件组成：一个元件是本线圈的自感抗，体现线圈的自感电压；另一个元件是受控电压源，体现线圈中的互感电压。

（6）理想变压器可以看成是当耦合系数 $k = 1$，L_1、L_2 无穷大，且 L_1/L_2 等于常数这一极限情况下的耦合电感。理想变压器的一次绕组与二次绕组间的电压、电流的关系为

$$\dot{U}_1 = \pm n \dot{U}_2$$

$$\dot{I}_1 = \pm \frac{1}{n} \dot{I}_2$$

其中各项的正、负号与端钮电压、电流的参考方向和同名端的位置有关。

（7）把理想变压器二次绕组所接负载 Z_L 折合到一次绕组，则折合阻抗为 $n^2 Z_L$。理想变压器的阻抗变换作用只改变阻抗的大小，不改变阻抗的性质。利用折合阻抗的概念可以简化某些含理想变压器的电路的分析。

习 题 五

5-1 耦合电感 $L_1 = 6H$，$L_2 = 4H$，$M = 3H$。试求它们作串联、并联时的各等效电感。

5-2 已知两个具有互感的线圈如图 5-46 所示。试完成：（1）标出它们的同名端；（2）判断开关闭合时或开关断开时毫伏表的偏转方向。

5-3 图 5-47 所示电路中，试求 $u_1(t)$ 和 $u_2(t)$。

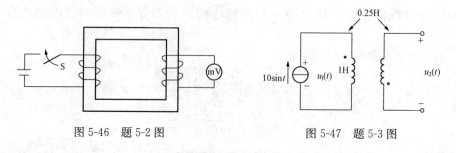

图 5-46 题 5-2 图　　　　　　图 5-47 题 5-3 图

5-4 电路如图 5-48 所示，试求 $u_{ac}(t)$、$u_{ab}(t)$、$u_{bc}(t)$。

5-5 图 5-49 所示电路处于正弦稳态中，试求 $\dot{I}$ 和 $\dot{U}_1$。

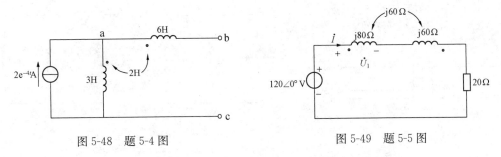

图 5-48 题 5-4 图   图 5-49 题 5-5 图

5-6 图 5-50 所示电路中，已知 $i_s(t) = 2\sin10t\text{A}$，$L_1 = 0.3\text{H}$，$L_2 = 0.5\text{H}$，$M = 0.1\text{H}$。试求电压 u。

5-7 图 5-51 所示电路中，已知 $\dot{U} = 200\angle0°\text{V}$，$R_1 = 3\Omega$，$R_2 = 4\Omega$，$\omega L_1 = 20\Omega$，$\omega L_2 = 30\Omega$，$\omega M = \dfrac{1}{\omega C} = 15\Omega$。试求各支路电流。

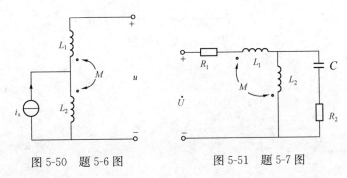

图 5-50 题 5-6 图   图 5-51 题 5-7 图

5-8 图 5-52 所示理想变压器电路，已知 $R = 100\Omega$，$R_L = 1\Omega$，$n = 5$，$\dot{U}_s = 100\angle0°\text{V}$。试求 $\dot{I}_1$、$\dot{I}_2$ 及 R_L 吸收的功率。

5-9 有一台额定电压为 10000V/220V 的降压变压器，二次绕组接一盏 220V、100W 的灯泡，变压器的效率为 98%，求灯泡点燃后一、二次绕组的电流。若一次绕组为 200 匝，二次绕组为多少匝？

5-10 电路如图 5-53 所示，为使 10Ω 电阻能获得最大功率，试确定理想变压器的变比 n 及最大功率值。

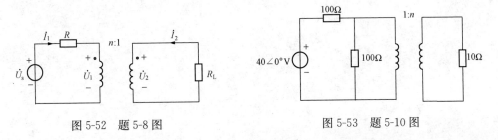

图 5-52 题 5-8 图   图 5-53 题 5-10 图

5-11 图 5-54 中，输入变压器的二次绕组有中间抽头，以便接 8Ω 或 3.5Ω 的扬声器，两者都能达到阻抗匹配。试求二次绕组两部分匝数之比 N_2/N_3。

5-12 已知电路如图 5-55 所示，试求等效阻抗 Z_i。

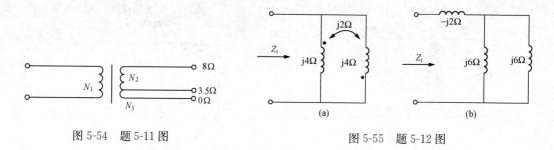

图 5-54 题 5-11 图   图 5-55 题 5-12 图

5-13 图 5-56 所示电路中，求等效阻抗 Z_i。

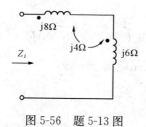

图 5-56 题 5-13 图

项目六　无线调频耳机的制作

【项目描述】

现在很多学校的学生用无线调频耳机收听校广播电台播放的各种听力考试内容。用于收听校台时无线调频耳机相当于一台收音机，收音机利用电路的频率特性才能选择广播电台的节目。同理，利用电路的频率特性电视接收机才能收看电视台的节目，电话、遥测和数据系统才能提取所需的信号等。因此，不局限于项目三中在单一频率正弦激励作用下的稳态响应，本项目讨论电路在不同频率正弦激励作用下响应随频率变化的情况，即频率响应。这种电路响应随激励频率而变化的特性就称为电路的频率特性。

图 6-1　无线调频
耳机

【学习内容】

掌握频率响应的概念，RC 电路和 RLC 电路的频率响应；掌握 RLC 电路串并联谐振的特点及应用；识别无线调频耳机电路中所用的元器件，完成无线调频耳机电路的安装及调试。

任务 1　RLC 电路串并联谐振的测量及信号观察

【任务要求】掌握频率响应的概念、幅频特性与相频特性、RC 电路的频率响应、RLC 电路的频率响应，以及 RLC 串联谐振和并联谐振的特点及应用。

知识点 1　频率响应

项目四中讨论的正弦交流电路，只限于在单一频率正弦激励作用下的稳态响应，其响应是与激励同频率的正弦量，是通过振幅和相位反映出来的。本项目专门讨论电路在不同频率正弦激励作用下响应随频率变化的情况，这里响应是正弦激励频率的函数，即响应的振幅和相位是随着激励频率的变化而变化的，故将这种响应称为频率响应，这种电路响应随激励频率而变化的特性称为电路的频率特性。正是利用电路的频率特性，收音机和电视接收机才能选择广播电台和电视台的节目，电话、遥测和数据系统才能提取所需的信号等。

给定电路指定输入和输出下频率响应的研究是通过正弦交流电路的网络函数来进行的。网络函数定义为在正弦稳态条件下，电路的响应相量与激励相量之比。

图 6-2 所示双口网络 N 的网络函数有两类。

1. 策动点函数：响应与激励都属同一端口

（1）策动点阻抗　$Z_D = \dfrac{\dot{U}_1}{\dot{I}_1}$

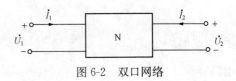

图 6-2　双口网络

（2）策动点导纳　$Y_D = \dfrac{\dot{I}_1}{\dot{U}_1}$

2．转移函数：响应和激励不在同一端口

（1）转移电压比　$A_u = \dfrac{\dot{U}_2}{\dot{U}_1}$

（2）转移电流比　$A_i = \dfrac{\dot{I}_2}{\dot{I}_1}$

（3）转移阻抗　$Z_T = \dfrac{\dot{U}_2}{\dot{I}_1}$

（4）转移导纳　$Y_T = \dfrac{\dot{I}_2}{\dot{U}_1}$

以上 6 种网络函数一般都是频率的函数，通常用 $N(j\omega)$ 来泛指网络函数，定义为

$$N(j\omega) = \frac{\text{响应相量}}{\text{激励相量}}$$

一般情况下 $N(j\omega)$ 是一个复数，可表示为

$$N(j\omega) = |N(j\omega)| \angle \theta(\omega) \tag{6-1}$$

式中：$|N(j\omega)|$ 为网络函数的模，等于响应幅值与激励幅值之比，是激励频率 ω 的函数，称为幅频特性。在激励幅值一定时，$|N(j\omega)|$ 反映了响应幅值随 ω 变化的情况。$\theta(\omega)$ 是 $N(j\omega)$ 的辐角，等于响应与激励的相位差，是激励频率 ω 的函数，称为相频特性。$\theta(\omega)$ 反映了响应相位随 ω 变化的情况。

幅频特性和相频特性反映了响应幅值和相位随激励频率变化的情况，为给定电路指定输入和输出下的频率响应。由此可见，电路在正弦激励下频率响应的研究是通过正弦交流电路的网络函数来进行的。

知识点 2　RC 电路及 RLC 电路的频率响应

一、RC 电路的频率响应

1．RC 低通电路

（1）电路。RC 低通电路如图 6-3 所示。图中，$\dot{U}_1$ 为输入电压，是电路的激励；$\dot{U}_2$ 为输出电压，是电路的响应。

（2）频率响应。要研究 RC 低通电路的频率响应，先求电路的网络函数转移电压比 A_u，计算式为

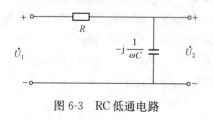

图 6-3　RC 低通电路

$$A_u = \frac{\dot{U}_2}{\dot{U}_1} = \frac{\dfrac{1}{j\omega C}}{R + \dfrac{1}{j\omega C}} = \frac{1}{1 + j\omega RC}$$

$$= \frac{1}{\sqrt{1 + (\omega RC)^2}} \angle -\tan^{-1}\omega RC \tag{6-2}$$

幅频特性

$$|A_u(j\omega)| = \frac{U_2}{U_1} = \frac{1}{\sqrt{1 + (\omega RC)^2}} \tag{6-3}$$

相频特性

$$\theta(\omega) = \theta_2 - \theta_1 = -\tan^{-1}\omega RC \tag{6-4}$$

由式（6-3）可知，$\omega = 0$ 时，$|A_u| = 1$；$\omega = \dfrac{1}{RC} = \dfrac{1}{\tau}$ 时，$|A_u| = 0.707$；$\omega \to \infty$ 时，$|A_u| \to 0$。则由幅频特性画出幅频特性曲线，如图 6-4（a）所示。由图可知，随着 ω 的增大 $|A_u|$ 是减小的，即对同样大小的输入电压 U_1，ω 越高，输出电压 U_2 越小，说明低频信号比高频信号容易通过这一电路，所以称该电路为低通电路。

当 $\omega = \dfrac{1}{\tau}$ 时，$A_u = \dfrac{1}{\sqrt{2}}$，即输出电压 U_2 降低到输入电压 U_1 的 $\dfrac{1}{\sqrt{2}}$，由于 $P \propto U^2$，所以此时功率将降低 $\left(\dfrac{1}{\sqrt{2}}\right)^2 = \dfrac{1}{2}$，则 $\dfrac{1}{\tau}$ 称为半功率点频率，记为 ω_c。工程上，规定 ω_c 为截止频率。当 $\omega < \omega_c$ 时，$U_2 > 70.7\%U_1$，认为输入信号能通过电路；当 $\omega > \omega_c$ 时，$U_2 < 70.7\%U_1$，认为输入信号不能顺利通过电路。所以把 $0 \sim \omega_c$ 的频率范围定义为 RC 低通电路的通频带 BW。

由式（6-4）可知，$\omega = 0$ 时，$\theta = 0°$；$\omega = \dfrac{1}{\tau}$ 时，$\theta = -45°$；$\omega \to \infty$ 时，$\theta \to -90°$。由相频特性画出相频特性曲线，如图 6-4（b）所示。图中，ω 取任意值时 $\theta < 0°$，说明输出电压 $\dot{U}_2$ 总是滞后于输入电压 $\dot{U}_1$，故 RC 低通电路又称为滞后网络。

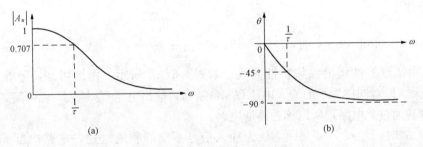

图 6-4　RC 低通电路的频率响应
（a）幅频特性；（b）相频特性

RC 低通电路可以滤除电路中的高频分量。因此，被广泛应用于整流电路和检波电路中，用以滤除电路中的交流高频分量。

【例 6-1】 图 6-3 所示 RC 低通电路中，$C = 0.01\mu\text{F}$，问若在 10kHz 时，$\dot{U}_2$ 滞后 $\dot{U}_1$ 相角 30°，R 应为何值？若输入电压为 110V，这时输出电压为多少？

解　由式（6-4）可知 $\dot{U}_2$ 滞后 $\dot{U}_1$ 的角度为

$$\tan^{-1}\dfrac{1}{\omega RC} = 30°$$

则

$$\omega RC = \tan 30° = 0.577$$

$$\tau = RC = \dfrac{0.577}{\omega} = \dfrac{0.577}{2 \times \pi \times 10 \times 10^3} = 0.092 \times 10^{-4}(\text{s})$$

故可得出

$$R = \dfrac{\tau}{C} = \dfrac{0.092 \times 10^{-4}}{0.01 \times 10^{-6}} = 920(\Omega)$$

又由式（6-3）得

$$\dfrac{U_2}{U_1} = \dfrac{1}{\sqrt{1+(\omega RC)^2}}$$

得出 $$U_2 = \frac{U_1}{\sqrt{1+(\omega RC)^2}} = \frac{110}{\sqrt{1+(0.577)^2}} = 95.28 \ (\text{V})$$

2. RC 高通电路

（1）电路。RC 高通电路如图 6-5 所示。图中，$\dot{U}_1$ 为输入电压，是电路的激励，$\dot{U}_2$ 为输出电压，取自电阻 R 两端，是电路的响应。

图 6-5 RC 高通电路

（2）频率响应。要分析电路的频率响应，首先求出图 6-5 所示电路的网络函数转移电压比 A_u，计算式为

$$A_u = \frac{\dot{U}_2}{\dot{U}_1} = \frac{R}{R + \frac{1}{\mathrm{j}\omega C}} = \frac{1}{\sqrt{1+\left(\frac{1}{\omega RC}\right)^2}} \angle \tan^{-1}\frac{1}{\omega RC} \tag{6-5}$$

幅频特性 $$|A_u| = \frac{U_2}{U_1} = \frac{1}{\sqrt{1+\left(\frac{1}{\omega RC}\right)^2}} \tag{6-6}$$

相频特性 $$\theta = \theta_2 - \theta_1 = \tan^{-1}\frac{1}{\omega RC} \tag{6-7}$$

由式（6-6）可知，$\omega = 0$ 时，$|A_u| = 0$；$\omega = \frac{1}{RC} = \frac{1}{\tau}$ 时，$|A_u| = 0.707$；$\omega \to \infty$ 时，$|A_u| \to 1$。由幅频特性画出幅频特性曲线，如图 6-6(a) 所示。由图可知，随着 ω 的增大 $|A_u|$ 也增大，即对同样大小的输入电压 U_1，ω 越高，输出电压 U_2 越大，说明高频信号比低频信号更容易通过此电路，所以称为高通电路。

当 $\omega < \omega_c$ 时，$U_2 < 70.7\%U_1$，认为输入信号不能顺利通过这一电路；当 $\omega > \omega_c$ 时，$U_2 > 70.7\%U_1$，认为输入信号可以顺利通过这一电路。所以把 RC 高通电路的通频带 BW 定义为 $\omega_c \sim \infty$ 的频率范围。

由式（6-7）可知，$\omega = 0$ 时，$\theta = 90°$；$\omega = \frac{1}{\tau}$ 时，$\theta = 45°$；$\omega \to \infty$ 时，$\theta \to 0°$。则由相频特性画出相频特性曲线，如图 6-6(b) 所示。图中，ω 取任意值时 $\theta > 0°$，则输出电压 $\dot{U}_2$ 总是超前于输入电压 $\dot{U}_1$，故 RC 高通电路又称为超前网络。

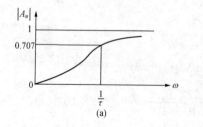
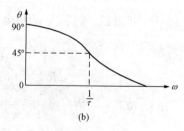

图 6-6 RC 高通电路的频率响应

（a）幅频特性；（b）相频特性

RC 高通电路应用于需要滤除直流和低频成分的电路中，如作为电子电路放大器级间耦合电路，起隔直作用，以避免两级放大器直流工作点的相互干扰。

与 RC 串联电路相似，由 RL 串联而成的电路，通过选择不同的输出点也可分别构成高通电路和低通滤波电路，在此不再赘述。

二、RLC 电路的频率响应

1. RLC 电路的带通特性

（1）电路。RLC 串联电路如图 6-7 所示。图中，$\dot{U}_1$ 为输入电压；$\dot{U}_2$ 为输出电压，取自电阻 R 两端。

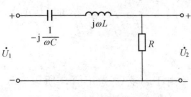

图 6-7　RLC 串联带通电路

（2）带通电路的频率响应。要分析图 6-7 所示电路的频率响应，首先要求出网络函数转移电压比 A_u，计算式为

$$A_u = \frac{\dot{U}_2}{\dot{U}_1} = \frac{R}{R + j\omega L + \dfrac{1}{j\omega C}} = \frac{j\omega RC}{(j\omega)^2 LC + j\omega RC + 1} = \frac{j\omega RC}{1 - \omega^2 LC + j\omega RC}$$

$$= \frac{\omega RC}{\sqrt{(1 - \omega^2 LC)^2 + (\omega RC)^2}} \angle 90° - \tan^{-1} \frac{\omega RC}{1 - \omega^2 LC} \tag{6-8}$$

幅频特性

$$|A_u| = \frac{\omega RC}{\sqrt{(1 - \omega^2 LC)^2 + (\omega RC)^2}} \tag{6-9}$$

相频特性

$$\theta = 90° - \tan^{-1} \frac{\omega RC}{1 - \omega^2 LC} \tag{6-10}$$

由式（6-9）可知，当 $\omega = \omega_0 = \dfrac{1}{\sqrt{LC}}$ 时，$|A_u| = 1$；当 $\omega > \omega_0$ 时，$|A_u|$ 减小，并趋于 0；当 $\omega < \omega_0$ 时，$|A_u|$ 减小，并趋于 0；将 ω_0 称为中心频率；当 $\omega = \omega_1$、$\omega = \omega_2$ 时，$A_u = \dfrac{1}{\sqrt{2}} = 0.707$。由幅频特性画出幅频特性曲线，如图 6-8（a）所示。

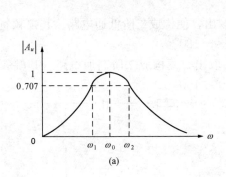
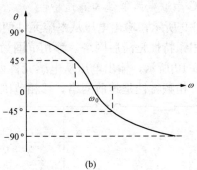

图 6-8　RLC 带通电路的频率响应

（a）幅频特性；（b）相频特性

由图可知，当 $\omega_1 < \omega < \omega_2$ 时，$U_2 > 70.7\% U_1$，认为信号容易通过这一电路；将 ω_2 称为上截止频率，ω_1 称为下截止频率，所以 RLC 串联电路的通频带 $BW = \omega_2 - \omega_1$。

当输入正弦电压信号的频率在 $\omega_1 \sim \omega_2$ 范围内时，该信号容易通过电路。电路这种特性称为带通特性，具有这种特性的电路又称为二阶带通电路。

下面具体分析 BW 与 ω_1、ω_2 的关系式。

当 $\omega = \omega_1$、$\omega = \omega_2$ 时，$|A_u| = \dfrac{\omega RC}{\sqrt{(1-\omega^2 LC)^2 + (\omega RC)^2}} = \dfrac{1}{\sqrt{2}}$，由此式可求出

$$\omega = \pm \frac{R}{2L} \pm \sqrt{\left(\frac{R}{2L}\right)^2 + \frac{1}{LC}}$$

由于 ω 必须为正值，所以

$$\omega_2 = \frac{R}{2L} + \sqrt{\left(\frac{R}{2L}\right)^2 + \frac{1}{LC}} \tag{6-11}$$

$$\omega_1 = -\frac{R}{2L} + \sqrt{\left(\frac{R}{2L}\right)^2 + \frac{1}{LC}} \tag{6-12}$$

因此

$$BW = \omega_2 - \omega_1 = \frac{R}{L} \tag{6-13}$$

式（6-13）表明，通频带的宽度与电路参数 R 成正比，与 L 成反比。R 值越小，通频带 BW 越窄。

衡量幅频特性曲线是否陡峭，是看中心频率 ω_0 与通频带 BW 的比值如何，这一比值定义为电路的品质因数，即

$$Q = \frac{\omega_0}{\omega_2 - \omega_1} = \frac{\omega_0 L}{R} = \frac{1}{\omega_0 RC} = \frac{1}{R}\sqrt{\frac{L}{C}} \tag{6-14}$$

由式（6-14）可知，品质因数的大小与 RLC 串联电路的元件参数有关，R 值越小，通频带越窄，Q 值越高，幅频特性越陡峭，电路对偏离中心频率信号的抑制能力越强，电路的选频特性就越好。

由式（6-10）可知，$\omega = 0$ 时，$\theta = 90°$；$\omega = \omega_0$ 时，$\theta = 0°$；$\omega \to \infty$ 时，$\theta \to -90°$。则由相频特性画出相频特性曲线，如图 6-8(b) 所示。图中，当 $\omega < \omega_0$ 时，$\theta(\omega) > 0$，$\dot{U}_2$ 超前 $\dot{U}_1$，电路呈电容性；当 $\omega = \omega_0$ 时，$\theta(\omega) = 0$，$\dot{U}_2$ 与 $\dot{U}_1$ 同相，电路呈电阻性；当 $\omega > \omega_0$ 时，$\theta(\omega) < 0$，$\dot{U}_2$ 滞后 $\dot{U}_1$，电路呈电感性。

2. RLC 串联电路低通和高通特性

如图 6-9 所示，输出电压从电容元件两端取出，便构成二阶低通电路。其幅频特性是低通特性，相频特性是滞后网络，移相范围为 $0° \sim -180°$。

如图 6-10 所示，输出电压从电感元件两端取出，便构成二阶高通电路。其幅频特性是高通特性，相频特性是超前网络，移相范围为 $0° \sim 180°$。

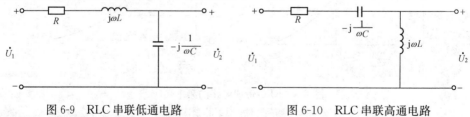

图 6-9　RLC 串联低通电路　　　　　　图 6-10　RLC 串联高通电路

知识点 3　RLC 串联谐振

RLC 串联电路如图 6-11 所示。如果在电压和电流关联参考方向下，端口上电压相量 $\dot{U}$

与电流相量 $\dot{I}$ 同相，则称该电路此时发生了串联谐振。

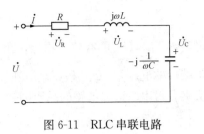

图 6-11　RLC 串联电路

一、发生串联谐振的条件

RLC 串联电路中

$$\dot{U} = Z(\mathrm{j}\omega)\dot{I} = (R + \mathrm{j}X)\dot{I} = \left[R + \mathrm{j}\left(\omega L - \frac{1}{\omega C}\right)\right]\dot{I} \tag{6-15}$$

要使 $\dot{U}$ 与 $\dot{I}$ 同相，式（6-15）中的阻抗 $Z(\mathrm{j}\omega)$ 的虚部必须为零，即

$$\mathrm{Im}\left[Z(\mathrm{j}\omega)\right] = 0 \tag{6-16}$$

或

$$\omega L - \frac{1}{\omega C} = 0 \tag{6-17}$$

这就是 RLC 串联电路发生串联谐振的条件。

根据串联谐振条件，可求得 RLC 串联电路的谐振角频率 ω_0 和谐振频率 f_0 分别为

$$\omega_0 = \frac{1}{\sqrt{LC}} \tag{6-18}$$

$$f_0 = \frac{1}{2\pi\sqrt{LC}} \tag{6-19}$$

由式（6-19）可知，串联电路的谐振频率 f_0 与电阻无关，仅由电感 L 和电容 C 的参数决定，反映了 RLC 串联电路的固有性质，故也称它为电路的固有谐振频率，而且对于每一个 RLC 串联电路，总有一个对应的谐振频率 f_0，可以通过改变外加信号的频率 ω、电路参数 L 或 C 使电路发生谐振或消除谐振。

由式（6-18）可知，RLC 串联谐振电路的谐振角频率 ω_0 即为前述 RLC 带通电路的中心频率。

二、串联谐振的特征

因为 RLC 串联电路发生谐振时，端口上电流与电压同相，$\mathrm{Im}\left[Z(\mathrm{j}\omega)\right] = 0$，所以谐振时电路的阻抗是一个纯电阻，$\left|Z(\mathrm{j}\omega_0)\right| = R$ 为极小值，阻抗角 $\varphi = 0°$。电路中的电流为

$$I_0 = \frac{U}{\left|Z_0\right|} = \frac{U}{R} \tag{6-20}$$

在端口上输入电压有效值 U 一定时，电流的有效值 I 达到了极大值 I_0。而且此电流的极大值完全决定于电阻值，而与电感和电容值无关。这是串联谐振电路的一个很重要的特征，根据它可以断定电路是否发生了谐振。

谐振时电路各元件的电压相量分别为

$$\dot{U}_{R0} = R\dot{I}_0 = R\frac{\dot{U}}{R} = \dot{U}$$

$$\dot{U}_{L0} = \mathrm{j}\omega_0 L\dot{I}_0 = \mathrm{j}\omega_0 L\frac{\dot{U}}{R} = \mathrm{j}Q\dot{U}$$

$$\dot{U}_{C0} = -\mathrm{j}\frac{1}{\omega_0 C}\dot{I}_0 = -\mathrm{j}\frac{1}{\omega_0 C}\frac{\dot{U}}{R} = -\mathrm{j}Q\dot{U}$$

电感上与电容上的电压相量之和为

$$\dot{U}_{X0} = \dot{U}_{L0} + \dot{U}_{C0} = jQ\dot{U} - jQ\dot{U} = 0$$

可见，$\dot{U}_{L0}$ 和 $\dot{U}_{C0}$ 的有效值相等，相位相反，因而它们在任何时刻之和为零，电阻电压 $\dot{U}_{R0}$ 等于端口的电压 $\dot{U}$。U_{L0} 和 U_{C0} 是外加电压 U 的 Q 倍，因此可以用测量电容或电感上电压的办法来获得串联谐振电路的品质因数 Q 值，即

$$Q = \frac{U_{C0}}{U} = \frac{U_{L0}}{U}$$

$Q \gg 1$，电感和电容上便出现超过外加电压有效值 Q 倍的高电压，故串联谐振又称为电压谐振。这种部分电压大于总电压的现象在线性电阻串联电路中是绝对不会发生的。串联谐振电路的这个特性在通信与无线电技术中得到了广泛的应用。例如，收音机的接收电路就是一个串联谐振电路，它之所以能从众多广播电台的微弱信号中将所需电台的信号鉴别与选择出来，正是依靠电路对某频率电台的信号谐振时可以从电容上获得比输入信号大 Q 倍的电压来实现的。图 6-12 为收音机的接收电路。接收信号频率与电路谐振频率不一致时，称为失谐。收音机选台就是一种调谐操作，选台过程实际上就是通过改变电路的电容或电感参数，以使电路与所需接收的某个信号发生谐振的过程。需要指出的是，在电力系统中，由于电源电压数值较高，串联谐振时产生的高电压会引起电气设备的损坏，因此，设计电路时要考虑避免出现谐振或接近谐振的情况。

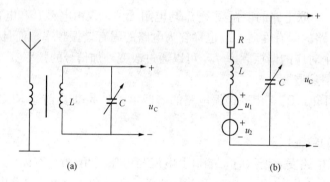

图 6-12 　 收音机接收电路

(a) 示意图；(b) 等效电路

串联谐振时电路吸收的无功功率为零，即

$$Q = UI\sin\varphi = 0$$

也即

$$Q = Q_L + Q_C = 0$$

它表明谐振时电路与电源之间没有能量的交换，电源只供给电阻所消耗的能量。尽管谐振时电路与电源之间没有能量交换，但电感和电容之间却在等量地交换能量。

【例 6-2】 电路如图 6-11 所示。已知 $L = 20\text{mH}$，$C = 200\text{pF}$，$R = 100\Omega$，正弦电源电压 $\dot{U} = 10\angle 0°\text{mV}$。试求电路的谐振频率 f_0、Q 值和谐振时的 U_{C0}、U_{L0}。

解

$$f_0 = \frac{1}{2\pi\sqrt{LC}} = \frac{1}{6.28\sqrt{20 \times 10^{-3} \times 200 \times 10^{-12}}} = 79.6 \text{ (kHz)}$$

$$Q = \frac{1}{R}\sqrt{\frac{L}{C}} = \frac{1}{100}\sqrt{\frac{20 \times 10^{-3}}{200 \times 10^{-12}}} = 100$$

$$U_{L0} = U_{C0} = QU = 100 \times 0.01 = 1 \ (\text{V})$$

知识点 4　RLC 并联谐振

RLC 并联电路，如果在电压和电流关联参考方向下，端口上加某一频率的正弦激励，端口上电压相量 $\dot{U}$ 与电流相量 $\dot{I}$ 同相，则此时该电路发生并联谐振。图 6-13(a) 所示的 RLC 并联电路，用电路谐振时其导纳的虚部为零的结论进行分析，可得其谐振角频率也为 $\omega_0 = \dfrac{1}{\sqrt{LC}}$，在此不再赘述。下面着重分析工程中常用的电感线圈和电容器并联的谐振电路，如图 6-13(b) 所示。图中 R 和 L 分别表示电感线圈的电阻和电感，C 是电容器的电容。

一、RL 与 C 并联电路发生谐振的条件

RL 与 C 并联电路中

$$\dot{I} = Y(j\omega)\dot{U} = \left(\frac{1}{R + j\omega L} + j\omega C \right)\dot{U}$$

$$= \left[\frac{R}{R^2 + (\omega L)^2} + j\left(\omega C - \frac{\omega L}{R^2 + (\omega L)^2} \right) \right]\dot{U} \tag{6-21}$$

要使 $\dot{U}$ 与 $\dot{I}$ 同相，式 (6-21) 中的导纳 $Y(j\omega)$ 的虚部必须为零，即

$$\text{Im}[Y(j\omega)] = 0 \tag{6-22}$$

或

$$\omega C - \frac{\omega L}{R^2 + (\omega L)^2} = 0 \tag{6-23}$$

这就是 RL 与 C 并联电路发生并联谐振的条件。

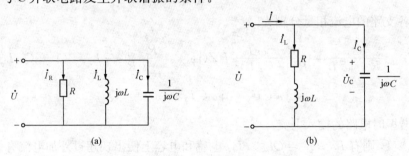

图 6-13　RLC 并联电路

根据并联谐振条件，可求得 RL 与 C 并联电路的谐振角频率 ω_0 和谐振频率 f_0 分别为

$$\omega_0 = \sqrt{\frac{1}{LC} - \frac{R^2}{L^2}} = \frac{1}{\sqrt{LC}} \sqrt{1 - \frac{CR^2}{L}} \tag{6-24}$$

$$f_0 = \frac{1}{2\pi\sqrt{LC}} \sqrt{1 - \frac{CR^2}{L}} \tag{6-25}$$

由式 (6-25) 可知，并联电路的谐振频率 f_0 仅由电阻 R、电感 L 和电容 C 的参数决定，而且只有当 $R < \sqrt{\dfrac{L}{C}}$ 时，ω_0 才是非零实数，电路才可能发生并联谐振。

由于谐振电路中电感线圈的电阻 R 一般比较小，而 $\dfrac{L}{C}$ 比较大，故有 $\dfrac{L}{C} \gg R$。所以式

(6-24) 中 $\dfrac{CR^2}{L}$ 项可以忽略不计，则式 (6-24) 和式 (6-25) 可简化为

$$\omega_0 \approx \frac{1}{\sqrt{LC}}$$

$$f_0 \approx \frac{1}{2\pi\sqrt{LC}}$$

二、并联谐振的特征

因为 RLC 并联电路发生谐振时，其电纳 $B(\omega_0) = 0$，所以谐振时电路的阻抗 Z_0 是一个纯电阻，大小为

$$Z(\mathrm{j}\omega_0) = \frac{1}{Y(\mathrm{j}\omega_0)} = \frac{1}{G(\omega_0)} = \frac{R^2 + (\omega_0 L)^2}{R} = \frac{L}{CR} \tag{6-26}$$

为方便与 RLC 串联电路比较，将 RLC 并联电路的品质因数定义为

$$Q = \frac{\omega_0 L}{R} = \frac{1}{\omega_0 RC} = \frac{1}{R}\sqrt{\frac{L}{C}}$$

所以谐振时的阻抗又可以写为

$$Z(\mathrm{j}\omega_0) = \frac{L}{CR} = \frac{\omega_0 L}{R} \cdot \frac{R}{\omega_0 RC} = Q^2 R \tag{6-27}$$

可见，并联谐振时电路的输入阻抗等于支路电阻 R 的 Q^2 倍。一般情况下，Q 值为几十到几百。所以，并联电路谐振时阻抗很高，可达几千欧或几百千欧。所以，在电流源作用下，谐振时因回路是高阻抗，可以获得高电压，即

$$\dot{U}_0 = Z(\mathrm{j}\omega_0)\,\dot{I}_0 = \frac{L}{CR}\,\dot{I}_0 = Q^2 R\,\dot{I}_0 \tag{6-28}$$

谐振时各支路的电流相量分别为

$$\dot{I}_L = \frac{\dot{U}_0}{R + \mathrm{j}\omega_0 L} = \frac{R - \mathrm{j}\omega_0 L}{R^2 + (\omega_0 L)^2}\,\dot{I}_0 Z(\mathrm{j}\omega_0) = \frac{R - \mathrm{j}\omega_0 L}{R}\,\dot{I}_0 = (1 - \mathrm{j}Q)\,\dot{I}_0 \tag{6-29}$$

$$\dot{I}_C = \mathrm{j}\omega_0 C\dot{U}_0 = \mathrm{j}\omega_0 C\,\dot{I}_0 Z(\mathrm{j}\omega_0) = \mathrm{j}Q\,\dot{I}_0 \tag{6-30}$$

式中：$\dot{I}_0$ 为谐振时电路的输入电流。

如果 $Q \gg 1$，则有 $I_L \approx I_C = QI_0 \gg I_0$，电感和电容上便出现超过外加电流有效值 Q 倍的大电流，并联谐振又称为电流谐振。

并联谐振时电路呈现电阻性，电路吸收的无功功率为零，电路与电源之间也没有能量的交换，电源只供给电阻所消耗的能量。尽管谐振时电路与电源之间没有能量交换，但电感和电容之间却在等量地交换能量。

【例 6-3】 已知 R、L 和 C 组成的并联谐振电路中，$L = 0.25\mathrm{mH}$，$C = 85\mathrm{pF}$，$R = 13.7\Omega$，电源电压 U_s 为 10V，求电路的谐振频率 f_0、谐振阻抗 $|Z_0|$、谐振时的总电流 I_0、支路电流 I_{L0} 和 I_{C0} 各为多少？

解 $f_0 = \dfrac{1}{2\pi\sqrt{LC}} = \dfrac{1}{2\pi\sqrt{0.25 \times 10^{-3} \times 85 \times 10^{-12}}} = 1.09\ (\mathrm{MHz})$

$$Q = \frac{\omega_0 L}{R} = \frac{2\pi \times 1.09 \times 10^6 \times 0.25 \times 10^{-3}}{13.7} = 125$$

$$|Z(\mathrm{j}\omega_0)| = Q^2 R = 125^2 \times 13.7 = 214\ (\mathrm{k\Omega})$$

$$I_0 = \frac{U_s}{|Z(j\omega_0)|} = \frac{10}{214 \times 10^3} = 47\ (\mu A)$$

$$I_{L0} = I_{C0} = QI_0 = 125 \times 47 \times 10^{-6} = 5.9\ (mA)$$

任务 2　基于 Multisim 软件的谐振电路的分析

【任务要求】掌握 Multisim 软件中绘制谐振电路的要点，会利用 Multisim 软件中的工具对谐振电路进行分析。

技能点 1　谐振电路相关仿真工具的使用

用于谐振电路的仿真工具主要有波特图示仪，如图 6-14 所示。波特图示仪用来测量和显示电路或系统的幅频特性与相频特性。由图 6-14 可见，该仪器共有 4 个端子：两个输入端子（IN）和两个输出端子（OUT）。V_{IN+}、V_{IN-} 分别与电路输入端的正负端子相连，V_{OUT+}、V_{OUT-} 分别与电路输出端的正负端子相连。波特图示仪本身是没有信号源的，在使用该仪器时应在电路输入端接入一个交流信号源或者函数信号发生器，且不必对其参数进行设置。

注意：波特图示仪不同于其他测试仪器，如果波特图示仪接线端被移到不用的节点，为了确保测量结果的准确性，最好重新恢复一下电路。

图 6-14　波特图示仪

另外，还可用交流分析（AC Analysis）方法仿真测试 RLC 谐振电路的幅频特性和相频特性。如图 6-15（a）所示，单击菜单"仿真→分析→交流分析"。打开交流小信号分析的属性对话框，如图 6-15（b）所示，可在频率参数页设置交流分析的起始和终止频率，设置交流分析的扫描方式，默认是十倍频扫描，以对数方式显示；还可设置某个倍数频率的取样数量，默认值为 10；设置输出波形的纵坐标刻度，默认为对数。

(a)

(b)

图 6-15　交流分析方法

(a) 选择交流分析方法；(b) 交流分析属性对话框

技能点 2　RLC串联谐振电路的仿真分析

在 Multisim 软件中按【例 6-2】所给电路元器件参数来搭建 RLC 串联谐振电路，其中正弦交流电源电阻、电感、电容等器件的选择放置方法与项目四任务 4 技能点 2 中家庭照明电路仿真模型的相似，交流电压源的峰值电压设置成 $10\sqrt{2}$mV，即 14.14mV，频率采用默认的 1kHz，如图 6-16 所示。采用波特图示仪分析该电路的幅频和相频特性，如图 6-17（a）、（b）所示。拉动幅频特性中的测试标记线可方便地观察到该电路的谐振频率和品质因数，如图 6-17（c）所示。由图 6-17（c）可知该电路的谐振频率为 79.605kHz，品质因数为99.438036，与【例 6-2】中理论计算结果非常接近，微小误差是由于肉眼观察产生的。

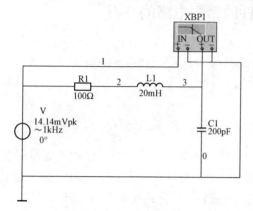

图 6-16　RLC 串联谐振电路

另外，还可用交流分析方法仿真测试 RLC 串联谐振电路，打开交流小信号分析的属性对话框，频率参数的设置如图 6-18（a）所示，在输出页上添加分析变量为节点 V（3），如图 6-18（b）所示。

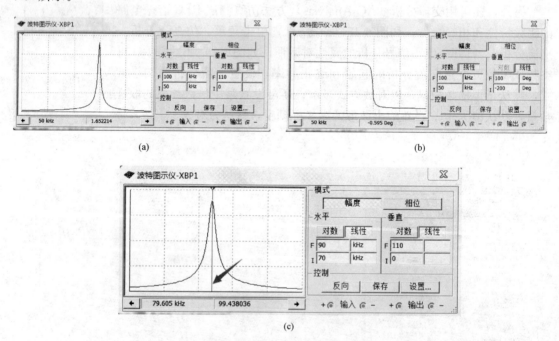

(a)

(b)

(c)

图 6-17　波特图示仪分析 RLC 串联谐振电路的仿真结果
（a）幅频特性；（b）相频特性；（c）谐振频率

如图 6-18（b）所示，参数设置完毕后单击属性对话框下方的"仿真"按钮，出现一个查看记录仪窗口，仿真结果如图 6-19 所示。它与波特图示仪的仿真结果一致。

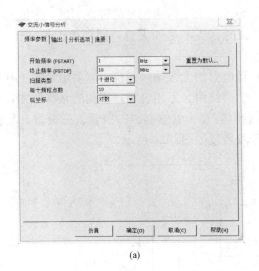 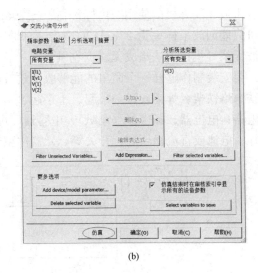

(a)   (b)

图 6-18 交流分析方法分析 RLC 串联谐振电路的仿真测试

(a) 频率参数设置；(b) 输出变量设置

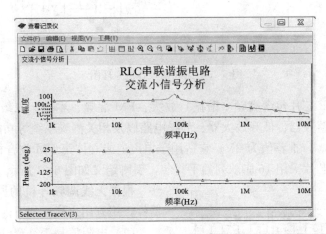

图 6-19 交流分析方法分析 RLC 串联谐振电路的仿真结果

任务 3　无线调频耳机电路的安装与调试

【任务要求】掌握无线调频耳机电路的安装技巧及调试。

技能点 1　无线调频耳机电路的安装

学生用来收听各类听力考试内容的无线调频耳机属于米波无线耳机，米波无线耳机的信号传播是完全公开的。只要有一个发射器在工作，理论上工作范围内的 N 个接收器都能同时收听。利用这个原理，可以通过一套米波无线耳机系统和几个带有 FM 收音功能的设备组建一个"一对多"的无线音频广播系统，学校的广播系统就是依据此原理设计的。目前，大部分米波无线耳机的使用距离标称在 10～70m。另外，由于传输信号的带宽不足，米波无线耳机只能回放采样率为 22kHz 的声音，即收听到的音质不尽如人意，同样由于带宽不足，米波无线耳机也无法集成无线麦克风。

　　要安装制作这样一个简单的能够收听学校广播电台的无线调频耳机，需要用到的工具有烙铁、烙铁架、焊锡丝、一字起、十字起、镊子、剪线钳、万用表等；用到的元器件主要有电阻器、电位器、扬声器（喇叭）、电容器、可变电容器、电感器、二极管、三极管、集成芯片、电池或直流稳压源、开关等，元器件型号及数量如图 6-20 所示。

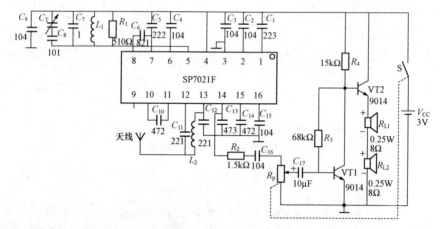

图 6-20　无线调频耳机原理图

　　其中，SP7021F 芯片包含高频（谐振）放大、FM 混频、本振、二级有源中频滤波器、中频限幅放大器、鉴频器、低频放大器、静噪电路以及相关静噪系统等功能。它的工作电源电压范围为 1.8～6V，推荐值为 3V。它适用于单声道或立体声 FM 收音机，尤其适用于低压微调谐系统。该芯片采用 16 脚双列扁平封装，引脚定义如图 6-21 所示。

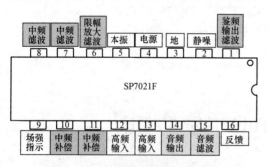

图 6-21　SP 7021F 芯片的引脚定义

　　根据无线调频耳机的原理图找齐全部元器件，用万用表检测如下内容：

　　（1）电阻值是否符合电阻上的色环标识。

　　（2）二极管正向电阻值为 1.0kΩ 左右，反向电阻无穷大。

　　（3）三极管 9014 的三个极两两之间正向电阻值为 1.2kΩ 左右，反向电阻无穷大。

　　（4）瓷片电容的绝缘电阻值无穷大。

　　（5）电解电容的绝缘电阻及质量：电解电容的绝缘电阻及质量若是合格的，则万用表指针应摆动一下，然后退回到机械零位。摆动程度视容量大小而异，大容量摆动角度大，且返回原位的速度较慢；若不合格，则万用表指针不能返回原位，说明电容漏电，一般不能采用。

　　检测结束后进行元器件在印刷电路板（PCB）上的安装。PCB 板的安装面如图 6-22（a）所示。安装要认真细心，因为元器件安装的质量及顺序直接影响整机质量与成功率，需要积极思考和丰富的经验才能进行合理的安装。具体安装步骤如下：

（1）安装集成电路芯片（SP7021F）：注意标记引脚的位置，要求引脚位置正确，引脚与焊盘对齐。

（2）安装电位器带开关：注意安装、焊接位置。

（3）安装可变电容器。

（4）安装瓷片电容器：注意瓷片电容器不分正负极，安装高度尽量低。

（5）安装电解容器：注意电解电容的正负极性（＋、－）和安装高度尽量低。

（6）安装电阻：注意色环方向保持一致，一般要立式安装，误差标记一端在下面。

（7）安装三极管：注意管脚（c、b、e），安装高度尽量低。

安装后，经检查无误再进行焊接。PCB板的焊接面如图6-22（b）所示。焊接过程中注意拉直烙铁电源线，不要绕来绕去，以防使用中不小心烫伤电源线而触电或发生火灾；短时不用请把烙铁拔下，以延长烙铁头的使用寿命；在焊接过程中不能敲击电烙铁，使用前用锉刀挫去氧化层，切勿敲打烙铁头。

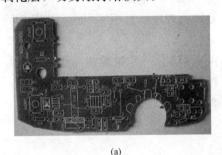 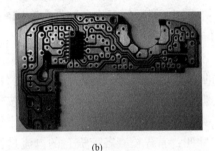

(a)　　　　　　　　　　　(b)

图6-22　无线调频耳机的PCB板

(a) 安装面；(b) 焊接面

焊接结束后检查焊点，检查有无漏焊、虚焊和短接，注意不要桥接；然后修整引线，剪断引线多余部分，注意不可留得太长（焊点高度小于2mm），也不可太短。

在电位器和双联上安上拨轮，用三条电线连上喇叭、正极片与弹簧，并将正极片、弹簧分别插入机壳。电线两头露出的铜丝不要太长（露出3mm为宜），以防止与其他地方短路。

在接上3V电源进行通电前要检查如下内容：

（1）接入电源前必须检查电源有无输出电压（3V）和引线正负极是否正确。

（2）自检，互检，检查各电阻的阻值是否与图纸相同，各三极管和电解电容器极性是否正确。

（3）PCB板线条是否断线或短路，焊接时有无漏焊、虚焊、焊锡造成电路短路现象。

检查无误后，先用万用表100mA直流电流挡，测量整机静态总电流。将表笔跨接于电源开关（开关为断开位置）的两端（若指针反偏，将表笔对调一下），若电流为0：请检查电源的引线是否已断，或电源的引线及开关是否虚焊，印刷电路板有无断裂处。若电流很大，如表针满偏，请检查三极管集电极对地是否短路（c—e结击穿或搭锡所致），或其他地方有短路情况；若电流约为6mA，则电路正常。

至此无线调频耳机已安装完毕，可进行下一步的调试。

技能点 2 **无线调频耳机电路的调试**

无线调频耳机安装焊接完成后需进行调试，即调整和测试。调整是对组成整机的可调元器件、部件进行调整。测试是对整机各项电气性能进行测试，使各硬件特性相互协调，整机性能达到最佳状态。

检测遵循的原则是：由后级向前级检测，先判断故障位置，再查找故障点，循序渐进，排除故障。切记勿乱调乱拆，盲目烫焊，导致越修越坏。

检测方法：

（1）用万用表电阻 $\Omega \times 10$ 挡，红表笔接电池负极（地），黑表笔碰触放大器输入端（一般为三极管基极），若从喇叭听到"咯咯"声说明正常；否则，碰触点后面电路有问题。

（2）手握一字起用其金属部分去碰放大器输入端，从喇叭听反应，可能碰到下列情况：

1）完全无声：接通电源开关将音量电位器开至最大，若喇叭中没有任何响声，则可以判定低频部分（低频功率放大）肯定有问题。为此，检查喇叭及喇叭引线，电池引线是否焊好，电位器开关是否接触好。

2）有"沙沙"电流声但收不到电台：故障在高频部分。首先检查天线是否焊好，单联电容器的三个头是否焊好，再检查芯片是否装错位置。

3）收台少：原因是统调没调好，应按顺序再重新进行认真统调。

4）声音小：首先检查各三极管的电流是否太小，再检查耦合元件是否正常。

5）啸叫：首先检查各三极管的电流是否太大。

调试结束后，无线射频耳机应能够正常收听各 FM 广播电台的节目。若制作完成的无线射频耳机要作为产品出售，还需从以下 4 个方面整体来衡量：

（1）机壳等清洁完整，不得有划伤、烫伤及缺损。

（2）PCB 板安装整齐美观，无损伤，焊接质量好、美观，不得有虚焊。

（3）整机的转动部分灵活，固定部分可靠。

（4）性能上灵敏度较高、选择性较好、音质清晰、洪亮、噪声低。

项 目 小 结

1. 幅频特性和相频特性

给定电路指定输入和输出下频率响应的研究是通过正弦交流电路的网络函数来进行的。网络函数是无源二端网络响应（输出）相量与激励（输入）相量之比，是频率的函数，即 $N(j\omega) = |N(j\omega)| \angle \theta(\omega)$。其中，$|N(j\omega)|$ 称为幅频特性，$\theta(\omega)$ 称为相频特性。

2. RC 一阶电路的频率响应

（1）RC 低通电路的幅频特性为

$$|A_u(j\omega)| = \frac{U_2}{U_1} = \frac{1}{\sqrt{1 + (\omega RC)^2}}$$

相频特性为

$$\theta(\omega) = \theta_2 - \theta_1 = -\tan^{-1}\omega RC$$

由幅频特性曲线可知，ω 越高，输出电压越小，说明低频信号比高频信号容易通过这一电路，所以称该电路为低通电路。由相频特性曲线可知，输出电压滞后输入电压相角为 $0°\sim$ $90°$ 范围。

（2）RC 高通电路的幅频特性为

$$|A_u| = \frac{1}{\sqrt{1 + \left(\dfrac{1}{\omega RC}\right)^2}}$$

相频特性为

$$\theta = \theta_2 - \theta_1 = \tan^{-1}\frac{1}{\omega RC}$$

由幅频特性曲线可知，ω 越高，输出电压越大，说明高频信号比低频信号更容易通过此电路，所以称为高通电路。由相频特性曲线可知，输出电压超前输入电压相角为 $0°\sim90°$ 范围。

3. RLC 二阶带通电路的频率响应

幅频特性为

$$|A_u| = \frac{\omega RC}{\sqrt{(1 - \omega^2 LC)^2 + (\omega RC)^2}}$$

相频特性为

$$\theta = 90° - \tan^{-1}\frac{\omega RC}{1 - \omega^2 LC}$$

由幅频特性曲线可知，当输入正弦电压信号的频率在上下截止频率之间时，该信号容易通过电路。RLC 电路的这种特性称为带通特性，其中心频率 $\omega_0 = \dfrac{1}{\sqrt{LC}}$；上下截止频率为

$$\omega_2 = \frac{R}{2L} + \sqrt{\left(\frac{R}{2L}\right)^2 + \frac{1}{LC}}$$

$$\omega_1 = -\frac{R}{2L} + \sqrt{\left(\frac{R}{2L}\right)^2 + \frac{1}{LC}}$$

通频带为

$$BW = \omega_2 - \omega_1 = \frac{R}{L}$$

为了衡量 RLC 电路选频性能的好坏，定义品质因数为

$$Q = \frac{\omega_0}{BW} = \frac{\omega_0 L}{R} = \frac{1}{\omega_0 RC} = \frac{1}{R}\sqrt{\frac{L}{C}}$$

由上式可知，Q 值越高，幅频特性越陡峭，电路对偏离中心频率信号的抑制能力越强，电路的选频特性就越好。

4. 谐振

电路端口上电压相量 $\dot{U}$ 与电流相量 $\dot{I}$ 同相时，该电路发生了谐振，谐振时电路阻抗（或

导纳）的虚部为零。

RLC 串联电路发生谐振的条件为 $\mathrm{Im}[Z(\mathrm{j}\omega)] = 0$。根据谐振条件，谐振时谐振角频率 ω_0 和谐振频率 f_0 分别为 $\omega_0 = \dfrac{1}{\sqrt{LC}}$，$f_0 = \dfrac{1}{2\pi\sqrt{LC}}$，品质因数为 $Q = \dfrac{\omega_0 L}{R} = \dfrac{1}{\omega_0 RC}$。

串联谐振特点：$I_0 = \dfrac{U}{R}$（最大），$U_R = U$，$Z_0 = R$（最小），$U_{L0} = U_{C0} = QU$。

因为 $Q \gg 1$，$U_{L0} = U_{C0} \gg U$，即电感和电容上会出现超过外加电压有效值 Q 倍的高电压，故串联谐振又称为电压谐振。

5. 电感线圈和电容器并联的谐振电路

谐振角频率 $\omega_0 \approx \dfrac{1}{\sqrt{LC}}$，品质因数为 $Q = \dfrac{\omega_0 L}{R} = \dfrac{1}{\omega_0 RC} = \dfrac{1}{R}\sqrt{\dfrac{L}{C}}$。

并联谐振特点：$Z(\mathrm{j}\omega_0) = \dfrac{L}{RC}$（最大），$U_0 = \dfrac{L}{RC}I_0 = Q^2 RI_0$，$I_{L0} = I_{C0} = QI_0$。

因为 $Q \gg 1$，$I_{L0} = I_{C0} \gg I_0$，即电感线圈和电容上会出现超过外加电流有效值 Q 倍的大电流，故并联谐振又称为电流谐振。

6. 仿真分析

在 Multisim 10.0 中进行 RLC 串联谐振电路的仿真分析时，可用波特图示仪来测量其幅频特性与相频特性。在使用该仪器时应在电路输入端接入一个交流信号源或者函数信号发生器，且不必对其参数进行设置。另外，还可用交流分析（AC Analysis）方法仿真测试 RLC 串联谐振电路的幅频特性和相频特性。

7. 安装制作天线调频耳机

安装制作无线调频耳机电路时首先根据无线调频耳机的原理图找齐全部元器件，用万用表检测各元器件是否合格。检测结束后进行元器件在印刷电路板（PCB）上的安装，安装要认真细心。安装后，经检查无误再进行焊接。焊接过程中注意拉直烙铁电源线，不要绕来绕去；不能敲击电烙铁。焊接结束后检查焊点，检查有无漏焊、虚焊和短接，注意不要桥接。

无线调频耳机安装焊接完成后需进行调试，调试遵循的原则是：由后级向前级检测，先判断故障位置，再查找故障点，循序渐进，排除故障。切记勿乱调乱拆，盲目烫焊，导致越修越坏。

习 题 六

6-1　试求图 6-23 所示两电路中的转移电压比 $A_u = \dfrac{\dot{U}_2}{\dot{U}_1}$，确定它们是低通电路还是高通

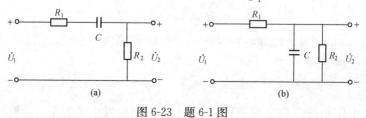

(a)　　　　　　　　　　　　　　　(b)

图 6-23　题 6-1 图

电路，并绘出频率响应的草图。

6-2　图 6-24 所示 RC 串联电路中，$R = 5\mathrm{k}\Omega$，$C = 0.01\mu\mathrm{F}$。要想使输出电压 $\dot{U}_2$ 超前输入电压 $\dot{U}_1$ 的相位角为 45°，问输入电压的频率为多少？并绘出相量图。

6-3　已知 RLC 串联谐振电路中，$L = 400\mathrm{mH}$，$C = 0.1\mu\mathrm{F}$，$R = 20\Omega$，电源电压 $U_\mathrm{s} = 0.1\mathrm{V}$。试求谐振频率 f_0、品质因数 Q、谐振时的 U_{C0}、U_{L0} 各为多少？

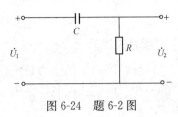

图 6-24　题 6-2 图

6-4　有一 RLC 串联电路，它在电源频率 $f = 500\mathrm{Hz}$ 时发生谐振。谐振时电流 $I = 0.2\mathrm{A}$，容抗 $X_C = 314\Omega$，并测得电容电压 U_C 为电源电压 U 的 20 倍。试求该电路的电阻 R 和电感 L。

6-5　RLC 并联电路中，已知 $\omega_0 = 5 \times 10^6\mathrm{rad/s}$，$Q = 100$，谐振时阻抗 $|Z_0| = 2\mathrm{k}\Omega$。试求 R、L、C 参数。

6-6　如图 6-25 所示收音机的输入电路中，$R = 10\Omega$，$L = 250\mu\mathrm{H}$，$C = 0 \sim 365\mathrm{pF}$。收音机中波段频率范围为 $535 \sim 1605\mathrm{kHz}$。试求调谐电容 C 的相应变化范围以及品质因数 Q 的变化范围。

6-7　图 6-26 所示电路中，电源电压 $U = 12\mathrm{V}$，$\omega = 6000\mathrm{rad/s}$。调节电容 C，使电路中的电流 I 达到最大值，且 $I = 300\mathrm{mA}$，这时电容两端电压 $U_C = 720\mathrm{V}$。试求电路参数 R、L、C 的值和电路的品质因数 Q。

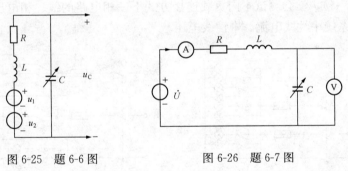

图 6-25　题 6-6 图　　　　　　图 6-26　题 6-7 图

6-8　某收音机输入电路的电感约为 0.3mH，可变电容器的调节范围为 $25 \sim 360\mathrm{pF}$。试问能否满足收听中波段 $535 \sim 1605\mathrm{kHz}$ 的要求。

项目七 三相彩灯负载电路的接线与测试

【项目描述】

目前，国内外的电力系统普遍采用三相制供电方式，项目四中的家庭照明电路是三相制中的一相。所谓三相制，是由三个频率相同、幅值相同但初相不同的正弦交流电源组成的三相供电系统。

三相制得到普遍应用是因为它比单相制具有明显的优越性。例如：

（1）三相交流发电机和变压器与同容量的单相交流发电机和变压器相比节省材料，体积小，有利于制造大容量发电机组。

（2）在输电电压、输送功率和线路损耗等相同的条件下，三相输电线路比单相输电线路节省有色金属。

（3）三相电流能产生旋转磁场，从而制造出结构简单、性能良好、运行可靠的三相异步电动机，作为各种生产机械的动力设备。

本项目介绍三相交流电源的产生，三相电源和负载的连接方式，三相电路的特点和计算以及三相电路功率的计算等，并通过组装一个三相彩灯负载电路，将9盏彩灯分别接成星形和三角形（见图7-1），学会测试不同负载连接方式下三相电路的线、相电压及线、相电流，三相四线制供电系统中性线电流、中性线电压。

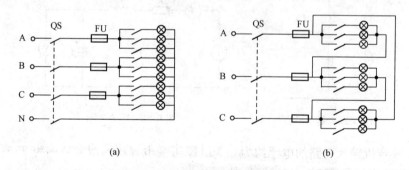

图 7-1 三相彩灯负载电路接线图
(a) 负载星形连接；(b) 负载三角形连接

【学习内容】

掌握三相对称电源、三相对称电路、三相功率的概念，掌握负载为星形和三角形接法的对称三相电路的求解方法，了解不对称三相电路的电压、电流求解方法，掌握对称三相功率的计算和测量；掌握三相负载作星形连接、三角形连接的方法，验证这两种不同接法的负载上线电压和相电压之间的关系，以及线电流和相电流之间的关系；充分理解三相四线供电系统的中性线的作用。

任务1　三相交流电源的测量及信号观察

【任务要求】掌握三相电源的基本概念，三相电源星形连接和三角形连接方式的特点。

知识点1　三相交流电源的产生

图 7-2 是一台最简单的三相交流电动机的剖面示意图。三相发电机主要由定子与转子两部分组成。定子是固定的，定子的内圆周表面冲有凹槽，用于放置定子绕组。由于是剖面图，所以看到的绕组是导线的横切面，为一个个圆圈。发电机的定子绕组有 A—A′，B—B′，C—C′三个，每个绕组称为一相，各相绕组匝数相等，结构相同，它们的始端（A、B、C）在空间位置上彼此相差 $120°$，它们的末端（A′、B′、C′）在空间位置上彼此也相差 $120°$。转子为一磁极，有 N 极和 S 极。那么在定子与转子间的气隙中有磁场分布，当转子以角速度 ω 逆时针方向旋转时，定子绕组切割磁力线产生感应电压。通过工艺上保证定子与转子气隙间的磁通密度分布规律是正弦的，且密度的最大值

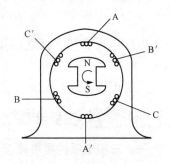

图 7-2　三相交流发电机
剖面示意图

在 N 极和 S 极处，这样使各绕组切割磁力线产生的感应电压为正弦的感应电压。由于三个绕组的空间位置彼此相隔 $120°$，这样第一相绕组感应电压达到最大值后，转子需转过 $1/3$ 周（$120°$）后，第二相感应电压才能达到最大值，也就是第一相感应电压的相位超前第二相感应电压的相位 $120°$；同样第二相感应电压超前第三相的 $120°$，第三相的又超前第一相的 $120°$。显然，三相感应电压的幅值相等，频率相等，相位彼此相差 $120°$。

设第一相感应电压初相为 $0°$，那么第二相相位为 $-120°$，第三相相位为 $120°$，所以三相感应电压的三角函数表达式为

$$u_A = U_m \sin\omega t$$
$$u_B = U_m \sin(\omega t - 120°) \tag{7-1}$$
$$u_C = U_m \sin(\omega t + 120°)$$

三相感应电压相量图和波形图如图 7-3（a）、（b）所示。

三相感应电压到达最大值（或零）的先后次序叫作相序。如果是从 A 相至 B 相至 C 相，则为正序；如果是从 A 相到 C 相至 B 相，则为负序。

由三角函数关系式

$$\sin\theta + \sin(\theta - 120°) + \sin(\theta + 120°) = 0$$

可知，三相感应电压瞬时值的代数和恒为零，即

$$u_A + u_B + u_C = 0 \tag{7-2}$$

由相量图可知，对称三相电压相量和为零，即

$$\dot{U}_A + \dot{U}_B + \dot{U}_C = 0 \tag{7-3}$$

这三组正弦电压大小相等，频率相同，相位依次相差 $120°$，称为对称三相电压。对称

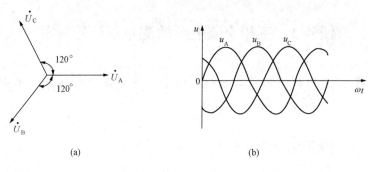

图 7-3　三相感应电压

（a）相量图；（b）波形图

三相电压相当于三个独立的正弦电压源，一般将这三个独立的正弦电压源称为三相交流电源。

三相正弦交流电源按一定方式连接之后，向负载供电，构成三相制供电方式。

🎓 知识点 2　三相电源的连接方式

一、三相电源的星形连接

如图 7-4 所示，将发电机三相绕组的末端 A′、B′、C′连接在一点，始端 A、B、C 分别与输电线连接，这种方法叫作星形连接（Y 形连接）。三个末端 A′、B′、C′连接的点称为中性点或零点，用字母"N"表示，从中性点引出的一根线叫作中性线或零线。从始端 A、B、C 引出的三根线叫作端线或者相线，又称火线。

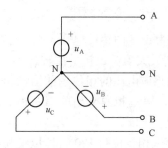

低压配电系统中，采用三根相线和一根中性线输电，称为三相四线制；高压输电工程中，由三根相线组成输电，称为三相三线制。

图 7-4　三相电源的星形连接

每相绕组始端与末端之间的电压，也就是相线和中性线之间的电压，叫相电压，其瞬时值用 u_A、u_B、u_C 表示，通常用 u_p 表示。

任意两根相线之间的电压，叫作线电压，瞬时值用 u_{AB}、u_{BC}、u_{CA} 表示，通常用 u_l 表示。

下面，讨论三相电源星形连接方式下相电压和线电压之间的关系。

由图 7-4 可以看出

$$u_{AB} = u_A - u_B, u_{BC} = u_B - u_C, u_{CA} = u_C - u_A$$

用相量可表示为

$$\dot{U}_{AB} = \dot{U}_A - \dot{U}_B , \dot{U}_{BC} = \dot{U}_B - \dot{U}_C , \dot{U}_{CA} = \dot{U}_C - \dot{U}_A$$

画出线电压和相电压的相量图，如图 7-5 所示。由图可以看出，各线电压在相位上超前各对应的相电压 $30°$。由于相电压对称，所以线电压也对称，相位彼此相差 $120°$。

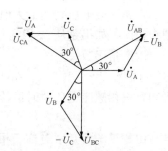

图 7-5　星形连接线电压和相电压的相量图

由于 $\dot{U}_A$、$-\dot{U}_B$、$\dot{U}_{AB}$ 构成等腰三角形，所以

$$U_{AB} = 2U_A\cos30° = \sqrt{3}U_A$$

同理　　　　　　　　　　　　　$$U_{BC} = \sqrt{3}U_B，U_{CA} = \sqrt{3}U_C$$

一般写为　　　　　　　　　　　　　$$U_l = \sqrt{3}U_p$$

可以看出，当发电机绕组作星形连接时，三个相电压和三个线电压均为三相对称电压，各线电压的有效值为相电压有效值的 $\sqrt{3}$ 倍，且线电压相位比其下标第一个字母的相电压超前 $30°$，即

$$\begin{cases} \dot{U}_{AB} = \sqrt{3}\,\dot{U}_A\angle30° \\ \dot{U}_{BC} = \sqrt{3}\,\dot{U}_B\angle30° \\ \dot{U}_{CA} = \sqrt{3}\,\dot{U}_C\angle30° \end{cases} \qquad (7-4)$$

二、电源的三角形连接

如图 7-6 所示，将三相定子绕组的始末端钮顺次相接，从各连接点引出三个端钮 A、B、C 与相线相连，这种方法称为三角形连接（△形连接）。显然，当电源三角形连接时，相电压即为线电压。必须注意，三角形连接时如果任何一相绕组接法相反，三个相电压之和将不为零，因而在三角形连接的闭合回路中将产生极大的电流，造成严重后果。

图 7-6　三相电源的三角形连接

 知识点 3　三相交流电源的电压电流测量及波形观察

三相交流电源的相电压和线电压可以用交流电压表或万用表交流电压挡进行测量。如图 7-7 所示，交流电压表和万用表都有模拟式和数字式两大类，模拟式仪表以指针偏转指示电压，数字式仪表以数码管或液晶屏指示电压。

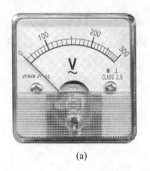

(a)　　　　　　　　(b)　　　　　　　　(c)　　　　(d)

图 7-7　交流电压表和万用表
（a）模拟式交流电压表；（b）数字式交流电压表；（c）模拟式万用表；（d）数字式万用表

流经三相交流电源每个电源的电流由外接的负载决定，可用交流电流表或万用表交流电流挡进行测量。如图 7-8 所示，交流电流表也有模拟式和数字式两大类。

观察三相交流电源的电压、电流波形用示波器。示波器也有模拟式和数字式之分，但目前市面上的示波器产品以数字式为主，主流产品有台式和手持式两种，如图 7-9 所示。

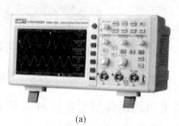

（a）　　　　　　　　　　　　（b）　　　　　　　　　　　　（a）　　　　　　　　　　　　（b）

图 7-8　交流电流表

（a）模拟式交流电流表；（b）数字式交流电流表

图 7-9　数字式示波器

（a）台式数字示波器；（b）手持式数字示波器

　　示波器是一种用途十分广泛的电子测量仪器。它能把肉眼看不见的电信号变换成看得见的图像，便于人们研究各种电现象的变化过程。示波器利用狭窄的、由高速电子组成的电子束，打在涂有荧光物质的屏面上，就可产生细小的光点（这是传统的模拟示波器的工作原理）。在被测信号的作用下，电子束就好像一支笔的笔尖，可以在屏面上描绘出被测信号的瞬时值的变化曲线。利用示波器能观察各种不同信号幅度随时间变化的波形曲线，还可以用它测试各种不同的电量，如电压、电流、频率、相位差、调幅度等。

　　模拟示波器采用的是模拟电路（示波管，其基础是电子枪），电子枪向屏幕发射电子，发射的电子经聚焦形成电子束，并打到屏幕上，屏幕的内表面涂有荧光物质，这样电子束打中的点就会发出光来。

　　数字示波器则是采用数据采集、A/D 转换、软件编程等一系列技术制造出来的高性能示波器。数字示波器的工作方式是通过模拟转换器（ADC）将被测电压转换为数字信息。数字示波器捕获的是波形的一系列样值，并对样值进行存储，存储限度用来判断累计的样值是否能描绘出波形，随后，数字示波器重构波形。数字示波器可以分为数字存储示波器（DSO）、数字荧光示波器（DPO）和采样示波器。

　　模拟示波器要提高带宽，需要示波管、垂直放大和水平扫描全面推进。数字示波器要改善带宽只需要提高前端的 A/D 转换器的性能，对示波管和扫描电路没有特殊要求，加上数字示波管能充分利用记忆、存储和处理，以及多种触发和超前触发能力，致使 20 世纪 80 年代以后数字示波器的研发制造技术提高很快，数字示波器逐渐取代模拟示波器，模拟示波器渐渐退出历史舞台。

任务 2　三相电路的分析

　　【任务要求】 掌握三相负载的基本概念，其星形连接和三角形连接方式的特点；掌握对称三相电路的电压、电流的分析计算，了解不对称三相电路的电压、电流分析计算方法；熟悉三相电路的功率计算和测量方法。

知识点 1　三相负载的两种连接方式

　　三相电路中既有三相负载又有单相负载，这两类负载接入三相电路中必须保证设备安全工作和电路正常运行，所以需遵循以下两个原则：

（1）负载额定电压等于电源电压，以使负载安全可靠地长期工作。

（2）负载的接入应力求三相达到均衡对称的原则，使得三相电源得到充分合理的利用。

图 7-10 所示的是三相四线制电路，设其线电压为 380V。负载如何连接，应视其额定电压而定。通常电灯（单相负载）的额定电压为 220V，因此要接在相线与中性线之间。电灯负载是大量使用的，不能集中接在一相中，从总的线路来说，它们应当均匀地分配在各相之中，如图 7-10 所示。电灯的这种连接法称为星形连接。至于其他单相负载（如单相电动机、电炉和继电器吸引线圈等），该接在相线之间还是相线与中性线之间，应视额定电压是 380V 还是 220V 而定。如果负载的额定电压不等于电源电压，则需用变压器，如机床照明灯的额定电压为 36V，就要用一个 380/36V 的降压变压器。

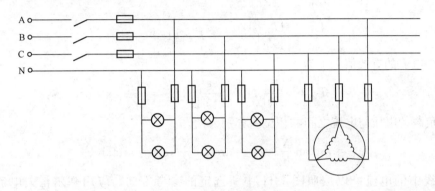

图 7-10 电灯与电动机的连接方式

三相电动机的三个接线端总是与电源的三根相线相连，但电动机本身的三相绕组可以连成星形或三角形。它的连接方法在铭牌上标出，如 380V 三角形接法。电动机的连接方式如图 7-10 所示。

知识点 2 三相电路的电压电流分析计算

一、负载星形连接的三相电路

负载星形连接的三相四线制电路一般如图 7-11 所示。三相负载的一端连接为 N' 点，另一端分别与相线相连，负载的中性点与电源的中性点相连，每相负载的阻抗分别为 Z_A、Z_B 和 Z_C。电压和电流的参考方向都已在图中标出。

每相负载中的电流称为相电流，每根相线中的电流称为线电流。显然，在负载为星形连接时，相电流即为线电流。

设电源相电压 $\dot{U}_A$ 为参考相量，则得

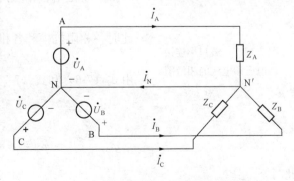

图 7-11 负载星形连接的三相四线制电路

$$\begin{cases} \dot{U}_A = U_A \angle 0° \\ \dot{U}_B = U_B \angle -120° \\ \dot{U}_C = U_C \angle 120° \end{cases}$$

在图 7-11 所示电路中，若忽略中性线的阻抗，电源相电压即为每相负载电压。于是每相负载中的电流可分别求得

$$\begin{cases} \dot{I}_A = \dfrac{\dot{U}_A}{Z_A} = \dfrac{U_A \angle 0°}{|Z_A| \angle \varphi_A} = I_A \angle -\varphi_A \\[2mm] \dot{I}_B = \dfrac{\dot{U}_B}{Z_B} = \dfrac{U_B \angle -120°}{|Z_B| \angle \varphi_B} = I_B \angle (-120° - \varphi_B) \\[2mm] \dot{I}_C = \dfrac{\dot{U}_C}{Z_C} = \dfrac{U_C \angle 120°}{|Z_C| \angle \varphi_C} = I_C \angle (120° - \varphi_C) \end{cases} \tag{7-5}$$

每相负载中电流的有效值分别为

$$I_A = \frac{U_A}{|Z_A|}, I_B = \frac{U_B}{|Z_B|}, I_C = \frac{U_C}{|Z_C|} \tag{7-6}$$

各相负载的电压与电流之间的相位差分别为

$$\varphi_A = \arctan\frac{X_A}{R_A}, \varphi_B = \arctan\frac{X_B}{R_B}, \varphi_C = \arctan\frac{X_C}{R_C} \tag{7-7}$$

中性线中的电流可以按照图 7-11 中所选定的参考方向，应用基尔霍夫电流定律得出，即

$$\dot{I}_N = \dot{I}_A + \dot{I}_B + \dot{I}_C \tag{7-8}$$

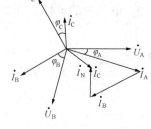

图 7-12 负载星形连接时
电压和电流的相量图

电压和电流的相量图如图 7-12 所示。作相量图时，以 $\dot{U}_A$ 为参考相量画出电源各相电压 $\dot{U}_A$、$\dot{U}_B$、$\dot{U}_C$；而后按照式（7-5）画出各相电流 $\dot{I}_A$、$\dot{I}_B$、$\dot{I}_C$；再由式（7-8）画出中性线电流 $\dot{I}_N$。

现在来讨论图 7-11 所示电路中负载对称的情况。所谓负载对称，就是指各相阻抗相等，即

$$Z_A = Z_B = Z_C = Z$$

此时各相阻抗模和各相阻抗角相等，即

$$|Z_A| = |Z_B| = |Z_C| = |Z|, \varphi_A = \varphi_B = \varphi_C = \varphi$$

由式（7-6）和式（7-7）可得

$$I_A = I_B = I_C = I_p = \frac{U_p}{|Z|}$$

$$\varphi_A = \varphi_B = \varphi_C = \varphi = \arctan\frac{X}{R}$$

此时

$$\dot{I}_A = I_p \angle -\varphi, \dot{I}_B = I_p \angle (-120° - \varphi), \dot{I}_C = I_p \angle (120° - \varphi) \tag{7-9}$$

负载对称时，负载的相电流对称。因此，这时中性线电流等于零，即

$$\dot{I}_N = \dot{I}_A + \dot{I}_B + \dot{I}_C = 0$$

电压和电流的相量图如图 7-13 所示。

中性线中既然没有电流通过，此时中性线就不需要了，这就构成三相三线制电路，如图 7-14 所示。三相三线制电路在生产上的应用极为广泛，因为生产上的三相负载（通常所见的是三相电动机）一般都是对称的。

看到图 7-14 可能有人会提出疑问，三个电流都流向负载中性点，而又没有中性线，那么电流从哪里流回去呢？所以在这里有必要再提一下参考方向的概念。如图 7-14 中所标的三个电流的方向，都是指它们的参考方向。究竟电流如何流法，则要对各个瞬间的电流加以具体分析。当电流是正值时，它的实际方向和选定的参考方向相同；当电流是负值时，它的实际方向和参考方向相反。

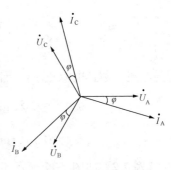

图 7-13 对称负载星形连接时电压和电流的相量图

在图 7-14 中，这三个电流是对称的，其正弦波形如图 7-15 所示。在 t_1 瞬间，$i_C = 0$，$i_A = -i_B$，这时电流的实际方向如图 7-16（a）所示。在 t_2 瞬间，$i_A = -i_B - i_C = -2i_B$，这时电流的实际方向如图 7-16（b）所示。

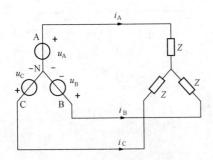

图 7-14 对称负载星形连接的三相三线制电路

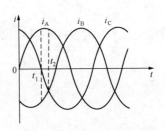

图 7-15 对称电流用正弦波形表示

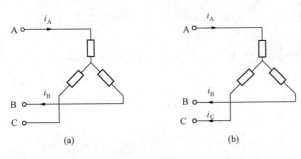

(a)   (b)

图 7-16 在 t_1 和 t_2 瞬间电流的实际方向
(a) t_1 瞬间；(b) t_2 瞬间

计算对称负载的三相电路，只需计算其中任意一相即可，其他两相可以根据相序推之，因为对称负载的电压和电流也都是对称的，即大小相等，相位互差 120°。

【例 7-1】 有一星形连接的三相对称负载，每相的电阻 $R = 6\Omega$，感抗 $X_L = 8\Omega$。电源电压正序对称，设 $u_{AB} = 380\sqrt{2}\sin(\omega t + 30°)$ V，试求各线电流（参照图 7-14）。

解 因为负载对称，只需计算一相（如 A 相）即可。

由题得
$$\dot{U}_{AB} = 380\angle 30° \text{V}$$

则
$$\dot{U}_A = \frac{\dot{U}_{AB}}{\sqrt{3}}\angle -30° = \frac{380}{\sqrt{3}}\angle 30° - 30° = 220\angle 0° (\text{V})$$

$$I_A = \frac{\dot{U}_A}{Z} = \frac{220\angle 0^\circ}{6+j8} = 22\angle -53^\circ(\text{A})$$

所以 　　　　　　　　　　$i_A = 22\sqrt{2}\sin(\omega t - 53^\circ)(\text{A})$

因为电流对称且电源正序，所以其他两相的电流为

$$i_B = 22\sqrt{2}\sin(\omega t - 53^\circ - 120^\circ) = 22\sqrt{2}\sin(\omega t - 173^\circ)(\text{A})$$

$$i_C = 22\sqrt{2}\sin(\omega t - 53^\circ + 120^\circ) = 22\sqrt{2}\sin(\omega t + 67^\circ)(\text{A})$$

【例 7-2】 如图 7-17 所示不对称星形连接负载中，$Z_1 = 10\angle 30^\circ\Omega$，$Z_2 = 20\angle 60^\circ\Omega$，$Z_3 = 15\angle -45^\circ\Omega$，由负序三相四线制供电，线电压有效值为 440V。试求：（1）线电流和中性线电流；（2）求取消中性线后的线电流以及负载中性点 N′与电源中性点 N 之间的电压 $U_{\text{N'N}}$。

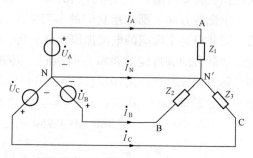

图 7-17　［例 7-2］图（有中性线）

解（1）相电压有效值为

$$U_p = \frac{440}{\sqrt{3}} = 254(\text{V})$$

以阻抗 Z_1 的相电压 $\dot{U}_A$ 为参考相量，按负序得

$$\begin{cases} \dot{U}_A = 254\angle 0^\circ\text{V} \\ \dot{U}_C = 254\angle -120^\circ\text{V} \\ \dot{U}_B = 254\angle 120^\circ\text{V} \end{cases}$$

中性线阻抗为零，故各线电流为

$$\begin{cases} \dot{I}_A = \dfrac{\dot{U}_A}{Z_1} = \dfrac{254\angle 0^\circ}{10\angle 30^\circ} = 25.4\angle -30^\circ(\text{A}) \\[2mm] \dot{I}_C = \dfrac{\dot{U}_C}{Z_3} = \dfrac{254\angle -120^\circ}{15\angle -45^\circ} = 16.93\angle -75^\circ(\text{A}) \\[2mm] \dot{I}_B = \dfrac{\dot{U}_B}{Z_2} = \dfrac{254\angle 120^\circ}{20\angle 60^\circ} = 12.70\angle 60^\circ(\text{A}) \end{cases}$$

中性线电流

$$\dot{I}_N = \dot{I}_A + \dot{I}_B + \dot{I}_C$$

$$= 25.4\angle -30^\circ + 12.70\angle 60^\circ + 16.93\angle -75^\circ$$

$$= 37.38\angle -28.88^\circ(\text{A})$$

负载虽是不对称的，但中性线使得每相电源仍负担相应的一相负载，各相电流（即线电流）仍可逐相分别计算。如果取消中性线，这一情况将不复存在，只能用网孔分析法或节点分析法求解。

（2）取消中性线后的电路如图 7-18 所示。

设网孔电流 $\dot{I}_\mathrm{a}$ 和 $\dot{I}_\mathrm{b}$ 如图中所示。网孔方程为

$$\begin{cases} (Z_1+Z_2)\dot{I}_\mathrm{a}-Z_2\dot{I}_\mathrm{b}=\dot{U}_\mathrm{A}-\dot{U}_\mathrm{B} \\ -Z_2\dot{I}_\mathrm{a}+(Z_2+Z_3)\dot{I}_\mathrm{b}=\dot{U}_\mathrm{B}-\dot{U}_\mathrm{C} \end{cases}$$

由题意可知

$$\dot{U}_\mathrm{A}-\dot{U}_\mathrm{B}=254-254\angle120°=381-\mathrm{j}220(\mathrm{V})$$

$$\dot{U}_\mathrm{B}-\dot{U}_\mathrm{C}=254\angle120°-254\angle-120°=\mathrm{j}440(\mathrm{V})$$

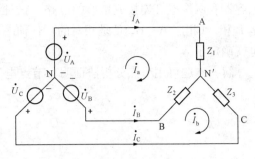

图 7-18　［例 7-2］图（无中性线）

$$Z_1=10\angle30°=8.66+\mathrm{j}5(\Omega)$$

$$Z_2=20\angle60°=10+\mathrm{j}17.32(\Omega)$$

$$Z_3=15\angle-45°=10.61-\mathrm{j}10.61(\Omega)$$

代入网孔方程得

$$\begin{cases} (18.66+\mathrm{j}22.32)\dot{I}_\mathrm{a}-(10+\mathrm{j}17.32)\dot{I}_\mathrm{b}=381-\mathrm{j}220 \\ -(10+\mathrm{j}17.32)\dot{I}_\mathrm{a}+(20.61+\mathrm{j}6.71)\dot{I}_\mathrm{b}=\mathrm{j}440 \end{cases}$$

解之得

$$\dot{I}_\mathrm{a}=6.01\angle26.25°\mathrm{A}$$

$$\dot{I}_\mathrm{b}=25.8\angle71.06°\mathrm{A}$$

线电流为

$$\dot{I}_\mathrm{A}=\dot{I}_\mathrm{a}=6.01\angle26.25°\mathrm{A}$$

$$\dot{I}_\mathrm{B}=\dot{I}_\mathrm{b}-\dot{I}_\mathrm{a}=25.8\angle71.06°-6.01\angle26.25°=21.95\angle82.2°(\mathrm{A})$$

$$\dot{I}_\mathrm{C}=-\dot{I}_\mathrm{b}=25.8\angle-108.94°\mathrm{A}$$

负载中性点 N′ 与电源中点 N 之间的电压

$$\begin{aligned} \dot{U}_\mathrm{N'N} &=\dot{U}_\mathrm{A}-\dot{U}_\mathrm{AN'}=\dot{U}_\mathrm{A}-Z_1\dot{I}_\mathrm{A} \\ &=254\angle0°-10\angle30°\times6.01\angle26.25° \\ &=226.2\angle-12.75°(\mathrm{V}) \end{aligned}$$

　　从上面解题过程可看出，星形连接的三相负载不对称电路，有中性线时 $U_\mathrm{N'N}$ 为零，取消中性线后 $U_\mathrm{N'N}$ 升高到 226.2V；同时三相负载电压 $U_\mathrm{AN'}$、$U_\mathrm{BN'}$、$U_\mathrm{CN'}$ 也不对称，分别为 60V(6.01×10)、439V(21.95×20)、387V(25.8×15)。可见，A 相负载电压过低，负载不能正常工作，而 B 相、C 相负载电压过高，负载容易因过热被烧毁。

　　所以，星形连接的三相负载不对称时必须采用三相四线制，可保证三相负载电压是对称的。为了防止运行时中性线中断，中性线上不允许安装开关或熔断器，有时还需用机械强度较高的导线作为中性线。另外，中性线的阻抗值应尽量减小，否则 $U_\mathrm{N'N}$ 也不可忽略，本例第（1）问中计算时假定了中性线阻抗为零。

　　若要采用三相三线制，接有星形连接负载时，应使三相负载接近对称，以便负载正常工作。

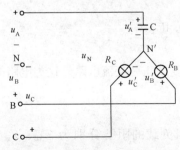

图 7-19　相序指示器的电路

　　【例 7-3】图 7-19 所示电路是一种相序指示器。相序指示器是用来测定电源的相序 A、B、C 的。它是由一个

电容器和两个电灯连接成星形的电路。试证明，如果电容器所接的是 A 相，则灯光较亮的是 B 相。（相序 A、B、C 是相对的，任何一相都可作为 A 相，但 A 相确定后，B 相和 C 相也就确定了。）

解 本题可用节点分析法证明。节点电压即为负载中性点与电源中性点间的电压

$$\dot{U}_{N'N} = \frac{\dfrac{\dot{U}_A}{Z_A} + \dfrac{\dot{U}_B}{Z_B} + \dfrac{\dot{U}_C}{Z_C}}{\dfrac{1}{Z_A} + \dfrac{1}{Z_B} + \dfrac{1}{Z_C}}$$

设 $X_C = R_B = R_C = R$ ，$\dot{U}_A = U_p \angle 0° = U_p$ ，$\dot{U}_B = U_p \angle -120° = U_p\left(-\dfrac{1}{2} - j\dfrac{\sqrt{3}}{2}\right)$ ，$\dot{U}_C = U_p \angle 120° = U_p\left(-\dfrac{1}{2} + j\dfrac{\sqrt{3}}{2}\right)$ ，则

$$\dot{U}_{N'N} = \frac{U_p\left(\dfrac{1}{-jR}\right) + U_p\left(-\dfrac{1}{2} - j\dfrac{\sqrt{3}}{2}\right)\left(\dfrac{1}{R}\right) + U_p\left(-\dfrac{1}{2} + j\dfrac{\sqrt{3}}{2}\right)\left(\dfrac{1}{R}\right)}{\dfrac{1}{-jR} + \dfrac{1}{R} + \dfrac{1}{R}}$$

消去 $\dfrac{1}{R}$ ，并因 $\dfrac{1}{-j} = j$，则上式可化为

$$\dot{U}_{N'N} = \frac{U_p\left[j + \left(-\dfrac{1}{2} - j\dfrac{\sqrt{3}}{2}\right) + \left(-\dfrac{1}{2} + j\dfrac{\sqrt{3}}{2}\right)\right]}{j + 1 + 1} = \frac{U_p(-1+j)}{2+j}$$

$$= \frac{U_p(-1+j)(2-j)}{(2+j)(2-j)} = \frac{U_p(-1+j3)}{4+1} = U_p(-0.2 + j0.6)$$

根据基尔霍夫电压定律

$$\dot{U}'_B = \dot{U}_B - \dot{U}_{N'N} = U_p\left(-\dfrac{1}{2} - j\dfrac{\sqrt{3}}{2}\right) - U_p(-0.2 + j0.6)$$

$$= U_p(-0.3 - j1.466)$$

即

$$U'_B = \sqrt{(-0.3)^2 + (-1.466)^2}\, U_p = 1.49 U_p$$

$$\dot{U}'_C = \dot{U}_C - \dot{U}_{N'N} = U_p\left(-\dfrac{1}{2} + j\dfrac{\sqrt{3}}{2}\right) - U_p(-0.2 + j0.6)$$

$$= U_p(-0.3 + j0.266)$$

则

$$U'_C = \sqrt{(0.3)^2 + (0.266)^2}\, U_p = 0.4 U_p$$

由于 $U'_B > U'_C$ ，故 B 相灯光较亮。

关于负载不对称的三相电路，可以看作具有三个电源的复杂正弦交流电路。这类电路的分析计算可以应用网孔分析法或节点分析法。

二、负载三角形连接的三相电路

负载三角形连接的三相电路一般如图 7-20 所示。每相负载的阻抗分别为 Z_{AB}、Z_{BC}、Z_{CA}。电压和电流的参考方向都已在图中标出。

因为各相负载都直接接在电源的线电压上，所以负载的相电压与电源的线电压相等。因此，不论负载对称与否，其相电压总是对称的，即

$$U_{AB} = U_{BC} = U_{CA} = U_l \tag{7-10}$$

在负载三角形连接时，相电流和线电流是不一样的。

各相负载的相电流的有效值分别为

$$I_{AB} = \frac{U_{AB}}{|Z_{AB}|}, I_{BC} = \frac{U_{BC}}{|Z_{BC}|}, I_{CA} = \frac{U_{CA}}{|Z_{CA}|} \tag{7-11}$$

各相负载的电压与电流之间的相位差分别为

$$\varphi_{AB} = \arctan\frac{X_{AB}}{R_{AB}}, \varphi_{BC} = \arctan\frac{X_{BC}}{R_{BC}}, \varphi_{CA} = \arctan\frac{X_{CA}}{R_{CA}} \tag{7-12}$$

线电流可应用基尔霍夫电流定律列出下列各式进行计算

$$\dot{I}_A = \dot{I}_{AB} - \dot{I}_{CA}, \dot{I}_B = \dot{I}_{BC} - \dot{I}_{AB}, \dot{I}_C = \dot{I}_{CA} - \dot{I}_{BC} \tag{7-13}$$

如果负载对称，即

$$|Z_{AB}| = |Z_{BC}| = |Z_{CA}| = |Z|, \varphi_{AB} = \varphi_{BC} = \varphi_{CA} = \varphi$$

由式（7-11）和式（7-12）可得

$$I_{AB} = I_{BC} = I_{CA} = I_p = \frac{U_l}{|Z|}, \varphi_{AB} = \varphi_{BC} = \varphi_{CA} = \varphi = \arctan\frac{X}{R}$$

此时负载的相电流是对称的，有

$$\begin{cases} \dot{I}_{AB} = I_p\angle -\varphi \\ \dot{I}_{BC} = I_p\angle(-120° - \varphi) \\ I_{CA} = I_p\angle(120° - \varphi) \end{cases} \tag{7-14}$$

至于负载对称时线电流和相电流的关系，则可根据式（7-13）所作出的相量图（见图7-21）看出，线电流也是对称的，线电流和相电流在大小上的关系为 $I_l = \sqrt{3}I_p$，在相位上线电流比下标第一个字母相电流滞后 $30°$。

$$\begin{cases} \dot{I}_A = \sqrt{3}\dot{I}_{AB}\angle -30° \\ \dot{I}_B = \sqrt{3}\dot{I}_{BC}\angle -30° \\ \dot{I}_C = \sqrt{3}\dot{I}_{CA}\angle -30° \end{cases} \tag{7-15}$$

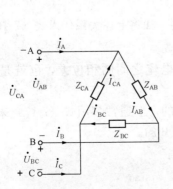

图 7-20　负载三角形
连接的三相电路

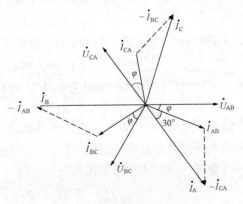

图 7-21　对称负载三角形连
接时电压与电流的相量

作为负载的三相电动机的绕组可以连接成星形，也可以连接成三角形，而单相的照明负载一般都连接成星形（具有中性线）。

【例 7-4】 图 7-20 所示电路，加在三角形连接负载上的三相电压正序对称，其线电压为 380V。试求：三相负载每相阻抗为 $Z_{AB}=Z_{BC}=Z_{CA}=17.3+j10\Omega$ 时的相电流和线电流。

解 设 $\dot{U}_A = 220\angle 0°\text{V}$，得

$$\dot{U}_{AB} = \sqrt{3}\dot{U}_A\angle 30° = 380\angle 30°\text{V}$$

因为负载对称，只需计算其中一相，则

$$\dot{I}_{AB} = \frac{\dot{U}_{AB}}{Z_{AB}} = \frac{380\angle 30°}{17.3+j10} = 19\angle 0°\text{(A)}$$

根据电源相序推知其他两相的电流为

$$\dot{I}_{BC} = 19\angle -120°\text{A}$$

$$\dot{I}_{CA} = 19\angle 120°\text{A}$$

各线电流为

$$\dot{I}_A = \sqrt{3}\dot{I}_{AB}\angle -30° = \sqrt{3}\times 19\angle 0°\times \angle -30° = 32.9\angle -30°\text{(A)}$$

$$\dot{I}_B = \sqrt{3}\dot{I}_{BC}\angle -30° = \sqrt{3}\times 19\angle -120°\times \angle -30° = 32.9\angle -150°\text{(A)}$$

$$\dot{I}_C = \sqrt{3}\dot{I}_{CA}\angle -30° = \sqrt{3}\times 19\angle 120°\times \angle -30° = 32.9\angle 90°\text{(A)}$$

🎓 知识点 3　三相电路的功率计算和测量

一、三相电路功率的计算

不论负载是星形连接或是三角形连接，总的平均功率必定等于各相平均功率之和。当三相负载对称时，每相的平均功率是相等的。因此三相总功率为

$$P = 3U_p I_p \cos\theta \tag{7-16}$$

式中：θ 角为每相负载的相电压与相电流之间的相位差，即为负载的阻抗角（或功率因数角）。

当对称负载是星形连接时，线电压和线电流分别为

$$U_l = \sqrt{3}U_p, I_l = I_p$$

当对称负载是三角形连接时，线电压和线电流分别为

$$U_l = U_p, I_l = \sqrt{3}I_p$$

因此，不论对称负载是星形连接还是三角形连接，如将上述关系代入式（7-16），则得

$$P = \sqrt{3}U_l I_l \cos\theta \tag{7-17}$$

应注意，式（7-17）中的 θ 角仍为相电压与相电流之间的相位差，也就是负载的阻抗角。

式（7-16）和式（7-17）都是用来计算三相功率的，但通常多用式（7-17）来计算，因为线电压和线电流的数值是容易测量出的，或者是已知的。

同理，可得出三相无功功率和视在功率

$$Q = 3U_p I_p \sin\theta = \sqrt{3}U_l I_l \sin\theta \tag{7-18}$$

$$S = 3U_p I_p = \sqrt{3}U_l I_l \tag{7-19}$$

【例 7-5】 一台三相电动机，每相的等效电阻 $R=29\Omega$，等效感抗 $X_L=21\Omega$。试求在下列两种情况下电动机的相电流、线电流以及从电源输入的功率，并比较所得结果：（1）绕组联成星形接于 $U_l=380V$ 的三相电源上；（2）绕组连成三角形接于 $U_l=220V$ 的三相电源上。

解　（1）

$$I_p = \frac{U_p}{|Z|} = \frac{220}{\sqrt{29^2+21^2}} = 6.1(A)$$

绕组星形连接

$$I_l = I_p = 6.1A$$

$$\theta = \arctan\frac{21}{29} = 35.9°$$

$$P = \sqrt{3}U_lI_l\cos\theta = \sqrt{3} \times 380 \times 6.1 \times 0.8 = 3200W = 3.2(kW)$$

（2）

$$I_p = \frac{U_p}{|Z|} = \frac{220}{\sqrt{29^2+21^2}} = 6.1(A)$$

绕组三角形连接　　　$I_l = \sqrt{3}I_p = \sqrt{3} \times 6.1 = 10.5(A)$

$$P = \sqrt{3}U_lI_l\cos\theta = \sqrt{3} \times 220 \times 10.5 \times 0.8 = 3200(W) = 3.2(kW)$$

比较（1）、（2）的结果：

有的三相电动机有两种额定电压，譬如 220/380V。这表示当电源电压（指线电压）为 220V 时，电动机的绕组应连成三角形；当电源电压为 380V 时，电动机应连成星形。在两种接法中，相电压、相电流及功率都未改变，仅线电流在（2）的情况下增大为在（1）的情况下的 $\sqrt{3}$ 倍。

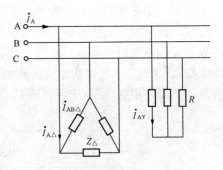

【例 7-6】 线电压 $U_l=380V$ 的三相电压上接有两组对称三相负载：一组是三角形连接的电感性负载，

图 7-22　［例 7-6］电路

每相阻抗 $Z_\triangle=36.3\angle 37°\Omega$；另一组是星形连接的电阻性负载，每相电阻 $R=10\Omega$，如图 7-22 所示。试求：（1）负载的相电流；（2）电路线电流；（3）电路总功率。

解　设线电压 $\dot{U}_{AB} = 380\angle 0°V$，则相电压 $\dot{U}_A = 220\angle -30°V$。

（1）由于三相负载对称，所以计算一相即可。

对于三角形连接的负载，其相电流为

$$\dot{I}_{AB\triangle} = \frac{\dot{U}_{AB}}{Z_\triangle} = \frac{380\angle 0°}{36.3\angle 37°} = 10.47\angle -37°(A)$$

对于星形连接的负载，其相电流即为线电流

$$\dot{I}_{AY} = \frac{\dot{U}_A}{R} = \frac{220\angle -30°}{10} = 22\angle -30°(A)$$

（2）先求三角形连接的电感性负载的线电流 $\dot{I}_{A\triangle}$。因为 $\dot{I}_{A\triangle} = \sqrt{3}\dot{I}_{AB\triangle}\angle -30°$，于是得出

$$\dot{I}_{A\triangle} = 10.47\sqrt{3}\angle(-37°-30°) = 18.13\angle -67°(A)$$

$\dot{I}_{AY}$ 和 $\dot{I}_{A\triangle}$ 相位不同，不能错误地把 22A 和 18.13A 相加作为电路线电流，两者相量相加才对，即

$$\dot{I}_A = \dot{I}_{A\triangle} + \dot{I}_{AY} = 18.13\angle-67° + 22\angle-30° = 38\angle-46.7°(A)$$

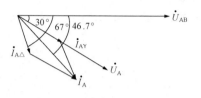

图 7-23　［例 7-6］电压和电流相量图

电路线电流也是对称的。

一相电压与电流的相量图如图 7-23 所示。

（3）电路总功率为

$$P = P_{\triangle} + P_Y = \sqrt{3}U_l I_{A\triangle}\cos\theta_{\triangle} + \sqrt{3}U_l I_{AY}$$
$$= \sqrt{3}\times380\times18.13\times0.8 + \sqrt{3}\times380\times22$$
$$= 9546 + 14480 = 24026W = 24.026(kW)$$

二、三相电路功率的测量

（1）对于三相四线制供电的三相星形连接的负载，可用一只功率表测量各相的有功功率 P_A、P_B、P_C，则三相负载的总有功功率 $\sum P = P_A + P_B + P_C$。这就是一表法，如图 7-24 所示。若三相负载是对称的，则只需测量一相的功率，再乘以 3 即得三相总的有功功率。

（2）三相三线制供电系统中，不论三相负载是否对称，也不论负载是星形连接还是三角形连接，都可用二表法测量三相负载的总有功功率。测量线路如图 7-25 所示。若负载为感性或容性，且当相位差 $\varphi > 60°$ 时，线路中的一只功率表指针将反偏（数字式功率表将出现负读数），这时应将功率表电流线圈的两个端子调换（不能调换电压线圈端子），其读数应记为负值。而三相总功率 $\sum P = P_1 + P_2$（P_1、P_2 本身不含任何意义）。

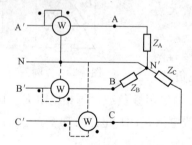

图 7-24　三相四线制电路的一表法

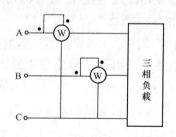

图 7-25　三相三线制电路的二表法

除图 7-25 所示的 I_A、U_{AC} 与 I_B、U_{BC} 接法外，还有 I_B、U_{BA} 与 I_C、U_{CA} 以及 I_A、U_{AB} 与 I_C、U_{CB} 两种接法。

（3）对于三相三线制供电的三相对称负载，可用一表法测得三相负载的总无功功率 Q，测试原理线路如图 7-26 所示。图示功率表读数的 $\sqrt{3}$ 倍，即为对称三相电路总的无功功率。除了图 7-26 给出的一种连接方法（I_A、U_{BC}）之外，还有另外两种连接方法，即（I_B、U_{CA}）或（I_C、U_{AB}）。

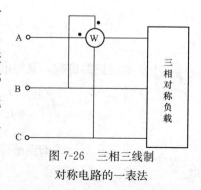

图 7-26　三相三线制对称电路的一表法

任务 3　基于 Multisim 软件的三相交流电路的分析

【任务要求】掌握 Multisim 软件中绘制三相交流电路的要点，会利用 Multisim 软件中的工具对三相交流电路的电压、电流、功率及相序进行分析。

技能点 1　三相交流电路相关仿真工具的使用

三相电源是由三个同频率、等振幅、相位依次差 120° 的正弦电压源按一定连接方式组成的电源。如图 7-27 所示，在 Multisim 软件中绘制的星形连接的三相交流电路，A 相的初相为 0°，B 相的初相为 120°，C 相的初相为 120°，每相电源的振幅均为 311V（有效值为 220V），频率均为 50Hz。

测量三相交流电路的线电压和相电压用交流电压表，测量三相交流电路的线电流和相电流用交流电流表，测量三相交流电路的功率用功率表，这三表已在项目四任务 4 技能点 1 中介绍过，这里不再赘述。另外测量三相交流电路的相序用四通道示波器。如图 7-28 所示，四通道示波器的信号输入通道有 A、B、C、D 4 个，三相电源可分别接四通道示波器任意三个通道，通过每一路输入信号波形来观察三相电源的相序。

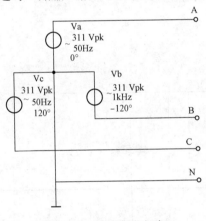

图 7-27　三相交流电路

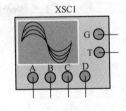

图 7-28　四通道示波器

技能点 2　三相交流电路的仿真分析

在 Multisim 软件中按【例 7-6】中所给电路元器件参数来搭建带两组不同负载的三相交流电路，器件、仪表的选择放置方法与之前的项目相似，如图 7-29 所示。其中，三角形连接的电感性负载，每相阻抗 $Z_\triangle = 36.3 \angle 37° \Omega$。由复数相关知识可知，可把该负载等效为每相负载为 29.04Ω 电阻和 69.3mH 电感的串联。

图 7-30 是该三相交流电路的仿真结果，可知该电路的线电压为 380.896V，相电压为 219.910V，三角形连接的负载相电流为 10.495A，星形连接的负载相电流即为线电流，大小为 21.991A，三角形连接的负载线电流为 18.177A，电路线电流为 38.127A，功率为 9.977+14.130=24.107kW。与【例 7-6】中理论计算结果非常接近，微小误差是由于四舍五入近似计算产生的。由图 7-31 所示的示波器波形图可知，相序为 A—B—C。

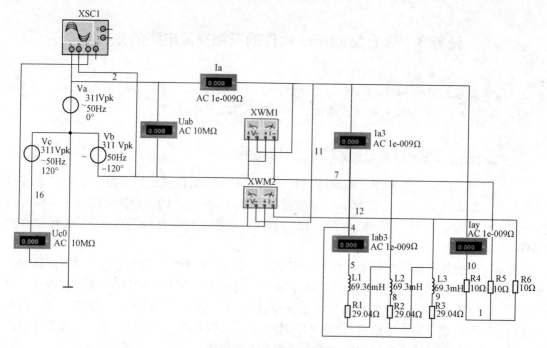

图 7-29 三相交流电路

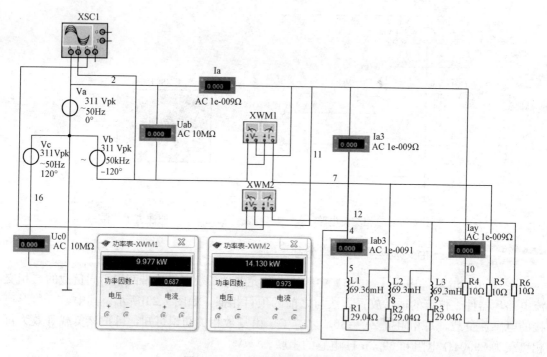

图 7-30 三相交流电路的仿真结果

上述仿真结果中，值得一提的是测量三相电路功率时采用电工技术中常用的二表法，两块功率表的接法如图 7-29 所示。除图 7-29 的 I_B、U_{BA} 与 I_C、U_{CA} 接法外，还有 I_A、U_{AC} 与 I_B、U_{BC} 以及 I_A、U_{AB} 与 I_C、U_{CB} 两种接法，读者可自行尝试另两种接法。三种二表法的接法虽然不同，但两表读数之和都等于该三相交流电路的总功率。

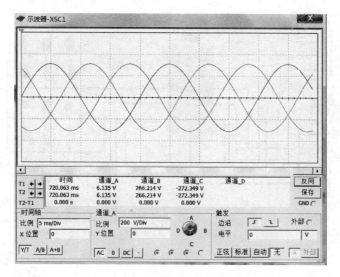

图 7-31　示波器波形图

任务 4　三相彩灯负载电路的接线与测试

【任务要求】掌握三相彩灯负载电路的接线技巧，接线安装完成后会测试三相电路的各电压、电流值。

技能点 1　三相彩灯负载电路的接线

组成三相彩灯负载电路需用到的元器件有 1 个带漏电保护的 4P 空气开关，1 台 0～450V 三相自耦调压器，9 盏 220V、15W 的白炽灯（3 盏红色、3 盏绿色、3 盏蓝色），9 个开关，导线若干。3 盏红灯并联为一相负载，3 盏绿灯并联为一相负载，3 盏蓝灯并联为一相负载。若三相负载接成星形，按图 7-32 所示进行接线；若三相负载接成三角形，按图 7-33 所示进行接线。

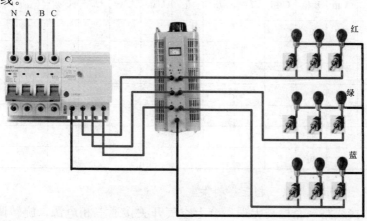

图 7-32　负载接成星形的三相四线制电路接线图

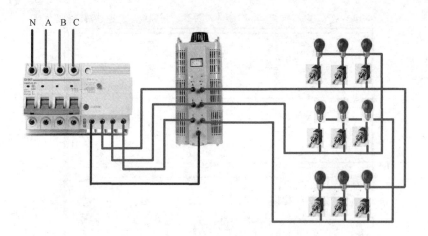

图 7-33　负载接成三角形的三相三线制电路接线图

技能点 2　三相彩灯负载电路的测试

三相彩灯负载电路的测试需用到 1 台量程为 0～500V 交流数字电压表，1 台量程为 0～5A 交流数字电流表，分别用来测电压和电流。

1. 三相负载星形连接电路（三相四线制供电）的测试

按图 7-32 接线完成后，三相灯组负载经三相自耦调压器接通三相对称电源，将三相调压器的旋柄置于输出为 0V 的位置（即逆时针旋到底）。认真检查接线正确后，方可合上空气开关，然后调节三相调压器的手柄，使输出的三相线电压为 220V，并按表 7-1 要求的内容完成各项测试，将所测得的数据记入表 7-1 中，并观察各相灯组亮暗的变化程度，特别要注意观察中性线的作用。

表 7-1　　　　　　　　　　　　测量数据（三相负载星形连接）

测量数据 负载情况	开灯盏数			线电流（A）			线电压（V）			相电压（V）			中性线电流 I_0（A）	中性点电压 U_{N0}（V）
	A相	B相	C相	I_A	I_B	I_C	U_{AB}	U_{BC}	U_{CA}	U_{A0}	U_{B0}	U_{C0}		
Y_0 接对称负载	3	3	3											
Y 接对称负载	3	3	3											
Y_0 接不对称负载	1	2	3											
Y 接不对称负载	1	2	3											
Y_0 接 B 相断开	1	断	3											
Y 接 B 相断开	1	断	3											
Y 接 B 相短路	1	短	3											

2. 三相负载三角形连接（三相三线制供电）

按图 7-33 改接线路，经检查无误后合上空气开关接通三相电源，旋转调压器的手柄，使其输出线电压为 220V，并按表 7-2 要求进行测试，将所测得的数据记入表 7-2 中，同时观察各相灯组亮暗的变化，与负载星形连接时的亮暗程度进行对比，思考亮暗程度变化的原因。

表 7-2 测量数据（三相负载三角形连接）

测量数据 负载情况	开灯盏数			线电压＝相电压（V）			线电流（A）			相电流（A）		
	A—B相	B—C相	C—A相	U_{AB}	U_{BC}	U_{CA}	I_A	I_B	I_C	I_{AB}	I_{BC}	I_{CA}
三相对称	3	3	3									
三相不对称	1	2	3									

在测试过程中注意以下几点：

（1）本电路采用三相交流市电，线电压为 380V，应穿绝缘鞋进实验室。实验时要注意人身安全，不可触及导电部件，防止意外事故发生。

（2）每次接线完毕，应先自查一遍，然后由另一人检查无误后，方可接通电源。必须严格遵守先断电、再接线、后通电；先断电、后拆线的实验操作原则。

（3）星形负载做短路实验时，必须首先断开中性线，以免发生短路事故。

项 目 小 结

（1）三相交流发电机产生的三相电压是对称的，大小相等，频率相同，相位依次相差120°，称为对称三相电压。对称三相电压相量和为零，即 $\dot{U}_A + \dot{U}_B + \dot{U}_C = 0$。

对称三相电压相当于三个独立的正弦电压源，将这三个独立的正弦电压源称为三相交流电源。

（2）当三相电源星形连接时，各线电压的有效值为相电压有效值的 $\sqrt{3}$ 倍，且线电压相位比其下标第一个字母的相电压超前 30°。

$$\begin{cases} \dot{U}_{AB} = \sqrt{3}\dot{U}_A\angle 30° \\ \dot{U}_{BC} = \sqrt{3}\dot{U}_B\angle 30° \\ \dot{U}_{CA} = \sqrt{3}\dot{U}_C\angle 30° \end{cases}$$

（3）三相对称电路中负载为星形连接，电源相电压即为每相负载电压，负载相电流等于线电流；而负载为三角形连接时，负载的相电压与电源的线电压相等，负载相电流等于线电流的 $\dfrac{1}{\sqrt{3}}$，且相电流相位比其下标第一个字母的线电流超前 30°。

$$\begin{cases} \dot{I}_A = \sqrt{3}\dot{I}_{AB}\angle -30° \\ \dot{I}_B = \sqrt{3}\dot{I}_{BC}\angle -30° \\ \dot{I}_C = \sqrt{3}\dot{I}_{CA}\angle -30° \end{cases}$$

（4）对三相对称电路进行计算时，只需计算其中任意一相即可，其他两相可以根据相序推之。这是因为对称负载的电压和电流也都是对称的，即大小相等，相位互差 120°。

（5）计算负载不对称的三相电路时，可以看作是具有三个电源的复杂正弦交流电路。这类电路的分析计算可以应用网孔分析法或节点分析法。

（6）不论负载是星形连接还是三角形连接，总的有功功率必定等于各相有功功率之和。当负载对称时，每相的有功功率是相等的。因此三相总功率为

$$P = 3P_\mathrm{p} = 3U_\mathrm{p}I_\mathrm{p}\cos\theta = \sqrt{3}U_l I_l \cos\theta$$

$$Q = 3U_\mathrm{p}I_\mathrm{p}\sin\theta = \sqrt{3}U_l I_l \sin\theta$$

$$S = 3U_\mathrm{p}I_\mathrm{p} = \sqrt{3}U_l I_l$$

（7）在 Multisim 10.0 中进行三相交流电路的仿真分析时，可用交流电压表测量三相交流电路的线电压和相电压，用交流电流表测量三相交流电路的线电流和相电流，用功率表测量三相交流电路的功率，用四通道示波器测量三相交流电路的相序。

（8）进行三相彩灯负载电路的安装接线时，9 盏彩灯分为并联的三组，可接成星形和三角形两种形式。不同接线方式下，用交流数字电压表和交流数字电流表分别测量记录各自的电压和电流，并观察各相灯组亮暗的变化程度；比较两种接线方式下彩灯的亮暗程度，思考亮暗程度变化的原因。

习 题 七

7-1　三相 Y 接电源为正相序，已知相电压 $\dot{U}_\mathrm{B} = 220\angle40°\mathrm{V}$，试求线电压 $\dot{U}_\mathrm{AB}$、$\dot{U}_\mathrm{BC}$ 和 $\dot{U}_\mathrm{CA}$。

7-2　对称 Y-Y 接三相电路，已知 $\dot{U}_\mathrm{C} = 240\angle0°\mathrm{V}$，各相负载阻抗为 $100\angle20°\Omega$，相序为 A、B、C，试求各线电流。

7-3　对称△形连接负载，每相阻抗为 $100\angle20°\Omega$，由正序对称三相电源供电。已知线电压 $\dot{U}_\mathrm{AB} = 200\angle30°\mathrm{V}$，试求线电流。

7-4　一台三相发电机绕组连接成星形，每相额定电压为 220V，在一次试验时，用电压表量得相电压 $U_\mathrm{A}{=}U_\mathrm{B}{=}U_\mathrm{C}{=}220\mathrm{V}$，而线电压 $U_\mathrm{AB}{=}U_\mathrm{CA}{=}220\mathrm{V}$，$U_\mathrm{BC}{=}380\mathrm{V}$，试问这种现象是如何造成的？

7-5　已知对称三相负载 $Z{=}17.32{+}\mathrm{j}10\Omega$，额定电压为 220V，由三相四线制电源供电，线电压 $u_\mathrm{AB}{=}537\sin（314t{+}30°）\mathrm{V}$。试求：（1）电源的频率、线电压、相电压（有效值）各为多少？（2）三相负载应如何接入三相电源？（3）计算线电流。（4）画相量图。

7-6　一台三相电动机功率 $P{=}3.2\mathrm{kW}$，功率因数 $\cos\theta{=}0.8$。如果接在线电压为 380V 的电源上，试计算电动机的线电流。

7-7　三相对称负载每相电阻为 6Ω，电抗为 8Ω，电源线电压为 380V。试计算负载分别为△连接和 Y 连接时的有功功率。

7-8　图 7-34 所示电路中，三相四线制电源电压为 380/220V，接有对称星形连接的白炽灯负载，其总功率为 180W；在 C 相上还接有额定电压为 220V，功率为 40W，功率因数 $\cos\theta{=}0.5$ 的日光灯一只。试求电流 $\dot{I}_\mathrm{A}$、$\dot{I}_\mathrm{B}$、$\dot{I}_\mathrm{C}$ 及 $\dot{I}_\mathrm{N}$。设 $\dot{U}_\mathrm{A}{=}$

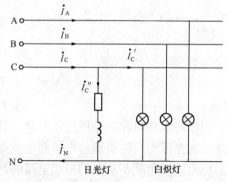

图 7-34　题 7-8 图

$220\angle 0°\text{V}$。

7-9 三相对称负载的功率为 5.5kW，△连接后接在线电压为 220V 的电源上，测得线电流为 19.5A。试计算：（1）负载相电流、功率因数、每相阻抗。（2）如果将负载改为 Y 连接，接在线电压为 380V 三相电源上，计算负载的相电流、线电流、吸收的功率。

7-10 一台三相电动机的每相复阻抗 $Z = 16 + j120\Omega$，额定电压 380V，电源为 380/220V 三相四线制。试求：（1）三相绕组三角形连接时，计算相电流、线电流，画相量图，计算电动机的有功功率。（2）三相绕组星形连接时，计算相电流、线电流，画相量图，计算电动机的有功功率。

7-11 图 7-35 所示对称负载连接成三角形，已知电源相电压为 220V，电流表读数 $I_A = I_B = I_C = 17.3\text{A}$，三相功率为 4.5kW。试求：（1）每相负载的电阻和感抗；（2）当 AB 相断开时，图中各电流表的读数和总功率 P；（3）当 A 线断开时，图中各电流表的读数和总功率 P。

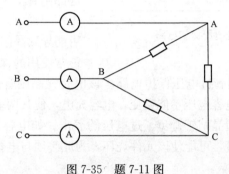

图 7-35 题 7-11 图

项目八　晶闸管过电压保护电路的制作

【项目描述】

晶闸管又称可控硅，是一种大功率半导体器件，主要用于大功率的交流电能与直流电能

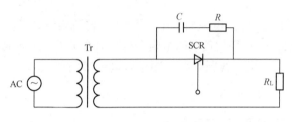

图 8-1　晶闸管过电压保护电路

的相互转换和交、直流电路的开关控制与调压。晶闸管承受过电流、过电压的能力较弱，因此，使用晶闸管的电路必须设置过电流、过电压的保护装置。引起晶闸管上出现过电压的原因很多，如电网浪涌电压或晶闸管本身的通断，都可能导致晶闸管承受瞬时过电压而击穿。最常使用的保护措施是采用阻容吸收装

置。图 8-1 所示电路为晶闸管过电压保护电路。该电路在晶闸管两端并联了 RC 串联支路。电路产生过电压时，由于电容电压不能突变，电容充电，使其两端电压逐渐升高。当晶闸管触发导通后，电容放电，使晶闸管避免了过电压的袭击。如电容器充电电压较高，放电时，会有很大的电流通过晶闸管，可能使该元件烧坏，为此必须与电容串联一个电阻 R，以限制放电电流和增加放电时间。

上述晶闸管过电压保护电路中电容的充放电过程叫作该电路的过渡过程。过渡过程作为电路工作中的一个必经过程，虽然其经历的时间通常很短，但是在实际工程技术中具有十分重要的意义。我们研究电路过渡过程的目的，就在于认识和掌握电路产生过渡过程的规律，以便在工程技术中充分应用过渡过程的特性，同时采取措施防止过渡过程中可能出现的过电压和过电流带来的危害。本项目介绍电路中过渡过程的基本概念，换路定律，RC 一阶电路的过渡过程分析以及用于一阶线性电路过渡过程分析的三要素法。

【学习内容】

掌握过渡过程的概念，RC 电路过渡过程中的零输入响应、零状态响应和完全响应；学会用三要素法分析一阶电路的过渡过程。对晶闸管过电压保护电路的过渡过程进行仿真，观察过渡过程中电容充放电波形。动手设计制作合理的晶闸管过电压保护电路。

任务 1　电路中过渡过程的观察及初始值计算

【任务要求】理解电路中过渡过程的概念，能够利用换路定律计算过渡过程的初始值。

　知识点 1　过渡过程的概念

当电路的结构或元件参数和工作条件等发生变化时，电路中的物理量也将发生相应的变

化，电路将从一种稳定的工作状态转到另一种工作状态。对电路这个转换过程进行分析之前，必须了解该过程的概念、特点以及遵循的基本定律。

自然界中运动的事物，在一定的条件下有一种稳定状态。当条件发生变化时，就要过渡到新的稳定状态。例如，电动机从一种稳定状态——静止状态启动，它的转速从零逐渐上升，最后达到稳定值，达到一个新的稳定状态——正常转动的工作状态。相反，从正常工作状态停止工作时，也是逐渐降低转速直至停止的过程。由此可见，从一种稳定状态转到另一种新的稳定状态，往往不能跃变，而是需要一定的过程和时间，这个物理过程就称为过渡过程。

在电路的工作中，也同样存在过渡过程。前面各项目中讨论的是电路的稳定状态。所谓"稳定状态"，对于直流电路来讲，就是电路在恒定直流电源的激励下，电路中的电流和电压都是不随时间变化的恒定值；对交流电路来讲，就是电路在单一频率正弦电源激励下，电路中的电流和电压都是按照电源频率作正弦变化，它们的振幅都是恒定不变的。电路的这种稳定状态，简称"稳态"。而电路从一个稳定状态过渡到另一个稳定状态，所经历的随时间变化的电磁过程，称为过渡过程，或称暂态过程，简称"暂态"。

例如，图 8-2（a）所示 RC 串联电路，在接通直流电源之前，电容 C 未充电，两极板上没有电荷，电容电压为零。当接通直流电源后，电容 C 开始充电，电容极板上的电压是从零逐渐增长到电源电压值，此时电路中电流为零，电路进入另一种稳定状态。用示波器观察得到电容电压随时间变化的波形如图 8-2（b）所示。

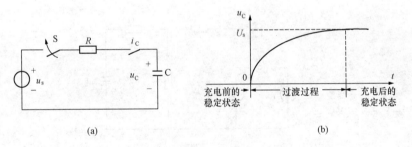

图 8-2　RC 串联电路充电过程

（a）RC 串联电路；（b）充电时的电容电压

电路中为什么会发生过渡过程？含有储能元件如电感、电容或耦合电感元件的电路，称为动态电路，动态电路发生换路后，会引起过渡过程。所谓"换路"，就是电路结构和元件参数的突然改变，如电源的接通、断开，元件的短接、改接，元件参数的突然改变等各种运行操作，以及电路突然发生的短路、断线等各种故障情况，统称为换路。电路换路时，由于动态元件的储能不能突然改变，能量的储蓄和释放需要经历一段时间，这样就会导致电路的过渡过程。所以，含有储能元件的动态电路是发生过渡过程的内在条件，而换路则是电路发生过渡过程的前提条件。

动态电路换路后发生的过渡过程经历的时间通常很短，但是在实际工程技术中具有十分重要的意义。研究电路过渡过程的目的在于认识和掌握电路产生过渡过程的规律，以便在工程技术中充分应用过渡过程的特性，同时采取措施防止过渡过程中可能出现的过电压和过电流带来的危害。

知识点 2 换路定律及初始值的计算

电路换路过程中储能元件储有的能量将发生改变，但是这种变化是不能跃变的。由前面介绍的知识可知，任一时刻电容储存的电场能为 $w_C = \frac{1}{2}Cu_C^2(t)$，取决于同一时刻电容两端的电压；电感储存的磁场能为 $w_L = \frac{1}{2}Li_L^2(t)$，取决于同一时刻电感中的电流。既然能量不能跃变，那么换路瞬间电感中的电流和电容两端的电压是不能跃变的。而且由于 $i_C(t) = C\frac{du_C(t)}{dt}$ 和 $u_L(t) = L\frac{di_L(t)}{dt}$，所以此时电容电流和电感电压必为有限值。

由此得出：在电感电压和电容电流为有限值的情况下，电路换路时刻电感电流和电容电压不能发生跃变。这就是换路定律。

用 $t=0$ 表示电路的换路时刻，由数学极限表示法，用 $t=0_+$ 表示换路后的最初瞬间，用 $t=0_-$ 表示换路前的最后瞬间，则换路定律可以表示为

$$i_L(0_+) = i_L(0_-), \quad u_C(0_+) = u_C(0_-) \tag{8-1}$$

将换路后最初瞬间的电压和电流的值称为初始值。换路定律只适用于换路的瞬间，用于确定换路后电容电压和电感电流的初始值。

【例 8-1】 图 8-3（a）所示电路中，$t=0$ 时刻换路，开关 S 由 a 闭合于 b，换路前电路处于稳态。试求换路后的初始值 $u_C(0_+)$。

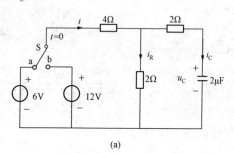

(a)

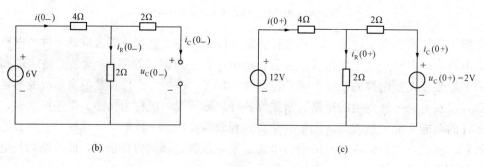

(b)   (c)

图 8-3 ［例 8-1］图
（a）求解电路；（b）换路前等效电路；（c）换路后等效电路

解 根据换路定律先计算 $u_C(0_-)$。$t=0_-$ 是换路前最后瞬间，所以 $u_C(0_-)$ 要根据换路前的稳定状态的电路求解。换路前等效电路如图 8-3（b）所示，对于直流稳态电路，电容相当于开路。

$$u_C(0-) = \frac{2}{4+2} \times 6 = 2(\text{V})$$

由换路定律得出换路后电容电压的初始值 $u_C(0_+) = u_C(0_-) = 2\text{V}$。

换路后 $t=0_+$ 时的电路如图 8-3（c）所示。图中用 2V 的电压源表示 $t=0_+$ 时电容，根据此图可以求出其他电压和电流的初始值。

计算换路后瞬间（$t=0_+$）电压电流的初始值，只需要先计算 $t=0_-$ 时的 $i_L(0_-)$ 和 $u_C(0_-)$，因为它们不能跃变，即为换路后的初始值，而换路前的其余电压和电流都与初始值无关，不需求出。

【例 8-2】试确定图 8-4（a）所示电路中电容电压和电感电流的初始值。设换路前电路处于稳定状态。

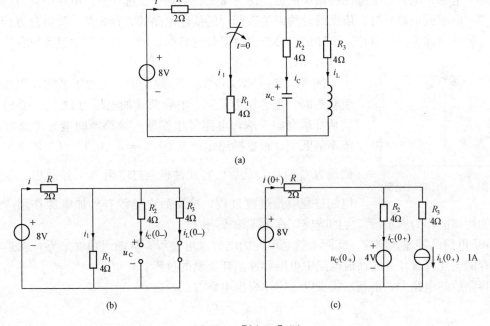

图 8-4　［例 8-2］图
(a) 求解电路；(b) $t=0_-$ 时的等效电路；(c) $t=0_+$ 时的等效电路

解　先由换路前的稳态电路求解 $i_L(0_-)$ 和 $u_C(0_-)$。对于直流稳态电路，电容可视为开路，电感视为短路，$t=0_-$ 时的等效电路如图 8-4（b）所示。该电路为简单的混联电路，$R_1 // R_3 = 2\Omega$，则

$$i_L(0_-) = \frac{1}{2} \times \frac{U}{R + R_1 // R_3} = \frac{1}{2} \times \frac{8}{2+2} = 1(\text{A})$$
$$u_C(0_-) = i_L(0_-)R_3 = 4(\text{V})$$

由换路定律得

$$i_L(0_+) = i_L(0_-) = 1\text{A}$$
$$u_C(0_+) = u_C(0_-) = 4\text{V}$$

换路后 $t=0_+$ 时的电路如图 8-4（c）所示。图中用 4V 的电压源表示 $t=0_+$ 时电容，用 1A 的电流源表示 $t=0_+$ 时的电感。

任务 2 RC 电路过渡过程的分析

【任务要求】 能够分辨 RC 电路过渡过程的不同响应，会利用三要素法分析一阶 RC 电路的过渡过程。

知识点 1 RC 电路的三种响应

研究电路的过渡过程，一般关心的是电路中的电压和电流在过渡过程中随时间变化的规律，即求电路中的各种响应。对于电阻电路，响应只能由电源（激励）引起，而对动态电路，除了电源，电容、电感的初始储能也能作为激励在电路中引起响应。电路中含有一个储能元件（电感或电容）时，依据两种约束关系所写的描述电路的方程式是一阶微分方程，因此将这种电路称为一阶电路。本知识点分析由电阻和电容构成的一阶电路的过渡过程。

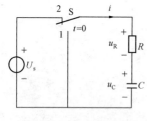

图 8-5 RC 串联电路

1. RC 电路的零输入响应

图 8-5 为一 RC 串联电路，换路前开关置于 2 端，当达到稳定状态时，电容视为开路，电容两端的电压为 U_s。$t=0$ 时，开关从 2 端合向 1 端，电路发生换路。换路瞬间电容中储存的电能不能跃变，根据换路定律 $u_C(0_+) = u_C(0_-) = U_s$，电容初始储能为 $\frac{1}{2}CU_s^2$，此后电容元件将通过电阻 R 开始放电。电容放电的过程就是过渡过程。换路后电路没有外加电源作用，仅由电容初始储能作为激励所产生的响应，称为零输入响应。

RC 电路的零输入响应，实际上就是单纯的电容放电过程。从能量角度来看，就是将电容储存的电能释放，并转换成电路中电阻元件消耗能量的过程。

换路后的电路中，由基尔霍夫电压定律列出电路方程

$$Ri + u_C = 0 \tag{8-2}$$

其中

$$i = i_C = C\frac{du_C}{dt} \tag{8-3}$$

将式 (8-3) 代入式 (8-2)，得到 $t \geqslant 0$ 时描述电路的微分方程

$$RC\frac{du_C}{dt} + u_C = 0 \tag{8-4}$$

该微分方程的通解为

$$u_C = Ae^{pt} \tag{8-5}$$

将式 (8-5) 代入微分方程中，得到

$$RC \cdot Ape^{pt} + Ae^{pt} = 0$$

消去公因子 Ae^{pt}，得出该微分方程的特征方程为

$$RCp + 1 = 0$$

其根为

$$p = -\frac{1}{RC}$$

于是，微分方程的通解为

$$u_C = Ae^{-\frac{1}{RC}t}$$

由初始条件 $u_C(0_+) = U_s$ 代入上式确定积分常数 A。在 $t=0_+$ 时，$u_C(0_+) = A = U_s$，则 $A = U_s$，所以方程的解为

$$u_C(t) = U_s e^{-\frac{1}{RC}t} = U_C(0_+)e^{-\frac{t}{\tau}}, t \geqslant 0 \qquad (8\text{-}6)$$

由式（8-6）可得 u_C 随时间变化的曲线，如图 8-6（a）所示。由图可见，换路后 u_C 从初始值 U_s 按指数规律衰减而趋近于零，电路达到稳态放电过程结束。

式中，$\tau = RC$，具有时间的量纲，即

$$[\tau] = [RC] = \left[\frac{伏特}{安培} \times \frac{库仑}{伏特}\right] = \left[\frac{库仑}{库仑/秒}\right] = [秒]$$

故称 τ 为 RC 电路的时间常数。当 $t = \tau$ 时，$u_C = U_s e^{-1} = \dfrac{U_s}{2.718} = 36.8\% U_s$。可以理解为，时间常数 τ 就等于 u_C 由初始值 U_s 衰减到初始值 U_s 的 36.8% 所需要的时间。

另外，从数学的角度，初始点的切线斜率为

$$\frac{\mathrm{d}u_C}{\mathrm{d}t}\bigg|_{t=0} = -\frac{U_s}{\tau}$$

则该切线与横轴的交点为 $t = \tau$。

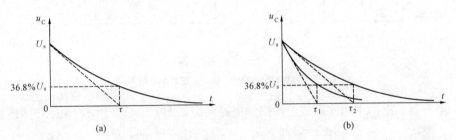

图 8-6　RC 电路电容电压与时间常数关系曲线

(a) u_C 变化曲线；(b) τ 越大，u_C 衰减越慢

由此可见，电压衰减的快慢取决于电路的时间常数。时间常数 τ 越大，则 u_C 的衰减（即电容的放电）越慢，如图 8-6（b）所示。也可以作这样的理解：在一定的初始电压 U_s 下，电容 C 越大则存储的电荷越多，电阻 R 越大则放电电流越小，都促使放电过程变慢。因此对应 $\tau = RC$ 越大放电越慢，反之则放电越快。在一阶电路中 τ 是一个决定电压、电流变化快慢的重要参数。当 $t = 4\tau$ 时，有 $u_C(4\tau) = U_s e^{-4} = 0.018U_s$，即 u_C 已降到初始值的 1.8%，可以认为响应已衰减完毕。

换路之后，电路中的其他变量可以方便地根据 u_C 求出，即

$$i_C(t) = C\frac{\mathrm{d}u_C}{\mathrm{d}t} = -\frac{U_s}{R}e^{-\frac{t}{\tau}}, t \geqslant 0 \qquad (8\text{-}7)$$

$$u_R(t) = Ri_C = -U_s e^{-\frac{t}{\tau}}, t \geqslant 0 \qquad (8\text{-}8)$$

上面两式中的负号表示放电电流和电阻电压的实际方向和图中所示参考方向相反。

【例 8-3】在图 8-7 所示电路中，已知 $R_1 = 1\text{k}\Omega$，$R_2 = 2\text{k}\Omega$，$R_3 = 3\text{k}\Omega$，$C = 1\mu\text{F}$，电流源

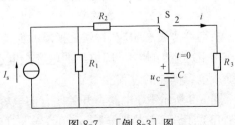

图 8-7　[例 8-3] 图

$I_s = 3\text{mA}$。开关长期合在位置1上。如果在 $t=0$ 时将开关合到位置2后，试求电容器上电压 u_C 及放电电流 i。

解 在 $t=0_-$ 时，$u_C(0_-) = R_1 I_s = 1 \times 10^3 \times 3 \times 10^{-3} = 3(\text{V})$。

$t \geqslant 0$ 时，开关合到位置2，时间常数 $\tau = R_3 C = 3 \times 10^3 \times 1 \times 10^{-6} = 3 \times 10^{-3}(\text{s})$。

根据换路定律，$U_C(0_+) = U_C(0_-) = 3\text{V}$，所以

$$u_C = U_C(0_+) e^{-\frac{t}{\tau}} = 3e^{-3.3 \times 10^2 t}(\text{V})，\quad t \geqslant 0$$

$$i = -C\frac{\mathrm{d}u_C}{\mathrm{d}t} = 1 \times 10^{-3} e^{-\frac{t}{3 \times 10^{-3}}} = e^{-3.3 \times 10^2 t}(\text{mA})，\quad t \geqslant 0$$

【例 8-4】 电力系统中有一电容量为 $30\mu\text{F}$ 的高压电容器，需从电网中切除退出工作，切除瞬间电容器的电压为 3000V，而后电容器经自身 $120\text{M}\Omega$ 的泄漏电阻 R 放电。试求电容电压衰减到 500V 时所需要的时间。

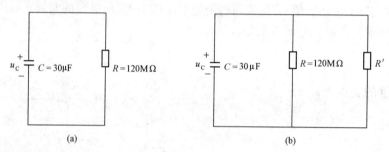

图 8-8 ［例 8-4］图

(a) 未并接较小电阻 R'；(b) 并接较小电阻 R'

解 电容器从电网中切除后放电回路的电路模型如图 8-8（a）所示。电路的时间常数为

$$\tau = RC = 120 \times 10^6 \times 30 \times 10^{-6} = 3600(\text{s})$$

设 $t=0$ 时刻电容从电网中切除，则 $t \geqslant 0$ 时电容电压的表达式为

$$u_C(t) = 3000e^{-\frac{t}{\tau}} = 3000e^{-\frac{t}{3600}}(\text{V})，\quad t \geqslant 0$$

若电容电压衰减为 500V 时，则有

$$3000e^{-\frac{t}{3600}} = 500$$

$$e^{-\frac{t}{3600}} = \frac{500}{3000} = 0.167$$

解出

$$t = -3600\ln 0.167 = 6443(\text{s})$$

即使经过 6443s（1.79h），电容器仍有 500V 电压，这对人身安全是很危险的。因此，高压电容器从电路中断开退出工作后，必须并接一较小值电阻 R'，如图 8-8（b）所示。这样可以减小时间常数让其迅速放电，然后人才能触及，否则就会发生触电危险。

2. RC 电路的零状态响应

所谓"零状态响应"，就是换路时储能元件的初始储能为零，换路后仅由电路的外加电源作用下产生的响应，即单纯的电容充电过程。从能量角度来看，就是将电路中电源的能量转换成电容储能的过程。

图 8-9 所示 RC 电路，开关闭合前电容无储能，即电容电压为零，$u_C(0_-) = 0$。当 $t=0$ 时刻开关闭合，由换路定律 $u_C(0_+) = u_C(0_-) = 0$，电容的初始储能为零，此后电源将对电

容进行充电。

　　根据基尔霍夫电压定律，列出 $t \geqslant 0$ 时的电路方程

$$u_R(t) + u_C(t) = U_s \tag{8-9}$$

将 $u_R(t) = Ri_R(t)$，$i_R(t) = i_C(t) = C\dfrac{\mathrm{d}u_C(t)}{\mathrm{d}t}$ 代入，得到如

下微分方程

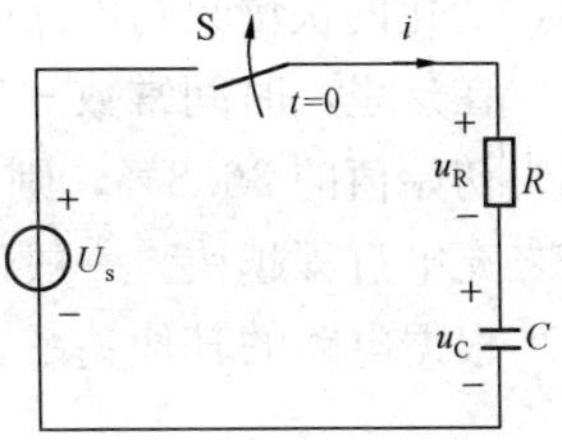

$$RC\frac{\mathrm{d}u_C(t)}{\mathrm{d}t} + u_C(t) = U_s \tag{8-10}$$

图 8-9　RC 电路

　　式（8-10）为常系数一阶线性非齐次微分方程，其解由两部分组成：相应的齐次微分方程的通解 $u_{Ch}(t)$ 和非齐次微分方程的特解 $u_{Cp}(t)$。

　　齐次微分方程的通解为

$$u_{Ch}(t) = K\mathrm{e}^{-\frac{t}{RC}}, t \geqslant 0 \tag{8-11}$$

　　由于电路的输入为恒定直流电源 U_s，故非齐次微分方程的特解与输入的激励函数形式一致，为一恒定值。设特解为 $u_{Cp}(t) = A$，代入式（8-10），得 $A = U_s$。

　　故特解为　　　$u_{Cp}(t) = A = U_s$

　　于是得到的解为

$$u_C(t) = u_{Ch}(t) + u_{Cp}(t) = K\mathrm{e}^{-\frac{t}{RC}} + U_s$$

　　由初始条件 $u_C(0_+) = 0$ 代入上式来确定积分常数 K。在 $t = 0_+$ 时，$u_C(0_+) = K + U_s = 0$，则 $K = -U_s$。

　　所以方程的解为

$$u_C(t) = -U_s\mathrm{e}^{-\frac{t}{RC}} + U_s = U_s(1 - \mathrm{e}^{-\frac{t}{RC}}), t \geqslant 0 \tag{8-12}$$

　　根据式（8-12）可得 $u_C(t)$ 的波形如图 8-10（a）所示，换路后电容电压从零开始充电，按照指数规律上升至 U_s，电路达到稳态，充电过程结束。

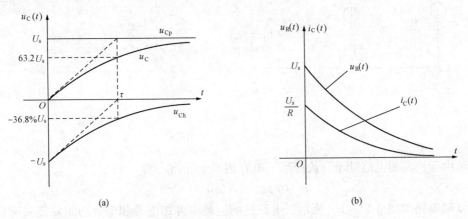

图 8-10　一阶 RC 电路的零状态响应

（a）$u_C(t)$ 的变化曲线；（b）电容电流波形和电阻电压波形

　　由图可见，把 $u_C(t)$ 及其中的特解 $u_{Cp}(t)$ 和通解 $u_{Ch}(t)$ 分量曲线分别画出，从曲线中可以看出：特解分量就是电路达到稳定状态时的电压，称为稳态分量。它的变化规律和大小与电源电压有关。通解分量则仅存在于暂态过程中，称为电路的暂态分量。它按照指数规律变

化，变化的快慢只与电路时间常数 τ 有关。

在这里，时间常数 τ 与前面提到的时间常数具有同样的意义。当 $t=\tau$ 时，暂态分量衰减为初始值的 36.8%，则 $u_C(t)$ 增长为（$1-36.8\%$）$=63.2\%$。τ 越大，则充电过程越慢；反之充电过程越快。一般认为，经过（3~5）τ 充电过程基本完毕。

根据电路的其他关系，可以求得电容电流为

$$i_C(t) = C\frac{\mathrm{d}u_C(t)}{\mathrm{d}t} = \frac{U_s}{R}\mathrm{e}^{-\frac{t}{RC}}, t \geqslant 0 \tag{8-13}$$

电阻电压为

$$u_R(t) = Ri_C(t) = U_s\mathrm{e}^{-\frac{t}{RC}}, t \geqslant 0 \tag{8-14}$$

由式（8-13）和式（8-14）画出 $i_C(t)$ 和 $u_R(t)$ 的波形如图 8-10（b）所示。由波形图可以直观地看出各响应的变化规律。

3. RC 电路的完全响应

一阶 RC 电路的完全响应是指电源激励和电容元件的初始状态 $u_C(0_+)$ 均不为零时电路的响应。根据叠加定理，完全响应是零输入响应与零状态响应两者的叠加。

前面已经分析了 RC 电路零输入响应和零状态响应，求解其完全响应则只需要将两者叠加，即

$$u_C(t) = u'_C(t) + u''_C(t) = U_C(0_+)\mathrm{e}^{-\frac{t}{RC}} + U_s(1-\mathrm{e}^{-\frac{t}{RC}}), t \geqslant 0 \tag{8-15}$$

也可把完全响应表示成稳态分量＋暂态分量，即

$$u_C(t) = U_s + [U_C(0_+) - U_s]\mathrm{e}^{-\frac{t}{RC}}, t \geqslant 0 \tag{8-16}$$

【例 8-5】 图 8-11（a）所示电路中，$t=0$ 时刻开关 S 由 2 闭合于 1，换路前电路处于稳态。试求 $t \geqslant 0$ 时电容电压 $u_C(t)$，并指出它所包含的暂态响应和稳态响应。

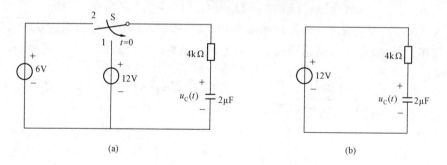

图 8-11　[例 8-5] 图

（a）求解电路；（b）$t \geqslant 0$ 时电路

解 由于换路前电路处于直流稳态，电容相当于开路，则

$$u_C(0_+) = u_C(0_-) = 6\mathrm{V}$$

$t \geqslant 0$ 时电路如图 8-11（b）所示。电路的响应是由外加电源和电容初始储能共同作用产生的，是完全响应。

换路后电路的时间常数为

$$\tau = RC = 4 \times 10^3 \times 2 \times 10^{-6} = 8(\mathrm{ms})$$

根据式（8-16）可得 $t \geqslant 0$ 时电容电压为

$$u_C(t) = (6-12)\mathrm{e}^{-\frac{t}{8 \times 10^{-3}}} + 12 = -6\mathrm{e}^{-125t} + 12(\mathrm{V}), \quad t \geqslant 0$$

上式中，暂态响应为 $-6\mathrm{e}^{-125t}\mathrm{V}$ ，稳态响应为 $12\mathrm{V}$ 。 $u_{\mathrm{C}}(t)$ 的变化规律是从初始值 6V 按指数规律变化至稳态值 12V。

知识点 2　一阶 RC 电路过渡过程分析的三要素法

从求解一阶 RC 电路的响应中可归纳出：一阶电路过渡过程中的各处电流、电压都是从初始值开始，按指数规律逐渐增长或逐渐衰减至稳态值的，而且在同一电路中，各支路电流、电压变化的时间常数 τ 都是相同的。若用 $f(t)$ 表示响应变量（电流或电压），用 $f(0_+)$ 表示该电流或电压的初始值， $f(\infty)$ 表示电流或电压的稳态值， τ 表示电路的时间常数，则电路的响应可表示为

$$f(t) = f(\infty) + [f(0_+) - f(\infty)]\mathrm{e}^{-\frac{t}{\tau}}, t \geqslant 0 \tag{8-17}$$

式中：初始值 $f(0_+)$ 、稳态值 $f(\infty)$ 和时间常数 τ 称为确定一阶电路过渡过程响应的三要素。式（8-17）称为三要素公式。先求三要素，然后根据三要素公式直接得出过渡过程中电路的响应，这一分析方法称为直流激励有损耗一阶电路分析的三要素法。前述恒定直流电源激励一阶 RC 电路， $t=0$ 时刻换路后过渡过程中的电压和电流可以按三要素公式来进行计算。如 RC 电路电容放电过程的分析，电容电压的初始值 $u_{\mathrm{C}}(0_+) = U_{\mathrm{s}}$ ，稳态值 $u_{\mathrm{C}}(\infty) = 0$ ，电路的时间常数 $\tau = RC$ ，将这三个量代入式（8-17）中，便可以得出电容放电过程中的电容电压为

$$u_{\mathrm{C}}(t) = 0 + (U_{\mathrm{s}} - 0)\mathrm{e}^{-\frac{t}{RC}} = U_{\mathrm{s}}\mathrm{e}^{-\frac{t}{RC}}, t \geqslant 0$$

这一结果与式（8-6）完全相同。同样，RC 电路电容充电过程的分析也可采用三要素法，读者可自行检验。

应用三要素法求过渡过程中电路响应的关键是求三要素。

1. 初始值的计算

作出 $t = 0_-$ 等效电路来计算 $u_{\mathrm{C}}(0_-)$ 和 $i_{\mathrm{L}}(0_-)$ 。 $t = 0_-$ 时电路处于换路前的稳态，根据换路定律得到 $u_{\mathrm{C}}(0_+)$ 和 $i_{\mathrm{L}}(0_+)$ 。电路中除电容电压和电感电流之外的各电流、电压初始值，应在所作的换路后 $t=0_+$ 等效电路中进行计算得出。

2. 稳态值的计算

作出 $t = \infty$ 稳态电路来计算 $f(\infty)$ 。由于是直流稳态，作 $t = \infty$ 电路时，电容相当于开路，电感相当于短路，可按一般电阻性电路来求变量的稳态值。

3. 时间常数 τ 的计算

对于 RC 电路， $\tau = RC$ 。这里 R 是指换路后从动态元件 C 两端看到电路其余部分的戴维南或诺顿等效电阻。因此计算 R 值时，将动态元件两端断开，并将电路中所有独立电源置零，求电路的输入电阻。

一般用三要素法计算出 $u_{\mathrm{C}}(t)$ ，再根据电路用两个约束关系求其他响应变量。

【例 8-6】试求电路在 $t \geqslant 0$ 时 $u_{\mathrm{C}}(t)$ 和 $u_0(t)$ 。电路如图 8-12 所示，已知 $u_{\mathrm{C}}(0) = 0\mathrm{V}$ ， $C = 1000\mathrm{pF}$ 。

解　用三要素法求 $u_{\mathrm{C}}(t)$ 。

（1）计算初始值。在 $t=0_+$ 时， $u_{\mathrm{C}}(0_+) = u_{\mathrm{C}}(0_-) = 0\mathrm{V}$ 。

（2）计算稳态值。稳态时电容 C 相当于开路， $t=\infty$ 时稳态电路如图 8-12（b）所示。由图求得

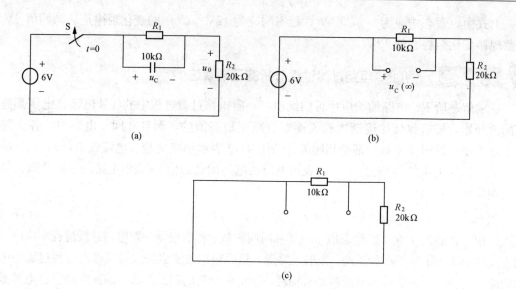

(a)

(b)

(c)

图 8-12 ［例 8-6］图

（a）电路图；（b）$t=\infty$ 时稳态电路图；（c）求 R_0 的电路图

$$u_C(\infty) = U_s \frac{R_1}{R_1 + R_2} = 6 \times \frac{10}{10 + 20} = 2(V)$$

（3）计算 $t \geqslant 0$ 时电路的时间常数 τ。将电容两端断开，求电路其余部分的戴维南等效电阻。求等效电阻的电路如图 8-12（c）所示。

从电容 C 两端看进去的等效电阻为

$$R_0 = \frac{R_1 R_2}{R_1 + R_2} = \frac{10 \times 20}{10 + 20} = 6.7(k\Omega)$$

$$\tau = R_0 C = 6.7 \times 10^3 \times 1000 \times 10^{-12} = 6.7 \times 10^{-6} s$$

（4）按三要素公式（8-17）可得

$$u_C(t) = 2 + (0 - 2)e^{-1.5 \times 10^5 t} = 2 - 2e^{-1.5 \times 10^5 t}(V), t \geqslant 0$$

由电路图可得

$$u_0(t) = 6 - u_C = 6 - (2 - 2e^{-1.5 \times 10^5 t}) = 4 + 2e^{-1.5 \times 10^5 t}(V), t \geqslant 0$$

由求得的 $u_C(t)$ 和 $u_0(t)$ 表达式，可作出 $u_C(t)$ 和 $u_0(t)$ 的波形图如图 8-13 所示。

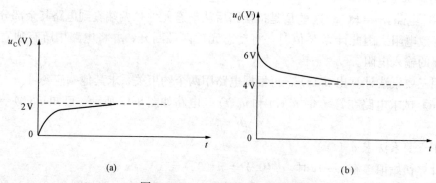

(a)

(b)

图 8-13 $u_C(t)$ 和 $u_0(t)$ 的波形图

（a）$u_C(t)$ 波形；（b）$u_0(t)$ 波形

知识点 3　微分电路和积分电路

电路的过渡过程常常用来产生各种波形信号，如在电子技术中常用的微分电路和积分电路。下面介绍由 RC 构成的基本微分电路和积分电路。

1. 微分电路

最基本的 RC 微分电路如图 8-14（a）所示。取电阻两端电压为输出电压，输入端所加电压为图 8-14（b）所示的周期性矩形波，则输出电压为正、负尖脉冲，如图 8-14（c）所示。构成微分电路的条件是：输入脉冲的宽度 t_p 要比电路的时间常数 τ 大得多，即 $t_p \geqslant \tau$。

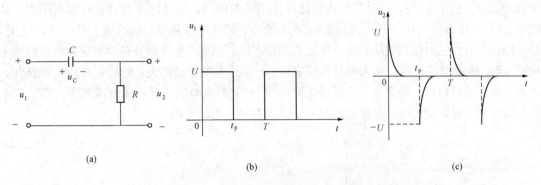

图 8-14　微分电路

（a）电路图；（b）输入电压波形图；（c）输出电压波形图

在 $t=0$ 瞬间，u_1 突然上升到 U，因为 u_C 两端电压不能跃变，$u_2 = u_1$，而后电容 C 开始充电，且很快使 $u_C = U$，u_2 很快衰减到零。在 $0 \leqslant t \leqslant t_p$ 时间内，u_1 的作用相当于一个电压为 U 的直流激励，电容经电阻充电。由三要素公式可得

$$u_C = U(1 - e^{-\frac{t}{\tau}}), u_2 = RC\frac{du_C}{dt} = Ue^{-\frac{t}{\tau}}$$

由于 $\tau \ll t_p$，动态过程很快结束，所以电路输出电压波形为正尖脉冲，如图 8-14（c）所示。可以认为

$$u_1 = u_R + u_C \approx u_C$$

所以输出电压为
$$u_2 = RC\frac{du_C}{dt} \approx RC\frac{du_1}{dt}$$

输出电压取决于输入电压对时间的导数，故该电路称为微分电路。

在 $t = t_p$ 瞬间，u_1 突然下降到零（这时输入端 u_1 不是开路，而是短路），又由于 u_C 不能突变，所以此瞬间 $u_2 = -u_C = -U$，极性与前相反。而后电容很快放电，u_C 很快衰减到零。数学分析如下：$t_p \leqslant t \leqslant T$ 时间内，$u_1 = 0$，电容通过电阻很快放电完毕。由三要素公式可得

$$u_C = Ue^{-\frac{t-t_p}{\tau}}, u_2 = -u_C = -Ue^{-\frac{t-t_p}{\tau}}$$

电路输出负尖脉冲，如图 8-14（c）所示。

当第二个矩形脉冲到来时，电路的响应又重复上述过程，所以该微分电路输出正负交替的尖脉冲。在数字脉冲电路中，常利用微分电路把矩形波变换成尖脉冲，作为脉冲电路的触

发信号。

当电路参数 R、C 不满足 $t_p \gg \tau$ 的条件时，RC 电路的输出电压不是正、负尖脉冲，此时电路起到"通交流，隔直流"的耦合作用，因此称 RC 电路为耦合电路。电子线路中常用阻容耦合电路将交流信号传递给负载。

2. 积分电路

积分电路也可以由 RC 构成，如图 8-15（a）所示。取电容两端电压为输出电压，当输入如图 8-15（b）所示的矩形脉冲 u_1 时，输出为锯齿波，如图 8-15（c）所示。因为在数学上积分与微分互为逆运算，所以在积分电路的构成条件上与微分电路相反，要求电路的时间常数远大于脉冲宽度。由于 $t_p \ll \tau$，这说明在矩形脉冲作用的期间内，电路的动态过程远没有结束。从图 8-15（c）可看出：在 $0 \leqslant t \leqslant t_p$ 时间内，电容充电，输出电压从零开始缓慢上升；当 $t = t_p$ 时，脉冲停止上升，这时输出电压较小，还远未到稳态值。因此，整个脉冲持续时间内电容两端电压 $u_C = u_2$ 缓慢增长，当 u_C 还未增长到稳定状态，矩形脉冲已经消失；然后在 $0 \leqslant t \leqslant t_p$ 时间内，电容经电阻缓慢放电，输出电压也缓慢下降，当 $t = T$ 时电容电压还远未衰减到零。当第二个矩形脉冲到来时，电容电压又在初始值 $u_C(T)$ 的基础上继续充电。

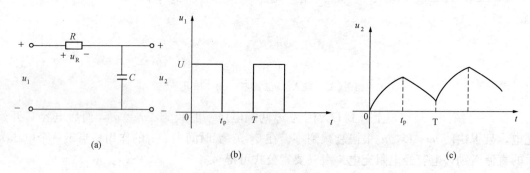

图 8-15 积分电路
(a) 电路图；(b) 输入电压波形图；(c) 输出电压波形图

由于积分电路的 $t_p \ll \tau$，在矩形脉冲作用的期间内电容远没有充完电，因此 $u_2 = u_C \ll u_R$，于是有

$$u_1 = u_R + u_C \approx u_R$$

所以输出电压

$$u_2 = u_C = \frac{1}{C}\int i\,\mathrm{d}t = \frac{1}{C}\int \frac{u_R}{R}\mathrm{d}t \approx \frac{1}{CR}\int u_1\,\mathrm{d}t$$

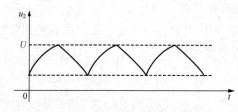

图 8-16 积分电路的规则输出波形

输出电压取决于输入电压的积分，故称积分电路。

如果积分电路的输入电压保持为矩形脉冲序列，则经过几个周期后，输出电压的波形就为规则的锯齿波，如图 8-16 所示。

在脉冲电路中，可应用积分电路把矩形脉冲波变换为锯齿波，作扫描等用。

任务 3　基于 Multisim 软件的晶闸管过电压保护电路的分析

【任务要求】掌握 Multisim 软件中绘制晶闸管过电压保护电路的要点，会利用 Multisim 软件中的工具对晶闸管过电压保护电路进行分析。

技能点1　晶闸管过电压保护电路相关仿真工具的使用

图 8-1 所示的晶闸管过电压保护电路中的核心器件是单向可控硅整流器（Silicon Controlled Rectifier，SCR），又简称为晶闸管（Thyristor），其工作在高频率的开关状态。图 8-17 是晶闸管的外形、结构和电气图形符号。晶闸管为半控型电力电子器件，它的工作条件如下：

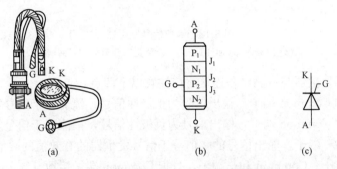

图 8-17　晶闸管的外形、结构和电气图形符号
(a) 外形；(b) 结构；(c) 电气图形符号

（1）晶闸管承受反向阳极电压时，不管门极承受何种电压，晶闸管都处于反向阻断状态。

（2）晶闸管承受正向阳极电压时，仅在门极承受正向电压的情况下晶闸管才导通，这时晶闸管处于正向导通状态。这就是晶闸管的闸流特性，即可控特性。

（3）晶闸管在导通情况下，只要有一定的正向阳极电压，不论门极电压如何，晶闸管都保持导通，即晶闸管都导通后，门极失去作用。门极只起触发作用。

（4）晶闸管在导通情况下，当主回路电压（或电流）减小到接近于零时，晶闸管关断。

晶闸管在工作过程中，它的阳极（A）和阴极（K）与电源和负载连接，组成晶闸管的主电路，晶闸管的门极 G 和阴极 K 与控制晶闸管的装置连接，组成晶闸管的控制电路。所以，在对晶闸管过电压保护电路的仿真中，除在晶闸管的阳极和阴极间加交流电源和负载，还需给晶闸管的门极加触发信号，需用到函数信号发生器。Multisim 软件的仪器仪表库中包含函数信号发生器，左键单击仪器工具栏中 ▦ 图标，选择函数信号发生器放置在电路图编辑窗口恰当位置处，如图 8-18 (a) 所示。双击函数信号发生器，在弹出的属性对话框中可选择提供不同波形的电压源。如图 8-18 (b) 所示，函数信号发生器可以提供正弦波、三角波、方波三种不同波形，信号选项里可对信号的频率、占空比、振幅大小以及偏移值进行设置，其中偏移值是把正弦波、三角波、方波叠加在设置的偏置电压上输出。另外，设置上升/下降时间按钮只在产生方波时有效，用来设置产生信号的上升和下降时间。单击该按钮出现如图 8-18（c）所示对话框。该对话框的时间设置单位下拉列表中有三种选择：nSec、μSec 和 mSec，在左边的格内输入数值后单击确认按钮即完成了设置；若单击默认按钮，则恢复默认设置；若单击取消按钮，则取消设置。

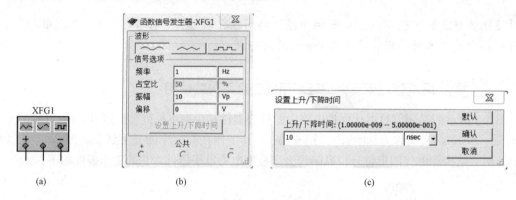

图 8-18　函数信号发生器
(a) 图标；(b) 属性页；(c) 设置上升/下降时间对话框

使用函数信号发生器与待测设备连接时应注意以下四点：

（1）连接＋和 Common 端子，输出信号为正极性信号，幅值等于信号发生器的有效值。

（2）连接－和 Common 端子，输出信号为负极性信号，幅值等于信号发生器的有效值。

（3）连接＋和－端子，输出信号的幅值等于信号发生器的有效值的两倍。

（4）同时连接＋、Common 和－端子，且把 Common 端子接地（与公共地 Ground 符号相连），则输出的两个信号幅值相等，极性相反。

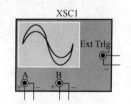

图 8-19　两通道示波器

除了用到函数信号发生器，还需用两通道示波器观察并联 RC 串联支路前后晶闸管、交流电源侧、整流输出的负载侧电压波形的变化情况。在项目七任务三中用过四通道示波器，本任务中用两通道示波器即可。单击仪器工具栏中 图标，选择两通道示波器放置在电路图编辑窗口恰当位置处。如图 8-19 所示，两通道示波器的图标上共有 6 个端子，分别为 A 通道的正负端、B 通道的正负端和外触发的正负端。连接时注意：①A、B 两个通道的正端分别只需要一根导线与待测点相连接，测量的是该点与地之间的波形；②若需测量器件两端的信号波形，只需将 A 或 B 通道的正负端与器件两端相连即可。

技能点 2　晶闸管过电压保护电路的仿真分析

在 Multisim 软件中按图 8-1 搭建在晶闸管两端并联 RC 串联支路的单相半波可控整流电路，器件、仪表的选择放置方法也与之前的项目相似，如图 8-20 所示。其中，元器件参数的选择：①晶闸管型号选 2N3897，其反向重复峰值电压 V_{RRM} 和断态重复峰值电压 V_{DRM} 值为 200V，其反向不重复峰值电压（即反向最大瞬态电压）V_{RSM} 和断态不重复峰值电压（即断态最大瞬时电压）V_{DSM} 值为 330V，其通态平均电流 I_T（AV）值为 22A；②负载电阻 R_L 为 10Ω，阻容吸收电路的电阻为 1Ω，电容为 22mF。另外 RC 串联支路串接一个开关，可方便地通过按下空格键来切换开关的闭合状态，以实现并联或断开阻容电路，观察并联前后晶闸

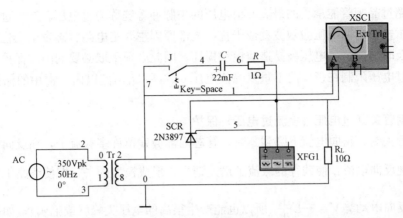

图 8-20　晶闸管两端并联 RC 串联支路的单相半波可控整流电路

管两端电压的变化情况。

　　按下仿真开关，晶闸管两端并联 RC 串联支路的单相半波可控整流电路的仿真结果如图 8-21 所示。图 8-21（a）为 RC 串联支路中开关未合上时晶闸管两端的电压波形，图 8-21（b）为开关合上后的晶闸管两端的电压波形。

　　从上述仿真结果可看出，加了 RC 串联支路可抑制大电压，使晶闸管两端电压平滑，起到保护晶闸管的作用。

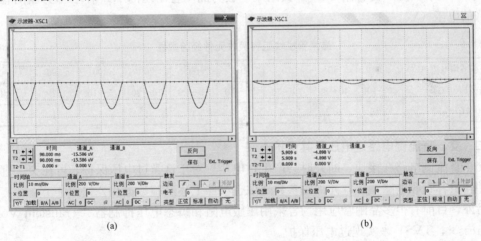

图 8-21　仿真结果
（a）开关未合上；（b）开关合上后

任务 4　晶闸管过电压保护电路的制作与调试

【任务要求】掌握晶闸管过电压保护电路的制作及调试。

技能点 1　晶闸管过电压保护电路的制作

　　由于晶闸管的击穿电压接近工作电压，线路中产生的过电压容易造成器件击穿。正常工作时凡发生超过晶闸管能承受的最高峰值电压的尖脉冲等统称为过电压。产生过电压的外部原因主要是雷击、电网电压激烈波动或干扰，内部原因主要是电路状态发生变化时积累的电磁能量不能及时消散。过电压极易造成模块损坏，因此必须采取必要的限压保护措施，将晶闸管承受的过电压限制在正反向不重复峰值电压 U_{RSM} 和 U_{DSM} 值以内。常用的保护措施有两个方面。

一、晶闸管关断过电压（换流过电压）保护

当晶闸管关断、正向电流下降到零时，管芯内部会残留许多载流子，在反向电压的作用下会瞬间出现反向电流，使残存的载流子迅速消失，形成极大的 $\dfrac{di}{dt}$。即使线路中串联的电感很小，由于反向电动势 $V=-L\dfrac{di}{dt}$，所以也能产生很高的电压尖峰（或毛刺），如果这个尖峰电压超过晶闸管允许的最大峰值电压，就会损坏器件。对于这种尖峰电压一般常用的方法是在器件两端并联阻容吸收电路，利用电容两端电压不能突变的特性吸收尖峰电压。阻容吸收电路要尽可能靠近晶闸管 A、K 端子，引线要尽可能短，最好采用无感电阻，千万不能借用门极回路的辅助阴极导线（因辅助阴极导线的线径很细，回路中过大的电流会将该线烧断）。实际阻容元件的参数可按表 8-1 选取。

表 8-1 中电阻的功率由下式确定：$P_R = fCU_m^2 \times 10^{-6}$。式中：$P_R$ 为电阻功率（W）；f 为频率（50Hz）；C 为串联电容（μF），其耐压一般为晶闸管耐压的 1.3 倍；U_m 为晶闸管模块工作峰值电压（V）。

表 8-1　　　　　　　　　　　晶闸管模块阻容吸收元件经验数据

模块通态平均电流（A）	26	50	70	100	160	200	300	500	800
电阻 R（Ω）	60～100	40～80	30～50	20～40	10～20	10～20	5～10	2	1
电容 C（μF）	0.15	0.2	0.5	0.5	1	1	1	1	1

二、交、直流侧电路过电压及其保护

交、直流侧电路在接通、断开时会产生过电压。对于这类过电压保护，可在交、直流侧同样并联阻容吸收电路，阻容元件的参数选取也参照上述经验数据和公式。

另外，目前有很多晶闸管应用场合采用压敏电阻和瞬态电压抑制器（Transient Voltage Supperessor，TVS）来实现过电压保护。

压敏电阻是一种非线性元件，它是以氧化锌为基体的金属氧化物，有两个电极，极间充填有氧化铋等晶粒，正常电压时晶粒呈高阻，漏电流仅有 $100\mu A$ 左右，但过电压时发生的电子雪崩使其呈低阻，电流迅速增大从而吸收了过电压。压敏电阻的接法与阻容吸收电路相同，在交、直流侧完全可以取代阻容吸收电路。但压敏电阻不能用来作为限制电压变化率 $\dfrac{du}{dt}$ 过大的保护，故不宜连接在晶闸管的两端。

当 TVS 类器件两端受到瞬时高压时，能在极短的时间内（10～12s）从高阻变为低阻，吸收高达数千瓦的浪涌能量。读者可自行查阅相关资料了解 TVS 类器件的型号及性能参数。

确定好晶闸管过电压保护电路的各元器件型号及参数后，采购相应的元器件和万能板，按图 8-1 进行电路的焊接。

技能点 2　晶闸管过电压保护电路的调试

电路焊接完成后，对于一个新设计的电路板，调试起来往往会遇到一些困难，特别是对新手来说往往无从下手。因此掌握好一套合理的调试方法，调试起来将会事半功倍。

安装元件时，如果没有把握保证各相互独立的模块工作正常，最好就不要全部都装上，而是一部分一部分地装上（对于比较小的电路，可以一次全部装上），这样容易确定故障范围，免得遇到问题时无从下手。一般来说，可以将电源部分先装好，然后就上电检测电源输出电压是否正常。如果在上电时没有太大的把握（即使有很大的把握，也建议加上一个熔断器，以防万一），可考虑使用带限流功能的可调稳压电源。先预设好过电流保护电流，然后将稳压电源的电压值慢慢往上调，并监测输入电流、输入电压以及输出电压。如果电源电压往上调的过程中，没有出现过电流保护等问题，且输出电压也达到正常，则说明电源部分正常。反之，则要断开电源，寻找故障点，并重复上述步骤，直到电源正常为止。

接下来逐步安装其他模块，每安装好一个模块，就上电测试一下，上电时也是按照上面的步骤，以避免因为设计错误或安装错误而导致过电流以致烧坏元件。

寻找故障的办法一般有下面几种：

（1）测量电压法。首先要确认各芯片电源引脚的电压是否正常，其次检查各种参考电压是否正常，另外还要检查各点的工作电压是否正常等。例如，一般的硅三极管导通时，基极和发射极之间的结电压在 0.7V 左右，而集电极和发射极之间的结电压则在 0.3V 左右或者更小。如果一个三极管的基极和发射极之间结电压大于 0.7V（特殊三极管除外，如达林顿管等），可能就是基极和发射极之间开路。

（2）信号注入法。将信号源加至输入端，然后依次往后测量各点的波形，看是否正常，以找到故障点。有时也会用更简单的办法，如用手握一个镊子，去碰触各级的输入端，看输出端是否有反应，这在音频、视频等的放大电路中经常使用（但要注意，热底板的电路或者电压高的电路，不能使用此法，否则可能会导致触电）。如果碰前一级没有反应，而碰后一级有反应，则说明问题出在前一级，应重点检查。

（3）当然，还有很多其他寻找故障点的方法，如看、听、闻、摸等。"看"就是看元件有无明显的机械损坏，如破裂、烧黑、变形等。"听"就是听工作声音是否正常，如一些不该响的东西在响，该响的地方不响或者声音不正常等。"闻"就是检查是否有异味，如烧焦的味道、电容电解液的味道等，对于一个有经验的电子维修人员来说，对这些气味是很敏感的。"摸"就是用手去试探器件的温度是否正常，如太热，或者太凉。一些功率器件，工作起来时会发热，如果摸上去是凉的，则基本上可以判断它没有工作起来。但如果不该热的地方热了或者该热的地方太热了，那也是不行的。一般的功率三极管、稳压管芯片等，工作在 70℃ 以下是完全没问题的。70℃ 大概是怎样的一个概念呢？如果将手压上去，可以坚持 3s 以上，就说明温度大概在 70℃ 以下。

通过以上所述的电路调试方法，排除所焊接电路的故障，给该电路加超过晶闸管 U_{RSM}、U_{DSM} 值的电源电压，用示波器观察晶闸管两端电压波形，直观感受阻容吸收电路的保护过程。

项 目 小 结

1. 电路从一个稳定的状态过渡到另一个稳定状态，所经历的随时间变化的电磁过程，称为过渡过程。含有储能元件的动态电路是发生过渡过程的内在条件，而换路则是电路发生过渡过程的前提条件。在实际工程技术中研究电路的过渡过程具有十分重要的意义。

2. 换路定律可以用如下表达式表示

$$i_L(0_+) = i_L(0_-)，\qquad u_C(0_+) = u_C(0_-)$$

3. RC 电路的零输入响应，实质上就是换路后的电路中不含有电源激励，仅由电容的初始储能所激发的电路响应。它实际上就是单纯的电容放电过程。

电容放电过程中的电压和电流分别为

$$u_C(t) = U_s e^{-\frac{1}{RC}t} = U_C(0_+) e^{-\frac{t}{\tau}}，t \geqslant 0$$

$$i_C(t) = C\frac{du_C(t)}{dt} = \frac{U_s}{R} e^{-\frac{t}{RC}}，t \geqslant 0$$

电阻两端电压为

$$u_R(t) = Ri_C = -U_s e^{-\frac{t}{\tau}}，t \geqslant 0$$

4. 所谓"零状态响应"，就是换路后各储能元件的初始储能为零，换路后仅由电路的外加电源作用下产生的响应，即单纯的电容充电过程。

电容充电过程中的电压和电流分别为

$$u_C(t) = -U_s e^{-\frac{1}{RC}t} + U_s = U_s(1 - e^{-\frac{t}{RC}})，t \geqslant 0$$

$$i_C(t) = C\frac{du_C(t)}{dt} = \frac{U_s}{R} e^{-\frac{t}{RC}}，t \geqslant 0$$

电阻两端电压为

$$u_R(t) = Ri_C(t) = U_s e^{-\frac{t}{RC}}，t \geqslant 0$$

5. 一阶 RC 电路的完全响应是指电源激励和电容元件的初始状态 $u_C(0_+)$ 均不为零时电路的响应。根据叠加定理，完全响应是对零输入响应与零状态响应两者的叠加，即

$$u_C(t) = u'_C(t) + u''_C(t) = U_C(0_+) e^{-\frac{t}{RC}} + U_s(1 - e^{-\frac{t}{RC}})，t \geqslant 0$$

6. 一阶 RC 电路过渡过程的分析可用三要素法。三要素法的公式为

$$f(t) = f(\infty) + [f(0_+) - f(\infty)] e^{-\frac{t}{\tau}}，t \geqslant 0$$

7. 电子技术中常用的微分电路和积分电路是电路过渡过程的典型应用。利用微分电路可以将矩形波变换为尖脉冲，作为脉冲电路的触发信号。利用积分电路可以将矩形波变换为锯齿波，作扫描用。

8. 在 Multisim 10.0 中进行晶闸管过电压保护电路的仿真分析时，用函数信号发生器给晶闸管的门极加触发信号，用两通道示波器观察晶闸管两端电压的波形。

9. 进行晶闸管过电压保护电路的制作时，实际阻容元件的参数可按经验值选取，与公式计算结果可能有出入。调试时可采用看、听、闻、摸等寻找故障点的方法。

习 题 八

8-1　电路如图 8-22 所示，已知 $U_s = 12V$，$R = 4\Omega$，$R_1 = 8\Omega$，$R_2 = 6\Omega$，S 打开时电路已处于稳态，当 $t = 0$ 时 S 闭合，试求 S 闭合瞬间的 $u_C(0_+)$ 和 $i_L(0_+)$。

8-2　图 8-23 所示电路 $t = 0$ 时，开关由 1 扳向 2，在 $t < 0$ 时电路处于稳定状态。试求初始值 $i_1(0_+)$、$i_2(0_+)$ 和 $u_L(0_+)$。

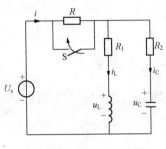

图 8-22　题 8-1 图

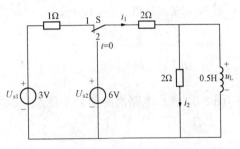

图 8-23　题 8-2 图

8-3　图 8-24 所示电路，开关 S 打开前电路处于稳定状态，在 $t = 0$ 时将开关 S 打开。试求电路的零输入响应 u_C 和 i_C。

8-4　图 8-25 所示电路中，开关 S 闭合前电路处于稳定状态。试求开关 S 闭合后电路的零输入响应 u_C。

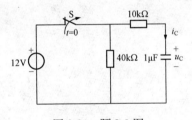

图 8-24　题 8-3 图

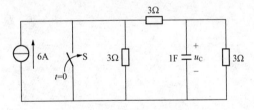

图 8-25　题 8-4 图

8-5　图 8-26 所示电路在 $t = 0$ 时开关 S 闭合，试求 u_C。

8-6　图 8-27 所示电路中，$u_C(0) = 3V$，$t = 0$ 时开关 S 闭合。当 $t \geqslant 0$ 时，试完成：（1）以 $u_C(t)$ 为变量的微分方程；（2）计算电路的时间常数；（3）电容电压 $u_C(t)$ 暂态响应与稳态响应之和及零输入响应与零状态响应之和两种表示形式。

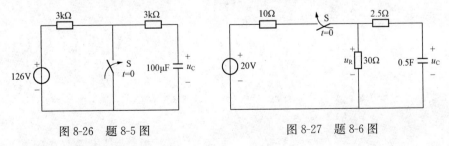

图 8-26　题 8-5 图　　　　　　　　　图 8-27　题 8-6 图

8-7　电路如图 8-28 所示，$t=0$ 时开关 S 打开。试求零状态响应 u_C 和 u_0。

8-8　图 8-29 所示电路中，$t=0$ 时开关 S 闭合，换路前电路已处于稳态。试求换路后 u_C 和 i_C。

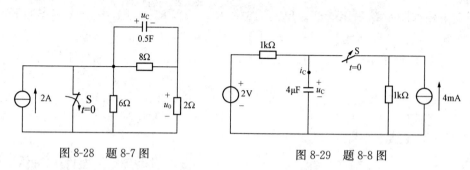

图 8-28　题 8-7 图　　　　　　　　　　图 8-29　题 8-8 图

8-9　图 8-30 所示电路换路前处于稳态，试求 $t \geqslant 0$ 时的 u_C。图中 $C=0.01\text{F}$，$R_1=R_2=10\Omega$，$R_3=20\Omega$，$U_s=10\text{V}$，$I_s=1\text{A}$。

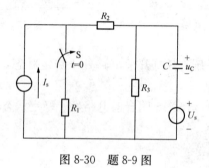

图 8-30　题 8-9 图

项目九　磁路和铁芯线圈电路

【项目描述】

在很多电气设备中如交流发电机、直流发电机、电动机、变压器、电磁铁、接触器及测量仪表等，存在电与磁的相互作用和相互转化，不仅有电路的问题，还有磁路的问题（见图9-1）。因此研究电和磁的关系，掌握磁路的基本规律具有重要的意义。

(a)　　　　　　　　　　　　　(b)

图 9-1　磁路

（a）电机的转子；（b）变压器的铁芯

【学习内容】

掌握磁场的主要物理量及基本性质，了解铁磁性物质的磁化曲线；掌握磁路中的基本规律和非线性恒定磁通磁路的计算方法；掌握线圈电压和磁通的关系和功率损耗，对铁芯线圈交流电路用等效电路法进行分析。

任务1　磁　　场

【任务要求】 了解磁场的产生过程，磁感应强度、磁通、磁场强度和磁导率等磁场的基本物理量；掌握磁场的基本性质，磁通连续性原理和安培环路定律。

知识点1　磁场的产生

磁场是一种看不见、摸不着的特殊物质，它不是由原子或分子组成的，但磁场是客观存在的，如图9-2所示。磁场具有波粒的辐射特性。磁体周围存在磁场，磁体间的相互作用就是以磁场作为媒介的，所以两磁体不用接触就能发生作用。

一、磁场的发现

人类很早以前就已知道磁石。法国学者皮埃·德马立克于公元1269年标明了铁针在块型磁石附近各个位置的定向，从这些记号，又描绘出很多条磁场线。他发现这些磁场线相会于磁石的相反两端位置，就好像地球的经线相会于南极与北极，德马立克称这两位置为磁极。威廉·吉尔伯特主张地球本身就是一个大磁石，其两个磁极分别位于南极与北极。他于

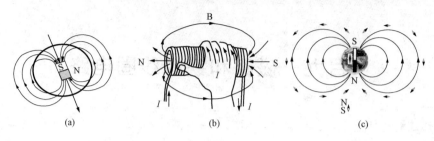

图 9-2　磁场

（a）磁铁形成的磁场；（b）通电螺线管的磁场；（c）地球的磁场

1600 年出版的巨著《论磁石》开创了磁学为一门正统科学的学术领域。

从 1820 年开始，一系列的革命性发现开启了现代磁学理论。首先，丹麦物理学家汉斯·奥斯特于 7 月发现载流导线的电流会施加作用力于磁针，使磁针偏转，知道了电和磁相互依存的关系。同年 9 月，在该新闻抵达法国科学院仅仅一周之后，安德烈·玛丽·安培成功地做实验展示出，假若所载电流的流向相同，则两条平行的载流导线会互相吸引。否则，假若所载电流的流向相反，则会互相排斥。紧接着，法国物理学家让·巴蒂斯特·毕奥和菲利克斯·萨代尔于 10 月共同发表了毕奥—萨伐尔定律，这个定律能够正确地计算出在载流导线四周的磁场。1825 年，安培发表了安培定律，这个定律帮助建立整个电磁理论的基础。1831 年，麦可·法拉第证实，随着时间变化的磁场会生成电场，这个实验结果展示出电与磁之间更密切的关系。

从 1861 年到 1865 年，詹姆斯·麦克斯韦将经典电学和磁学杂乱无章的方程加以整合，成功研究出麦克斯韦方程组，该方程组能够解释经典电学和磁学的各种现象。经过不断的研究，麦克斯韦推导出电磁波方程，计算出电磁波的传播速度。他发现电磁波的传播速度与光速非常接近，警觉的麦克斯韦立刻断定光波就是一种电磁波。后来，于 1887 年，海因里希·鲁道夫·赫兹做实验证明了这个事实。麦克斯韦统一了电学、磁学、光学理论。

二、磁场的产生

现代物理证明，任何物质的终极结构组成都是电子（带单位负电荷）、质子（带单位正电荷）和中子（对外显示电中性）。点电荷就是含有过剩电子（带单位负电荷）或质子（带单位正电荷）的物质点，因此电流产生磁场的原因归结为运动电子产生磁场。

磁场是物质的一种形态。磁铁与磁铁之间，通过各自产生的磁场，互相施加作用力和力矩于对方。运动中的电荷会产生磁场，磁性物质产生的磁场可以用电荷运动模型来解释。

电场是由电荷产生的。电场与磁场有密切的关系，有时磁场会生成电场，有时电场会生成磁场。麦克斯韦方程组描述了电场、磁场和产生这些矢量场的电流和电荷等物理量之间的详细关系。

知识点 2　磁场的基本物理量和磁场的基本性质

磁场的基本物理量包括磁感应强度、磁通、磁场强度和磁导率。

一、磁感应强度和磁通

磁感应强度是表示磁场内某点磁场强弱和方向的基本物理量，是一个矢量，用 **B** 表示。它的方向可用小磁针 N 极在磁场中某点的指向确定，即磁场的方向。在磁场中某一点放一

小段长度为 Δs、电流为 i 并与磁场方向垂直的导体，若导体所受电磁力为 ΔF，则该点磁感应强度的量值为

$$B = \frac{\Delta F}{i\,\Delta s} \tag{9-1}$$

这就是磁感应强度大小的公式。根据洛伦兹力定义磁感应强度用矢量 $\boldsymbol{B}$ 表示。$\boldsymbol{B}$ 的 SI 单位为特斯拉，符号为 T。

磁感应强度矢量的通量称为磁通，用符号 Φ 表示。在磁场中，当各点磁场的强弱或方向不同时，各点的磁感应强度矢量 $\boldsymbol{B}$ 也是不同的。如图 9-3 所示，设磁场中一有一个曲面 A，在曲面上取一个面积元 dA，dA 处的磁感应强度量值为 B，方向与 dA 的法线 n 夹角为 α，则此面积元的磁通为

$$d\Phi = \boldsymbol{B} \cdot dA \cdot \cos\alpha = \boldsymbol{B} \cdot d\boldsymbol{A}$$

矢量 $d\boldsymbol{A}$ 的方向为其法线方向。曲面 A 的磁通为各个 dA 中 $d\Phi$ 的总和，即

$$\Phi = \int_A d\Phi = \int_A \boldsymbol{B} \cdot d\boldsymbol{A} \tag{9-2}$$

磁通是磁感应强度的综合。磁通的参考方向与电流的方向满足右手螺旋定则。

磁场内各点磁感应强度量值相等、方向相同的磁场称为均匀磁场。

在磁感应强度量值为 B 的均匀磁场中，与磁场方向垂直的面积为 A 的磁通为

$$\Phi = BA$$

因此

$$B = \Phi / A \tag{9-3}$$

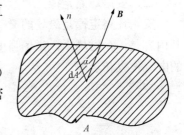

图 9-3　曲面 A 的磁通

磁感应强度等于单位面积穿过的磁通量，又称为磁通密度。磁通的 SI 单位是韦伯，符号为 Wb。

为了使磁场的分布状况形象化，常用磁感应线描述磁场。磁感应线上每一点的切线方向就是这一点的磁场方向，在磁感应强度大的地方磁感应线密，在磁感应强度小的地方磁感应线疏。磁路是局限在指定路径中的磁场，所以可以用磁感应线来描绘其中磁通的分布情况。磁通也可以用穿过某一面积的磁感应线的根数来表示。

二、磁场强度和磁导率

在外磁场作用下，物质会被磁化而产生附加磁场，不同物质的附加磁场不同。为了分析磁场和电流的依存关系，在物理学中引入磁场强度矢量 $\boldsymbol{H}$。在密绕线匝的环状芯子中，磁场强度与线圈中通过的电流量值有关，与芯子的材料无关。但芯子内的磁感应强度量值随芯子物质不同而有差异。也就是说，在由某一宏观电流分布所产生的磁场中，对于不同材料的芯子，芯子中的同一点磁场强度是相同的，而磁感应强度会随着芯子材料被磁化能力的不同而不同。

用磁导率衡量物质被磁化的能力，将物质中某点的磁感应强度与磁场强度量值的比定义为物质的磁导率 μ，即

$$\mu = \frac{B}{H} \tag{9-4}$$

磁导率的 SI 单位为亨/米（H/m）。为了比较物质的磁导率，选择真空作为比较基准，由实验测得真空的磁导率为

$$\mu_0 = 4\pi \times 10^{-7} \mathrm{H/m} \tag{9-5}$$

而把物质的磁导率与真空磁导率的比称作物质的相对磁导率

$$\mu_r = \frac{\mu}{\mu_0}$$

或

$$\mu = \mu_r \mu_0 \tag{9-6}$$

非铁磁性物质的 $\mu_r \approx 1$，$\mu \approx \mu_0$；铁磁性物质的 μ_r 很大，如硅钢片 $\mu_r \approx 6000 \sim 8000$，而坡莫合金在弱磁场中 μ_r 可达 1×10^5。

知识点 3　磁场的基本性质

磁场的基本性质包括磁通连续性原理和安培环路定律。

一、磁通连续性原理

磁通连续性是磁场的一个基本性质。其内容可以理解为：穿进某一闭合面的磁通恒等于穿出该闭合面的磁通。也就是穿入某个闭合面多少根磁感应线必须又穿出同样的根数，其代数和一定为零。这就是磁通连续性原理。由于磁通连续性，故磁感应线总是闭合的空间曲线。

二、安培环路定律

安培环路定律是磁场的又一基本性质。它表示磁场强度与产生磁场的电流之间的关系。其内容是：在磁场中，磁场强度 $\boldsymbol{H}$ 沿任何闭合路径的线积分等于穿过该路径所围成闭合面的电流代数和，即

$$\oint \boldsymbol{H} \cdot \mathrm{d}\boldsymbol{l} = \Sigma i \tag{9-7}$$

其中，电流的正、负要根据它的方向和所选路径的方向之间是否符合右手螺旋定则而定，凡是电流的方向与所选路径的方向符合右手螺旋定则的电流为正，反之为负。

如在图 9-4 中的电流 i_1 为正而 i_2 为负，运用安培环路定律可写成

$$\oint \boldsymbol{H} \cdot \mathrm{d}\boldsymbol{l} = i_1 - i_2$$

由式（9-7）可见，磁场强度的 SI 单位为 A/m。由于对一般磁路来说以米为单位计量长度过大，工程上常以 A/cm 计量磁场强度。

现在以环形线圈为例，如图 9-5 所示，其中媒质是均匀的，线圈的匝数为 N，应用安培环路定律计算线圈内部的磁场强度。取磁通作为闭合回线，且以其方向作为回线的围绕方

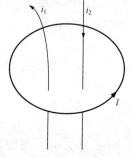

图 9-4　安培环路定律的应用

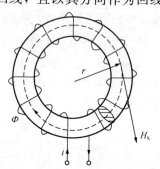

图 9-5　环形线圈

向，有

$$\oint_l \boldsymbol{H} \cdot \mathrm{d}l = H_\mathrm{x} \times 2\pi r$$

$$\sum i = Ni$$

所以

$$H_\mathrm{x} \times 2\pi r = Ni$$

即

$$H_\mathrm{x} = \frac{Ni}{2\pi r} = \frac{Ni}{l_\mathrm{x}} \tag{9-8}$$

式中：N 为线圈的匝数；l_x 为半径为 r 的圆周长，即 $l_\mathrm{x} = 2\pi r$；H_x 为半径 r 处的磁场强度。

任务 2　铁磁性物质的磁化曲线

【任务要求】 了解铁磁性物质的磁化过程，理解铁磁性物质的起始磁化曲线、铁磁性物质的磁滞回线和铁磁性物质的基本磁化曲线。

物质按其磁化效应大体上可分为铁磁性物质和非铁磁性物质两类。非铁磁性物质的磁导率在工程上可近似认为与真空的磁导率相同，即 $\mu \approx \mu_0$ 或 $\mu_r \approx 1$，这类物质包括除铁族元素及其化合物以外全部物质，如空气、铜、木材、橡胶等。铁磁性物质的磁导率比真空磁导率大得多，为其数十倍、数百倍，乃至数万倍。铁磁性物质的磁导率不仅较大，而且常常与所在磁场的强弱以及物质磁状态的历史有关，所以铁磁性物质的 μ 不是一个常量。铁磁性物质铁、镍、钴及其合金以及铁氧体都是电气设备中构成磁路的主要材料。本任务专门介绍铁磁性物质的磁化性质。

铁磁性物质的磁化性质一般由磁化曲线即 $B\text{-}H$ 曲线表示。以磁场强度量值 H 为横坐标，以磁感应强度量值 B 为纵坐标画成的曲线即称为 $B\text{-}H$ 曲线。由于磁场强度 H 是决定于产生外磁场的电流，而磁感应强度 B 相当于电流在真空中所生磁场和物质磁化后的附加磁场的叠加，所以 $B\text{-}H$ 曲线表明了物质的磁化效应。铁磁性物质的 $B\text{-}H$ 曲线可由实验测出。

真空或空气的磁场强度量值 H 与磁感应强度量值 B 的关系为 $B = \mu_0 H$，可见其 $B\text{-}H$ 曲线为一直线，如图 9-6 中的直线①所示。

知识点 1　铁磁性物质的起始磁化曲线

铁磁性物质的起始磁化曲线如图 9-6 中的曲线②所示。铁磁性物质从 $H=0$、$B=0$ 开始磁化。在磁场强度 H 较小的情况下，如图 9-6 中 H_1 时（即图 9-6 中的 Oa_1 段），物质中的磁感应强度 B 随 H 的增大而增大，其增长率并不大。但随着 H 的继续增大，如图 9-6 中 H_1 至 H_2 时，物质中的 B 则急剧增大，如图 9-6 中 a_1a_2 段所示。若 H 继续增大，如图 9-6 中 H_2 至 H_3 时，铁磁性物质中的 B 的增长率反而变小，如图 9-6 中 a_2a_3 段所示。在 a_3 点以后，B 的增长率就相当于空气中的增长率，这种现象称为磁饱和，如图中 a_3a_4 段所示。a_1、a_2、a_3 点分别称为跗点、膝点、饱和点。

在曲线的 a_1a_2 段，铁磁性物质中的磁感应强度较非铁

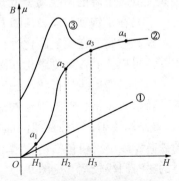

图 9-6　铁磁性物质的起始磁化曲线和 μH 曲线

磁性物质的磁感应强度大得多，所以通常要求铁磁性材料工作在 a_2 点附近。

就整个起始磁化曲线来看，铁磁性物质的 B 和 H 的关系为非线性关系，并表明铁磁性物质的磁导率 μ 不是常数，要随磁场强度 H 的变化而变化。图 9-6 中的曲线③为铁磁性物质的 μ-H 曲线。开始阶段 μ 较小，随着 H 的增大，μ 到达最大值 μ_m，而后，再增大 H 时，随着磁饱和的出现 μ 值下降。

 知识点 2　铁磁性物质的磁滞回线

为了使较小的励磁电流产生足够大的磁通，在各种铁磁元件中，将铁磁性物质做成闭合或近似闭合的环路，构成所谓铁芯。当绕在铁芯上的线圈通有交变电流（大小和方向都变化）时，铁芯就会受到交变磁化。在电流变化一次时，磁感应强度 B 随磁场强度 H 而变化的关系如图 9-7 所示。当磁场强度由零增加到 $+H_m$，使铁磁性物质达到磁饱和，对应的磁感应强度为 B_m 后，如将 H 减小，B 要由 B_m 沿着比起始磁化曲线稍高的曲线 ab 下降。特别是 H 降为零而 B 不为零，这种 B 的改变落后于 H 的改变的现象称为磁滞现象，简称磁

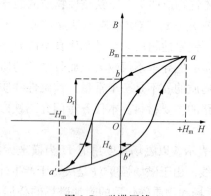

图 9-7　磁滞回线

滞。由于磁滞，铁磁性物质在磁场强度减小到零时保留的磁感应强度 B_r（见图 9-7）称为剩余磁感应强度，简称剩磁。如要消去剩磁，需将铁磁性物质反向磁化。当 H 在相反方向达到图 9-7 中的 H_c 值时才使 B 降为零，这一磁场强度值称为矫顽磁场强度，也称为矫顽力。当 H 继续反方向增加时，铁磁性物质开始进行反向磁化。到 $H = -H_m$ 时，铁磁性物质反向磁化到饱和点 a'。当 H 由 $-H_m$ 回到零时，B-H 曲线沿 $a'b'$ 变化。H 再由零增加到 $+H_m$ 时，B-H 曲线沿 $b'a$ 变化而完成一个循环。铁磁性物质在 $+H_m$ 和 $-H_m$ 之间反复磁化，所得近似对称于原点的闭合曲线 $aba'b'a$ 称为磁滞回线。

从上述可以看到，铁磁物质的磁化有以下特点：

（1）具有饱和性，即外磁场增加到某一值后，B 随着 H 增加变缓，并很快不再随 H 变化，称为饱和状态。

（2）具有不可逆性，即在不饱和阶段磁化过程是不可逆的，B 上升和下降过程不是沿同一条曲线，下降的曲线高于上升的曲线。

（3）在不饱和阶段，B 随 H 的变化很快，且 B 随 H 的变化是非线性的。

铁磁性物质在反复磁化过程中要消耗能量并转变为热能而耗散，这种能量损耗称为磁滞损耗。可以证明，反复磁化一次的磁滞损耗与磁滞回线的面积成正比。

按照磁滞回线的形状，铁磁性物质大体分为软磁材料和硬磁材料两类。软磁材料包括纯铁、铸铁、铸钢、电工钢、铁淦氧磁体及坡莫合金等，这类材料的磁滞回线狭长（见图 9-8），H_c 均较小，磁滞回线的面积及磁滞损耗小，磁导率高，适用于制作各种电动机、电器的铁芯。硬磁材料包括铬、钨、钴、镍等的合金，如铬钢、钨钢、钴钢及铝镍硅等，这类材料的磁滞回线较宽（见图 9-9），H_c 较大。这类材料被磁化后，其剩磁不易消失，适宜制作永磁体。锰镁铁氧体和锂锰铁氧体的磁滞回线很接近于矩形，可用来制作电子计算机内部存储器的磁心和外部设备中的磁鼓、磁带及磁盘等。

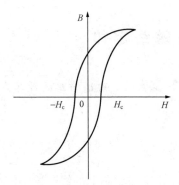

图 9-8　软磁材料的磁滞回线

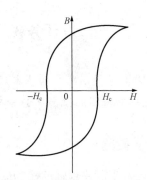

图 9-9　硬磁材料的磁滞回线

 知识点 3　**铁磁性物质的基本磁化曲线**

用磁滞回线表征铁磁性物质的磁性是比较精确的，但是利用这种特性进行分析是十分困难的。所以对一种具体的铁磁材料制成的电气设备进行定量分析时，总是要对表征其材料特性的磁滞回线作某种简化，以在分析的复杂性和结果的准确性达到折中。在进行磁路计算时常用的一种折中方案是用所谓的基本磁化曲线来代替磁滞回线。对于同一铁磁性物质制成的铁芯，取不同的 H_m 值的交变磁场进行反复磁化，必将得到一系列磁滞回线，如图 9-10 中虚线所示，各磁滞回线顶点连成的曲线称为基本磁化曲线，如图 9-10 中实线所示。

对于一定的铁磁性物质，其基本磁化曲线是比较固定的，但当用到剩余磁感应强度 B_r 以及矫顽磁场强度 H_c 的量值时，仍应从磁滞回线上取得。不难看出，基本磁化曲线可以理解为略去铁磁性物质磁特性的不可逆性而保留了其饱和非线性特性的曲线。又由于这样构成的基本磁化曲线有某种平均的意义，所以基本磁化曲线也称为平均磁化曲线，工程上将这种曲线简称为磁化曲线。应该指出，基本磁化曲线和起始磁化曲线是很相近的。图 9-11 中示出了几种磁性材料的磁化曲线。

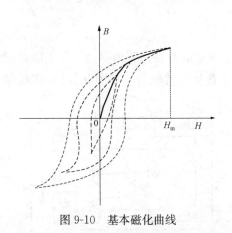

图 9-10　基本磁化曲线

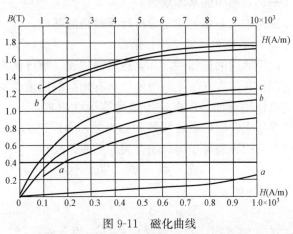

图 9-11　磁化曲线
a—铸铁；b—铸钢；c—硅钢片

任务 3 磁路及磁路定律

【任务要求】 *掌握磁路中的基本规律，简单非线性恒定磁通磁路的计算方法。掌握线磁路的欧姆定律和磁阻的概念，会分析磁路的特点。*

知识点 1 磁路

很多电气设备中需要较强的磁场或较大的磁通，绕在铁芯上的线圈通以较小的电流（励磁电流），便能得到较强的磁场。这种情况下的磁场差不多约束在限定的铁芯范围之内，周围非铁磁性物质（包括空气）中的磁场则很微弱。这种约束在限定铁芯范围内的磁场称为磁路。

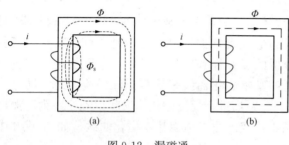

图 9-12 漏磁通
(a) 主磁通与漏磁通；(b) 主磁通

磁路的磁通可以分为两部分：绝大部分是通过磁路（包括气隙）闭合的，称为主磁通，如图 9-12(a) 中的 Φ；穿过铁芯经过磁路周围非铁磁性物质（包括空气）而闭合的磁通称为漏磁通，如图 9-12(a) 中的 Φ_s。这是用磁感应线描绘磁路中磁通的分布情况。工程实际中，为了减少漏磁通，采取了很多措施，使漏磁通只占总磁通的很小一部分，所以对磁路的初步计算常将漏磁通略去不计，同时选定铁芯的几何中心闭合线作为主磁通的路径。这样，图 9-12(a) 就可以用图 9-12(b) 表示。

知识点 2 磁路中的基本规律和计算

一、磁路中的基本规律

磁路中的基本规律是分析计算磁路的基础。

1. 磁路中的磁通连续性原理

由于磁通的连续性，如果忽略漏磁通，则可认为全部磁通都在磁路内穿过，那么磁路就与电路相似，在一条支路内处处都有相同的磁通。对于有分支的磁路（见图 9-13），在磁路分支点作闭合面。根据磁场磁通连续性原理，可知穿过闭合面的磁通代数和必为零，亦即进入闭合面的磁通等于离开闭合面的磁通，故有

$$\Phi_1 + \Phi_2 = \Phi_3 \text{ 或} -\Phi_1 - \Phi_2 + \Phi_3 = 0$$

即

$$\sum \Phi = 0 \qquad (9-9)$$

式(9-9)表明：对于磁路中的任一闭合面，在任一时刻，穿入该闭合面的磁通之和一定等于穿出这个闭合面的磁通之和，这就是磁路中

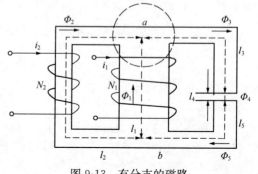

图 9-13 有分支的磁路

的磁通连续性原理。应用式(9-9)时，一般对参考方向背离分支点的磁通取正号，对参考方向指向分支点的磁通取负号。

2. 磁路中的安培环路定律

磁路可以分为截面积相等、材料相同的若干段。例如，图 9-13 磁路可以分为平均长度各为 l_1、l_2、l_3、l_4、l_5 等 5 段。在每一段中，由于各处截面相等，通过的磁通相等，材料也相同，所以每段都为均匀磁路。同一段中磁通密度处处相同，磁场强度也处处相同。当选择回线绕行的方向与磁场参考方向相同时，每段磁路的磁压降 U_m 定义为其磁场强度与长度的乘积，即 $U_m = Hl$；如选择回线绕行的方向与磁场方向相反，则 $U_m = -Hl$。

应用磁场安培环路定律于图 9-13 磁路中右边由 l_1、l_3、l_4、l_5 组成的回路，并选择顺时针方向为回路的绕行方向，可得

$$H_1 l_1 + H_3 l_3 + H_4 l_4 + H_5 l_5 = N_1 i_1$$

又应用安培环路定律于图 9-13 中左边由 l_1、l_2 组成的回线，仍选顺时针方向为回线的环绕方向，可得

$$-H_1 l_1 + H_2 l_2 = -N_1 i_1 + N_2 i_2$$

推广上两式，可得

$$\Sum (Hl) = \Sum (Ni) \tag{9-10}$$

由于铁芯线圈的匝数与通过的励磁电流乘积是磁路中磁通的来源，所以将线圈的电流 i 与其匝数 N 的乘积 Ni 称为磁动势，简称磁势，用符号 F_m 表示，则

$$F_m = Ni$$

磁压降和磁动势的 SI 单位均为 A（安）。总结上述所得的结果，有

$$\Sum U_m = \Sum F_m \tag{9-11}$$

式 (9-11) 表明在磁路的任意闭合回路中，各段磁压降的代数和等于各磁动势的代数和。这就是磁路中的安培环路定律。应用式 (9-11) 时，要选一绕行方向，磁通的参考方向与绕行方向一致时，该段磁压降取正号，反之取负号；励磁电流的参考方向与磁路回线绕行方向之间符合右手螺旋定则时，该磁动势取正号，反之取负号。

3. 磁路的欧姆定律、磁阻

如图 9-14 所示，设在磁路中取出某一段由磁导率为 μ 的材料构成的均匀磁路，其横截面为 A，长度为 l，磁路中磁通为 Φ，则因

$$H = \frac{B}{\mu}, \quad B = \frac{\Phi}{A}$$

所以该段的磁压降

$$U_m = Hl = \frac{B}{\mu} l = \frac{l}{\mu A} \Phi = R_m \Phi \tag{9-12}$$

其中 $$R_m = \frac{l}{\mu A} \tag{9-13}$$

称为该段磁路的磁阻。磁阻的 SI 单位为 H^{-1}（1/H）。

式 (9-12) 在形式上与电路的欧姆定律的表达式相似，是一段磁路磁通与磁压降的约束关系。当 R_m 为常量（不随 Φ 而变化）时，又称为

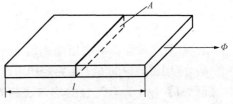

图 9-14　磁阻概念的说明

磁路欧姆定律。

4. 磁路与电路的比较

磁路与电路的比较见表9-1。

表 9-1 磁路与电路的比较

磁　　路	电　　路
磁动势 F	电动势 E
磁通 Φ	电流 i
磁感应强度 B	电流密度 J
磁阻 $R_{\mathrm{m}} = \dfrac{l}{\mu S}$	电阻 $R = \dfrac{l}{\gamma S}$
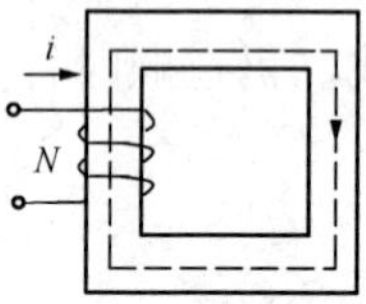	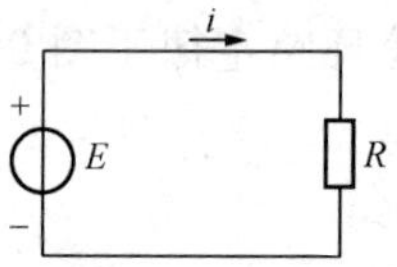
$\Phi = \dfrac{F}{R_{\mathrm{m}}} = \dfrac{Ni}{\dfrac{l}{\mu S}}$	$i = \dfrac{E}{R} = \dfrac{E}{\dfrac{l}{\gamma S}}$

5. 磁路分析的特点

（1）在处理电路时不涉及电场问题，在处理磁路时离不开磁场的概念。

（2）在处理电路时一般可以不考虑漏电流，在处理磁路时一般都要考虑漏磁通。

（3）磁路欧姆定律和电路欧姆定律只是在形式上相似。由于 μ 不是常数，其随励磁电流而变，磁路欧姆定律不能直接用来计算，只能用于定性分析。

（4）在电路中，当 $E=0$ 时，$i=0$；但在磁路中，由于有剩磁，当 $F=0$ 时，Φ 不为零。

二、磁路的计算

计算磁路时，往往预先给定铁芯中的磁通（或磁感应强度），而后按照所给的磁通和磁路各段的尺寸和材料去求产生预定磁通所需的磁动势。

步骤如下：

（1）由于各段磁路的截面积不同，但其中又通过同一磁通，因此各段磁路的磁感应强度也就不同，可分别按照下列各式计算

$$B_1 = \frac{\Phi}{S_1}, B_2 = \frac{\Phi}{S_2}, \cdots$$

（2）根据各段磁路材料的磁化曲线，找出与 B_1，B_2，$\cdots$相对应的 H_1，H_2，$\cdots$。

计算空气隙或其他非磁性材料的磁场强度 H_0 时，可直接应用下式

$$H_0 = \frac{B_0}{\mu_0} = \frac{B_0}{4\pi \times 10^{-7}} \quad \mathrm{A/m}$$

（3）计算各段磁路的磁压降 Hl。

（4）应用磁路中的安培环路定律求出磁动势。

【例 9-1】 一个具有闭合的均匀铁芯的线圈，其匝数为300匝，铁芯中的磁感应强度为0.9T，磁路的平均长度为45cm。试求：（1）铁芯材料为铸铁时，线圈中的电流；（2）铁芯

材料为硅钢片时，线圈中的电流。

解　从图 9-11 中的磁化曲线查出磁场强度 H。

(1) $H_1 = 9000\text{A/m}$，$I_1 = \dfrac{H_1 l}{N} = \dfrac{9000 \times 0.45}{300} = 13.5(\text{A})$

(2) $H_2 = 260\text{A/m}$，$I_2 = \dfrac{H_2 l}{N} = \dfrac{260 \times 0.45}{300} = 0.39(\text{A})$

可见，由于所用铁芯材料不同，要得到同样的磁感应强度，则所需要的磁动势或励磁电流的大小相差就悬殊。所以采用磁导率高的铁芯材料可使线圈的用铜量大为降低。

如果在上面（1）、（2）两种情况下，线圈中通有同样大小的电流 0.39A，则铁芯中的磁场强度是相等的，都是 260A/m。从图 9-11 的磁化曲线可查出铁芯材料为铸铁时，磁感应强度 $B_1 = 0.05\text{T}$，铁芯材料为硅钢片时的磁感应强度 $B_2 = 0.9\text{T}$，两者相差 18 倍，要得到相等的磁通，那么铸铁铁芯的截面积就必须增加 18 倍。因此采用磁导率高的铁芯材料，可以使铁芯的用铁量大为降低。

【例 9-2】 有一个环形铁芯线圈，其内径为 10cm，外径为 15cm，铁芯材料为铸钢。磁路中含有一空气隙，其长度为 0.2cm。设线圈中通有 1A 的电流，如要得到 0.9T 的磁感应强度，试求线圈的匝数。

解　磁路的平均长度为

$$l = \left(\frac{10+15}{2}\right)\pi = 39.2(\text{cm})$$

从图 9-11 中磁化曲线查出，当铁芯材料为铸钢时，磁感应强度 $B = 0.9\text{T}$ 时，磁场强度 $H_1 = 500\text{A/m}$，于是

$$H_1 l_1 = 500 \times (39.2 - 0.2) \times 10^{-2} = 195(\text{A})$$

空气隙中的磁场强度为

$$H_0 = \frac{B_0}{\mu_0} = \frac{0.9}{4\pi \times 10^{-7}} = 7.2 \times 10^5 (\text{A/m})$$

于是 $H_0 \delta = 7.2 \times 10^5 \times 0.2 \times 10^{-2} = 1440(\text{A/m})$，$NI = \Sigma(Hl) = 195 + 1440 = 1635(\text{A})$，则线圈的匝数为 $N = \dfrac{NI}{I} = \dfrac{1635}{1} = 1635(\text{匝})$。

可见，当磁路中含有空气隙时，由于其磁阻较大，磁动势差不多都用在空气隙上面了，线圈匝数一定时，要得到相等的磁感应强度，必须增大励磁电流。

任务 4　交流铁芯线圈

【任务要求】 掌握线圈电压和磁通的关系，会计算线圈的功率损耗，掌握铁芯线圈交流电路用等效电路法进行分析。

铁芯线圈分为两种：直流铁芯线圈，通直流来励磁；交流铁芯线圈，通交流来励磁。分析直流铁芯线圈比较简单些，当线圈电压给定时，其电流决定于线圈电阻，与磁路情况无关，磁通决定于磁路的情况，在铁芯内没有功率损耗。而交流铁芯线圈的情况要复杂得多，由于线圈电压是正弦量，线圈中产生交变的电流，铁芯中则产生交变的磁通。下面介绍交流

铁芯线圈的相关知识。

 知识点 1　线圈电压与磁通的关系

交流铁芯线圈电路由铁芯线圈两端加交流电压而形成，如图 9-15 所示。外加电压 u 是正弦电压，在这个电压作用下，铁芯中将产生交变的磁通，线圈中将产生交变的电流 i。忽略线圈电阻及漏磁通，按习惯选择线圈电压 u、电流 i、磁通及感应电动势 e 的参考方向如图所示，则有

$$u = -e = N\frac{\mathrm{d}\Phi}{\mathrm{d}t}$$

式中：N 为线圈的匝数。

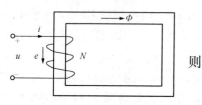

图 9-15　交流铁芯线圈

由上式看出，电压为正弦量时，磁通也是正弦量，设

$$\Phi = \Phi_{\mathrm{m}}\sin\omega t$$

则

$$u = -e = N\frac{\mathrm{d}}{\mathrm{d}t}\Phi_{\mathrm{m}}\sin\omega t$$

$$= \omega N\Phi_{\mathrm{m}}\sin\left(\omega t + \frac{\pi}{2}\right)$$

由此可知电压的相位比磁通超前 90°，并得电压及感应电动势的有效值与主磁通的最大值的关系为

$$U = E = \frac{\omega N\Phi_{\mathrm{m}}}{\sqrt{2}} = \frac{2\pi f N\Phi_{\mathrm{m}}}{\sqrt{2}} = 4.44 f N\Phi_{\mathrm{m}} \tag{9-14}$$

式（9-14）表明：电源的频率及线圈的匝数一定时，如线圈电压的有效值不变，则主磁通的最大值 Φ_{m} 不变；线圈电压的有效值改变时，Φ_{m} 与 U 成正比地改变，而与磁路情况无关。式（9-14）是电磁器件中的一个重要公式，应特别注意。

式（9-14）是在忽略线圈电阻及漏磁通的情况下推得的，由于线圈电阻及漏磁通的影响一般都不大，因此在给定的正弦电压源的激励下，铁芯线圈中的磁通最大值即已基本上确定。

【例 9-3】 要绕制一个铁芯线圈，已知电源电压 $U = 220\text{V}$，频率 $f = 50\text{Hz}$，今量得铁芯截面为 30.2 cm^2，铁芯由 D23 硅钢片叠成，设叠片间隙系数为 0.91（一般取 0.9～0.93）。试完成：（1）如取 $B_{\mathrm{m}} = 1.2\text{T}$，计算线圈匝数。（2）如磁路平均长度为 60cm，计算励磁电流。

解 铁芯的有效面积为

$$S = 30.2 \times 10^{-4} \times 0.91 = 27.5 \times 10^{-4} \text{（m}^2\text{）}$$

主磁通的最大值 $\Phi_{\mathrm{m}} = B_{\mathrm{m}}S = 1.2 \times 27.5 \times 10^{-4} = 3.3 \times 10^{-3} \text{（Wb）}$

（1）由于 $U = 4.44 f N\Phi_{\mathrm{m}}$，则线圈匝数为

$$N = \frac{U}{4.44 f\Phi_{\mathrm{m}}} = \frac{220}{4.44 \times 50 \times 3.3 \times 10^{-3}} = 300\text{（匝）}$$

（2）由图 9-11 中的磁化曲线查出，$B_{\mathrm{m}} = 1.2\text{T}$ 时，$H_{\mathrm{m}} = 700\text{A/m}$。

根据 $H_{\mathrm{m}}l = NI_{\mathrm{m}}$，则

$$I = \frac{I_{\mathrm{m}}}{\sqrt{2}} = \frac{H_{\mathrm{m}}l}{\sqrt{2}N} = \frac{700 \times 60 \times 10^{-2}}{\sqrt{2} \times 300} = 1\text{（A）}$$

知识点 2　功率损耗

在交流铁芯线圈中，除线圈电阻 R 上有功率损耗 Ri^2（所谓铜损 ΔP_{Cu}）外，处于交变磁化下的铁芯中也有功率损耗（所谓铁损 ΔP_{Fe}）。铁损是由于铁磁性物质的磁滞作用和铁芯内涡流的存在而产生的。

由磁滞产生的铁损称为磁滞损耗 ΔP_h。可以证明，交变磁化一周在铁芯的单位体积内所产生的磁滞损耗能量与磁滞回线所包围的面积成正比，工程中常用下列经验公式计算磁滞损耗

$$\Delta P_h = \sigma_h f B_m^n V$$

式中：σ_h 为系数，由铁磁性材料决定，对铸钢约为 0.25，对硅钢片约为 0.001；f 为交流电源频率；B_m 为铁芯中磁感应强度的最大值；n 为指数，当 $B_m < 1T$ 时，$n \approx 1.6$，当 $B_m > 1T$ 时，$n \approx 2$；V 为铁芯体积。

磁滞损耗要引起铁芯发热。为了减小磁滞损耗，应选用磁滞回线狭小的磁性材料制造铁芯。硅钢片就是变压器和电动机中常用的铁芯材料，其磁滞损耗较小。同时在设计时还应适当降低 B_m 值以减少铁芯饱和程度，这也是降低磁滞损耗有效的办法之一。

在图 9-16 中，当线圈中通有交流时，它所产生的磁通也是交变的。因此，不仅要在线圈中产生感应电动势，而且在铁芯内要产生感应电动势和感应电流。这种感应电流称为涡流，它在垂直于磁通方向的平面内环流着。

涡流损耗也要引起铁芯发热。为了减少涡流损耗，在顺磁场方向铁芯可由彼此绝缘的钢片叠成（见图 9-16），这样就可以限制涡流只能在较小的截面内流通。此外，通常所用的硅钢片中含有少量的硅（0.8%～4.8%），因而电阻率较大，这也可以使涡流减小。

涡流有有害的一面，但在另一些场合下也有有利的一面。对其有害的一面应尽可能地加以限制，而对其有利的一面则应充分加以利用。例如，利用涡流的热效应来冶炼金属，利用涡流和磁场相互作用产生电磁力的原理来制造感应式仪器、滑差电动机及涡流测矩器等。

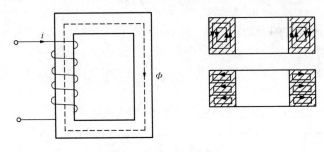

图 9-16　铁芯中的涡流

计算铁芯涡流损耗也有一个经验公式，即

$$P_e = k_e f^2 B_m^n V$$

式中：k_e 为系数，与铁芯材料和叠片厚度有关；f 为工作频率；B_m 为铁芯中磁感应强度的最大值；n 为指数，当 $B_m < 1T$ 时，$n \approx 1.6$，当 $B_m > 1T$ 时，$n \approx 2$；V 为铁芯体积。

从上述可知，铁芯线圈交流电路有功功率为

$$p = ui\cos\varphi = RI^2 + \Delta P_{Fe}$$

【例 9-4】 将铁芯线圈接于电压 $U=100\mathrm{V}$，频率 $f=50\mathrm{Hz}$ 的正弦电源上，其电流 $I_1=5\mathrm{A}$，$\cos\varphi_1=0.7$。若将此线圈中的铁芯抽出，再接于上述电源，则线圈中电流 $I_2=10\mathrm{A}$，$\cos\varphi_2=0.05$。试求此线圈在具有铁芯时的铜损耗和铁损耗。

解 $P_2=UI_2\cos\varphi_2=100\times10\times0.05=50$（W）

又 $P_2=I_2^2R$，则线圈电阻 $\qquad R=\dfrac{P_2}{I_2^2}=\dfrac{50}{10^2}=0.5(\Omega)$

铁芯线圈的铜损耗 $\quad \Delta P_{\mathrm{Cu}}=I_1^2R=5^2\times0.5=12.5(\mathrm{W})$

又 $\qquad\qquad\qquad\qquad P_1=\Delta P_{\mathrm{Cu}}+\Delta P_{\mathrm{Fe}}$

得铁芯线圈的铁损耗

$$\Delta P_{\mathrm{Fe}}=P_1-\Delta P_{\mathrm{Cu}}=UI_1\cos\varphi_1-\Delta P_{\mathrm{Cu}}=5\times100\times0.7-12.5=337.5(\mathrm{W})$$

知识点3 含交流铁芯线圈电路的等效电路

对交流铁芯线圈电路可用等效电路进行分析，就是用一个不含铁芯的交流电路来等效代替它。等效的条件是：在同样电压作用下，功率、电流及各量之间的相位关系保持不变。这样就使磁路计算的问题简化为电路计算的问题了。

先把图 9-17（a）所示电路化成图 9-17（b），就是把线圈的电阻 R 和感抗 X_σ（由漏磁通引起的）划出，剩下的就成为一个没有电阻和漏磁通的理想的铁芯线圈电路。但铁芯中仍有能量的损耗和能量的储放（储存和放出）。因此可将这个理想的铁芯线圈交流电路用具有电阻 R_0 和感抗 X_0 的一段电路来等效代替。其中，电阻 R_0 是和铁芯中能量损耗（铁耗）相应的等效电阻，其值为

$$R_0=\frac{\Delta P_{\mathrm{Fe}}}{I^2}$$

感抗 X_0 是和铁芯中能量储放（与电源发生能量互换）相应的等效感抗，其值为

$$X_0=\frac{Q_{\mathrm{Fe}}}{I^2}$$

式中：Q_{Fe} 为铁芯储放能量的无功功率。

这段等效电路的阻抗模为

$$|Z_0|=\sqrt{R_0^2+X_0^2}=\frac{U'}{I}\approx\frac{U}{I}$$

图 9-18 即 9-17（a）所示铁芯线圈交流电路的等效电路。

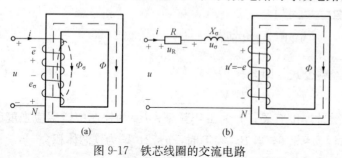

图 9-17 铁芯线圈的交流电路

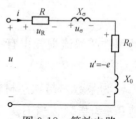

图 9-18 等效电路

【例 9-5】 有一交流铁芯线圈，电源电压 $U=220\text{V}$，电路中电流 $I=4\text{A}$，功率表读数 $P=100\text{W}$，频率 $f=50\text{Hz}$，漏磁通和线圈电阻可忽略不计，试求：（1）铁芯线圈的功率因数；（2）铁芯线圈的等效励磁阻抗 Z_0。

解　　（1）铁芯线圈的功率因数为

$$\cos\varphi = \frac{P}{UI} = \frac{100}{220\times 4} = 0.114$$

（2）铁芯线圈的等效励磁阻抗模为

$$|Z_0| = \frac{U}{I} = \frac{220}{4} = 55(\Omega)$$

则　　　　　$Z_0 = |Z_0| \angle \cos^{-1}\varphi = 55\angle \cos^{-1}0.114 = 6.25 + \text{j}54.6(\Omega)$

技能拓展　磁路和变压器原理的应用——互感器

互感器分为电流互感器和电压互感器。互感器又称为仪用变压器，是测量和保护用的重要设备。电压互感器将系统的高电压改变为标准的低电压（100V 或 100/3V）。电流互感器将高压系统中的电流或低压系统中的大电流改变为低压的标准小电流（5A 或 1A）。互感器在电力系统中的原理接线图如图 9-19 所示，图中 TA 为电流互感器，TV 为电压互感器。

互感器在系统中的作用主要有以下几方面：

（1）与测量仪表配合，对线路的电压、电流、电能进行测量；与继电器配合，对系统和电气设备进行过电压、过电流和单相接地等保护。

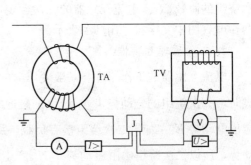

图 9-19　互感器在电力系统中的原理接线图

（2）将测量仪表、继电保护装置和线路的高电压隔开实现电气隔离，以保证测量工作人员和仪表设备的安全。

（3）采用互感器后有利于仪表和继电器制造的标准化，而不需按被测量电压高低和电流大小来设计仪表。

互感器安装时，电压互感器一次绕组并接于电网，二次绕组与测量仪表或继电器电压线圈并联。电流互感器一次绕组串接于电网（与支路负载串联），二次绕组与测量仪表或继电器的电流线圈相串联。在安装接线时同名端子不可接错，否则会造成这些装置在运行中的紊乱，因此正确测定互感器的同名端并正确接入上述仪表装置十分重要。

技能点 1　电流互感器

一、电流互感器的结构和工作原理

1. 电流互感器的结构

目前，电力系统中使用的电流互感器一般为电磁式，如图 9-20 所示。电流互感器的基本结构与一般变压器相似，由两个绕制在闭合铁芯上、彼此绝缘的绕组（一次绕组和二次绕组）组成，其匝数分别为 N_1 和 N_2，如图 9-21 所示。一次绕组与被测电路串联，二次绕组与各种测量仪表或继电器的电流线圈相串联。

图 9-20　常用的电流互感器

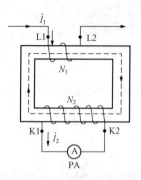

图 9-21　电流互感器原理结构图

电力系统中，经常将大电流 I_1 变为小电流 I_2 进行测量，所以二次绕组的匝数 N_2 大于一次绕组的匝数 N_1。电流互感器的二次额定电流一般为 5A，也有 1A 和 0.5A 的。电流互感器在电气图中文字符号用 TA 表示。

2. 工作原理和特性

电流互感器的工作原理与一般变压器的工作原理基本相同。当一次绕组中有电流 $\dot{I}_1$ 通过时，一次绕组的磁动势 $\dot{I}_1 N_1$ 产生的磁通绝大部分通过铁芯而闭合，从而在二次绕组中感应出电动势 $\dot{E}_2$。如果二次绕组接有负载，那么二次绕组中就有电流 $\dot{I}_2$ 通过，有电流就有磁动势，所以二次绕组中由磁动势 $\dot{I}_2 N_2$ 产生磁通，这个磁通绝大部分也是经过铁芯而闭合。因此铁芯中的磁通是由一、二次绕组的磁动势共同产生的合成磁通 $\dot{\Phi}$，称为主磁通。根据磁动势平衡原理可以得到

$$\dot{I}_1 N_1 + \dot{I}_2 N_2 = \dot{I}_{10} N_1$$

式中：$\dot{I}_{10} N_1$ 为励磁磁动势。

如果忽略铁芯中各种损耗，可认为 $\dot{I}_{10} N_1 \approx 0$，则

$$\dot{I}_1 N_1 + \dot{I}_2 N_2 = 0$$

$$\dot{I}_1 N_1 = - \dot{I}_2 N_2 \tag{9-15}$$

这是理想电流互感器的一个很重要的关系式，即一次磁动势等于二次磁动势，且相位相反。进一步化简式（9-15），得到

$$K_I = \frac{\dot{I}_1}{\dot{I}_2} = - \frac{N_2}{N_1} \tag{9-16}$$

由式（9-16）可见，理想电流互感器两侧的额定电流大小和它们的绕组匝数成反比，并且等于常数 K_I，称为电流互感器的额定变比。

电流互感器的基本工作原理、结构型式与普通变压器相似，但是电流互感器的工作状态与普通变压器有显著的区别。

（1）电流互感器的一次电流（I_1）取决于一次电路的电压和阻抗，与电流互感器的二次

负载无关,即当二次负载变化时,如多串几只电流表或少串几只电流表,不能改变其一次电流值的大小。

(2) 电流互感器二次电路所消耗的功率随二次电路阻抗的增加而增大。

(3) 电流互感器二次电路的负载阻抗都是些内阻很小的仪表,如电流表以及电能表的电流线圈等,所以其工作状态接近于短路状态。

普通电流互感器的铁芯通常由优质硅钢片制成,为了减小涡流损耗,片与片之间彼此绝缘。准确度级别高的电流互感器铁芯是用坡莫合金制成的,其截面为环形,这种合金具有较高的起始磁导率以及很小的损耗。

二、电流互感器的分类

电流互感器按用途、绕组匝数、安装地点、绝缘方式和工作原理不同分类如下:

(1) 电流互感器按用途可分为两类:一是测量电流、功率和电能用的测量用互感器,二是继电保护和自动控制用的保护控制用互感器。

(2) 根据一次绕组匝数可分为单匝式和多匝式,如图 9-22 所示。单匝式又分为贯穿型和母线型两种。贯穿型互感器本身装有单根铜管或铜杆作为一次绕组;母线型互感器则本身未装一次绕组,而是在铁芯中留出一次绕组穿越的空隙,施工时以母线穿过空隙作为一次绕组。

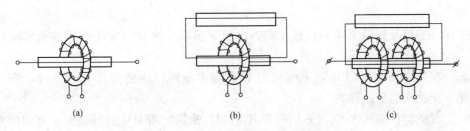

(a)　　　　　　　　(b)　　　　　　　　(c)

图 9-22　电流互感器的结构原理

(a) 单匝式;(b) 多匝式;(c) 具有两个铁芯式

(3) 根据安装地点可分为户内式和户外式。

(4) 根据绝缘方式可分为干式、浇注式、油浸式等。干式用绝缘胶浸渍,适用于作为低压户内的电流互感器;浇注式用环氧树脂作绝缘,浇注成型;油浸式多为户外型。

(5) 根据电流互感器工作原理可分为电磁式、光电式、磁光式、无线电式电流互感器。

三、电流互感器的主要参数

1. 额定电流变比

额定电流变比是指一次额定电流与二次额定电流之比(有时简称电流比)。额定电流变比一般用不约分的分数形式表示,如一次额定电流 I_{1N} 和二次额定电流 I_{2N} 分别为 100A、5A,则

$$K_1 = I_{1N}/I_{2N} = 100/5$$

所谓额定电流,就是在这个电流下,互感器可以长期运行而不会因发热损坏。当负载电流超过额定电流时,叫过载。如果互感器长期过载运行,会把它的绕组烧坏或缩短绝缘材料的寿命。

2. 准确度等级

由于电流互感器存在着一定的误差,因此根据电流互感器允许误差划分互感器的准确度

等级。国产电流互感器的准确度等级有 0.01、0.02、0.05、0.1、0.2.0.5、1.0、3.0、5.0、0.2S 级及 0.5S 级。

0.1 级以上电流互感器，主要用于精密测量，或者作为标准用来检验低等级的互感器，也可以与标准仪表配合，用来检验仪表，所以也叫作标准电流互感器。用户电能计量装置通常采用 0.2 级和 0.5 级电流互感器，对于某些特殊要求（希望电能表在 0.05～6A，即额定电流 5A 的 1%～120% 的某一电流下能作准确测量）可采用 0.2S 级和 0.5S 级的电流互感器。

3. 额定容量

电流互感器的额定容量，就是额定二次电流 I_{2N} 通过二次额定负载 Z_{2N} 时所消耗的视在功率 S_{2N}，所以 $S_{2N} = I_{2N}^2 Z_{2N}$。一般情况 $I_{2N} = 5A$，$S_{2N} = 25Z_{2N}$，额定容量也可以用额定负载阻抗 Z_{2N} 表示。

电流互感器在使用中，二次连接线及仪表电流线圈的总阻抗，不能超过铭牌上规定的额定容量且不低于 1/4 额定容量时，才能保证它的准确度。制造厂铭牌标定的额定二次负载通常用额定容量表示，其输出标准值有 2.5、5、10、15、25、30、50、60、80、100VA 等。

4. 额定电压

电流互感器的额定电压，是指一次绕组长期对地能够承受的最大电压（有效值）。

5. 极性标志

为了保证测量及校验工作的接线正确，电流互感器一次和二次绕组的端子应标明极性标志。

(1) 一次绕组首端标为 L_1，末端标为 L_2。当多量限一次绕组带有抽头时，首端标为 L_1，自第一个抽头起依次标为 L_2，L_3，…。

(2) 二次绕组首端标为 K_1，末端标为 K_2。当二次绕组带有中间抽头时，首端标为 K_1，自第一个抽头起以下依次标志为 K_2，K_3，…。

(3) 对于具有多个二次绕组的电流互感器，应分别在各个二次绕组的出线端标志 "K" 前加注数字，如 $1K_1$，$1K_2$，$1K_3$，…；$2K_1$，$2K_2$，$2K_3$，…。

(4) 标志符号的排列应当使一次电流自 L_1 端流向 L_2 端时，二次电流自 K_1 流出，经外部回路流回到 K_2。

从电流互感器一次绕组和二次绕组的同极性端子来看，电流 I_1、I_2 的方向是相反的，这样的极性关系称为减极性，反之称为加极性。电流互感器一般都按减极性表示。

四、电流互感器安全运行要点

(1) 电流互感器的一次绕组串联接入被测电路，二次绕组与测量仪表连接，一、二次绕组极性应正确。

(2) 电流互感器一次绕组和铁芯均应可靠地接地。

(3) 二次侧的负载阻抗不得大于电流互感器的额定负载阻抗，以保证测量的准确性。

(4) 电流互感器不得与电压互感器二次侧互相连接，以免造成电流互感器近似开路，出现高电压的危险。

(5) 电流互感器二次侧有一端必须接地，以防止一、二次绕组绝缘击穿时，一次侧的高压窜入二次侧，危及人身和设备的安全。

(6) 电流互感器一次侧带电时，在任何情况下都不允许二次绕组开路。这是因为在正常运行情况下，电流互感器的一次磁动势与二次磁动势基本平衡，励磁磁动势很小，铁芯中的磁通密度和二次绕组的感应电动势都不高；当二次开路时，一次磁动势全部用于励磁，铁芯过度饱和，磁通波形为平顶波，而电流互感器二次电动势则为尖峰波，因此二次绕组将出现高电压，对人体及设备安全带来危险。

（7）运行前的检查。运行前应检查套管有无裂纹、破损现象。充油电流互感器外观应清洁，油量充足，无渗漏油现象；引线和线卡子及二次回路各连接部分应接触良好，不得松弛；外壳及一、二次侧应接地正确、良好，接地线应坚固可靠；按电气试验规程，进行全面试验并应合格。

（8）电流互感器的巡视检查。电流互感器的巡视检查包括各接头有无过热及打火现象，螺栓有无松动，有无异常气味；瓷套管是否清洁，有无缺损、裂纹和放电现象，声音是否正常；对于充油电流互感器应检查油位是否正常，有无渗漏现象；电流表的三相指示是否在允许范围之内，电流互感器有无过载运行；二次绕组有无开路，接地线是否良好，有无松动和断裂现象。

技能点 2　电压互感器

常用的电压互感器如图 9-23 所示。电压互感器是一种电压变换装置，将高电压变换为低电压，以便用低压量值反映高压量值的变化。因此，通过电压互感器可以直接用普通电气仪表进行电压测量。

图 9-23　电压互感器

一、电压互感器的工作原理

电压互感器的工作原理、结构和接线方式与电力变压器相似，同样是由相互绝缘的一次、二次绕组绕在公共的闭合铁芯上组成的，如图 9-24 所示。电压互感器主要在接近空载的状态下工作的，容量很小，通常只有几十伏安到几百伏安；电压互感器一次侧电压即电网电压，不受二次负荷影响，并且大多数情况下其负荷是恒定的。二次侧负荷主要是仪表、继电器线圈，它们的阻抗很大，通过的电流很少。如果无限制增加二次负荷，二次电压会降低，造成测量误差增大。用电压互感器来间接测量电压，能准确反映高压侧的量值，保证测量精度。不管电压互感器一次电压有多高，其二次额定电压一般都是 100V，使得测量仪表和继电器电压线圈制造上

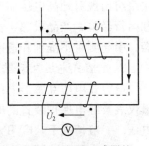

图 9-24　电压互感器的原理结构图

得以标准化，而且保证了仪表测量和继电保护工作的安全，也解决了高压测量的绝缘、制造工艺等困难。电压互感器常用于仪表测量和继电保护等回路。

　　电压互感器工作时将高电压变为低电压供电给仪表，所以它的一次匝数 N_1 多，二次匝数 N_2 少。一次绕组与被测电压并联，二次绕组与各种测量仪表或继电器的电压线圈相并联。电压互感器的二次侧应装设熔断器，以保护自身不因二次绕组短路而损坏。在有可能的情况下，一次侧也应装设熔断器，以保护高压电网不因互感器一次绕组或引线故障危及一次系统安全。电压互感器在电气图中文字符号用 TV 表示。

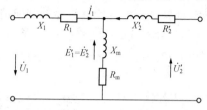

图 9-25　电压互感器 T 形等值电路图

　　当一次绕组加上电压 $\dot{U}_1$ 时，铁芯内有交变主磁通 $\dot{\Phi}$ 通过，一、二次绕组分别有感应电动势 $\dot{E}_1$ 和 $\dot{E}_2$。将电压互感器二次绕组阻抗折算到一次侧后，可以得到如图 9-25 所示的电压互感器 T 形等值电路图。

　　从等值电路图中得到

$$\dot{U}_1 = \dot{I}_1(R_1 + jX_1) - \dot{E}_1$$

$$\dot{U}'_2 = \dot{E}'_2 - \dot{I}'_2(R'_2 + jX'_2)$$

式中：R_1、X_1 为一次绕组的电阻和阻抗；R'_2、X'_2 为二次绕组折算到一次侧的电阻和阻抗。

　　若忽略励磁电流和负载电流在一、二次绕组中产生的压降，得到 $\dot{U}_1 = -\dot{E}_1$，$\dot{U}'_2 = \dot{E}'_2$，则

$$K_U = \frac{U_1}{U_2} = \frac{E_1}{E_2} = \frac{N_1}{N_2} \tag{9-17}$$

　　式（9-17）就是理想电压互感器的电压变比，称为额定变比，即理想电压互感器一次绕组电压 U_1 与二次绕组电压 U_2 的比值是一个常数，等于一次绕组和二次绕组的匝数比。

二、常用电压互感器的类型

电压互感器按用途分为测量和保护两类，按原理分为电磁感应式和电容式两类。

1. 电磁感应式电压互感器

电磁感应式电压互感器工作原理与变压器相同，相当于开路运行的降压变压器，一次绕组匝数很多，二次绕组匝数少。其特点是容量很小且比较恒定，正常运行时接近于空载状态。电压互感器本身阻抗很小，一旦二次绕组发生短路，电路电流将急剧增加而烧毁线圈。为此，电压互感器一次绕组接有熔断器，二次绕组接地，以免一、二次绕组绝缘损坏时，二次绕组出现对地高电位而造成事故。电磁式电压互感器的优点是结构简单，有长时间的制造和运行经验，产品成熟，暂态响应特性较好；缺点是因铁芯的非线性特性，容易产生铁磁谐振，引起测量不准确和造成电压互感器的损坏。

2. 电容式电压互感器

电容式电压互感器简称 CVT，作为一种电压变换装置应用于电力系统，主要用作电测量仪表及继电保护装置的电压信号取样设备。它接于高压与地之间，将系统电压转换成二次电压。一般情况下，CVT 由一台电容分压器加一台电磁单元组成。

三、电压互感器安全运行要点

（1）电压互感器在额定容量下允许长期运行，但在任何情况下，不允许超过最大容量运

行。电压互感器在投入运行前要按照规程规定的项目进行试验检查，如测极性、连接组别、摇绝缘和核相序等。

（2）电压互感器的接线应保证其正确性，一次绕组和被测电路并联，二次绕组应和所接的测量仪表、继电保护装置或自动装置的电压线圈并联，同时要注意极性的正确性。

（3）电压互感器二次侧不允许短路。由于电压互感器内阻抗很小，而二次侧所接负载阻抗较大，若二次回路短路时，会出现很大的电流，将损坏二次设备甚至危及人身安全。电压互感器可以在二次侧装设熔断器以保护其自身不因二次侧短路而损坏，在可能的情况下，一次侧也应装设熔断器，以保护高压电网不因互感器高压绕组或引线故障，危及一次系统的安全。

（4）为了确保人在接触测量仪表和继电器时的安全，电压互感器二次绕组必须有一点接地。因为接地后，当一次和二次绕组间的绝缘损坏时，可以防止仪表和继电器出现高电压危及人身安全。

（5）电压互感器二次绕组绝对不容许短路。

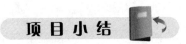

1. 磁场的主要物理量

磁感应强度 B 和磁通 Φ，磁场强度 H 和磁导率 μ。

2. 磁场的基本性质

（1）磁通连续性原理：穿入某个闭合面的磁通恒等于穿出此面的磁通。

（2）安培环路定律：在磁场中，磁场强度 H 沿任何闭合回线的线积分等于穿过该闭合回线所围成面积的电流代数和，即

$$\oint H \mathrm{d}l = \sum i$$

3. 铁磁性物质的磁性能特点

（1）磁滞回线：具有饱和非线性和不可逆性。

（2）基本磁化曲线：忽略了不可逆性，保留了饱和非线性。

4. 磁路中的基本规律

（1）磁路中的磁通连续性原理　$\sum \Phi = 0$。

（2）磁路中的安培环路定律　$\sum (Hl) = \sum (Ni)$ 或 $\sum U_{\mathrm{m}} = \sum F_{\mathrm{m}}$。

（3）磁路的欧姆定律　$U_{\mathrm{m}} = R_{\mathrm{m}} \Phi$。

5. 交流铁芯线圈电路

（1）正弦电压作用下铁芯线圈电压与磁通的关系为 $U = E = 4.44 f N \Phi_{\mathrm{m}}$。

（2）功率损耗：在交流铁芯线圈中，除线圈电阻 R 上有功率损耗 Ri^2 外，处于交变磁变化下的铁芯中也有功率损耗（所谓铁耗 ΔP_{Fe}）。

（3）对铁芯线圈交流电路也可用等效电路进行分析，等效的条件是：在同样电压作用下，功率、电流及各量之间的相位关系保持不变。这样一来磁路计算的问题简化为电路计算的问题了。

6. 互感器分为电流互感器和电压互感器。互感器又称为仪用变压器，是测量和保护用

的重要设备。电压互感器将系统的高电压改变为标准的低电压（100V 或 100/3V）；电流互感器将高压系统中的电流或低压系统中的大电流改变为低压的标准小电流（5A 或 1A）。

　　7. 互感器在系统中的主要作用

　　（1）与测量仪表配合，对线路的电压、电流、电能进行测量；与继电器配合，对系统和电气设备进行过电压、过电流和单相接地等保护。

　　（2）将测量仪表、继电保护装置和线路的高电压实现电气隔离，以保证测量工作人员和仪表设备的安全。

　　（3）采用互感器后有利于仪表和继电器制造的标准化，而不用按被测量电压高低和电流大小来设计仪表。

　　互感器安装时，电压互感器一次绕组并接于电网，二次绕组与测量仪表或继电器电压线圈并联；电流互感器一次绕组串接于电网（与支路负载串联），二次绕组与测量仪表或继电器的电流线圈相串联。在安装接线时同名端子不可接错。

习 题 九

　　9-1　有一无限长直导线，其中电流 $i = 4A$。试求下列情况下距离该导体 0.5m 处的磁场强度和磁感应强度：（1）介质为真空时；（2）介质为 $\mu_r = 10000$ 的磁性物质时。

　　9-2　设计一个电磁铁芯，要求磁通 $\Phi = 0.001Wb$，铁芯中的磁感应强度不得超过 1.1T，问铁芯截面积 A 应该取多少？

　　9-3　磁路如图 9-26 所示，其中 $\Phi_1 = 0.001Wb$，Φ_2 通过的铁芯截面积 $A_2 = 6\ cm^2$，磁感应强度 $B_2 = 1T$，Φ_3 所通过的铁芯截面积 $A_3 = 5\ cm^2$，求 B_3。

　　9-4　图 9-27 为一由铁磁材料制成的螺线环。已知平均半径 $r = 15cm$，电流 $i_1 = 0.1A$，$i_2 = 0.2A$，线圈匝数 $N_1 = 500$，$N_2 = 200$，求环中磁场强度 H 的大小和方向。如果 i_1 的方向反过来，再求 H 的大小和方向。

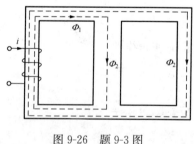

图 9-26　题 9-3 图

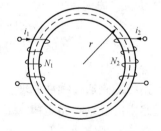

图 9-27　题 9-4 图

　　9-5　有一线圈，其匝数 $N = 1000$ 匝，绕在由铸钢制成的闭合铁芯上，铁芯的截面积 $S_{Fe} = 20cm^2$，铁芯的平均长度 $l_{Fe} = 50cm$。如要在铁芯中产生磁通 $\Phi = 0.002Wb$，试问线圈中应通入多大的直流电流？

　　9-6　如果题 9-5 的铁芯中含有一长度为 $\delta = 0.2cm$ 的空气隙（与铁芯柱垂直），由于空气隙较短，磁通的边缘扩散可忽略不计，试问线圈中的电流必须多大才可使铁芯中的磁感应强度保持题 9-5 中的数值？

　　9-7　一交流铁芯线圈工作在电压 $U = 220V$、频率 $f = 50Hz$ 的电源上。测得电流 $I =$

3A，消耗功率 $P=100\text{W}$。为了求出此时的铁损，把线圈电压改接成直流 12V 电源上，测得电流值是 10A。试计算线圈的铁损和功率因数。

9-8　有一交流铁芯线圈，接在 $f=50\text{Hz}$ 的正弦电源上，在铁芯中得到磁通的最大值 $\Phi_{\text{m}}=2.25\times10^{-3}\text{Wb}$。现在在此铁芯上再绕一个线圈，其匝数为 2000 匝，求此线圈开路时两端电压。

9-9　互感器的主要作用有哪些？

9-10　试述电流互感器的分类。

9-11　试述电压互感器的分类。

9-12　使用电流互感器应注意哪些问题？

9-13　使用电压互感器应注意哪些问题？

参 考 答 案

习题一

1-1　(a) a → b；(b) b → a；(c) b → a。

1-2　(a) a (－) b (＋)；(b) a (－) b (＋)；(c) 无法判断。

1-3　(1) 5V；(2) －5V；(3) －5V；(4) 5V。

1-4　(a) －32V；(b) 90V；(c) 80V。

1-5　0.1136A；1936Ω。

1-6　不行，灯泡会烧坏；行，但灯泡较暗。

1-7　10A，2A，8A，－60W，48W，12W。

1-8　7V，4V。

1-9　(a) －6W，产生功率；(b) 12W，吸收功率。

1-10　－150W，产生，电源；－50W，产生，电源；120W，吸收，负载；80W，吸收，负载。满足功率平衡条件。

1-11　－2A，4A，1A。

1-12　－8V，－18V，－10V。

1-13　70V，－10V，－80V，10Ω。

1-14　36V，4A。

1-15　24W。

1-16　－0.5A。

1-17　75V，50V，－15V。

1-18　0.4A，10V，0V。

1-19　(a) $\dfrac{5}{7}$Ω；(b) 18Ω。

1-20　(a) $u=-0.5V$；(b) $u_1=-1V$；(c) $i=1A$；(d) $i=-0.25A$。

1-21　$u_{ab}=-35V$，$u_{ac}=-59V$，$u_{ad}=-35V$，$i=4.5A$。

1-22　(a) $u=0.5V$，$i=1A$；(b) $u=-4V$，$i=3A$。

习题二

2-1　14Ω，9.575Ω，4Ω。

2-2

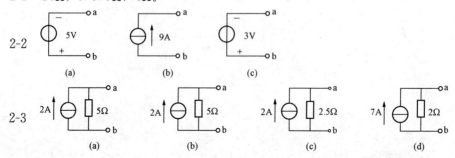

（a）　　　　　　　（b）　　　　　　　（c）

2-3

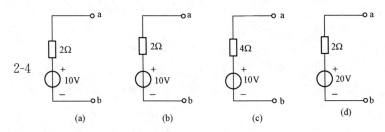

2-4

(a)　　　(b)　　　(c)　　　(d)

2-5　110.36W，8720.69W。

2-6　$R_1=2.5\text{k}\Omega$；$R_2=2\text{k}\Omega$；$R_3=0.5\text{k}\Omega$。

2-7　$i_0=-0.5\text{A}$。

2-8　$u=6\text{V}$，$i=1\text{A}$。

2-9　$R=2\Omega$。

2-10　$i=2\text{A}$。

2-11　$u=4\text{V}$。

2-12　$-1/2$。

习题三

3-1　$i_\text{a}=1\text{A}$；$i_\text{b}=-5\text{A}$；$i_\text{c}=4\text{A}$。

3-2　80V。

3-3　-4V。

3-4　$i_\text{s}=9\text{A}$；$i_0=-3\text{A}$。

3-5　1.6V。

3-6　$i_1=8\text{A}$；$i_2=2\text{A}$；$i_3=4\text{A}$。

3-7　0.13A，1.34V。

3-8　$i_1=-7\text{A}$；$i_2=-5\text{A}$。

3-9　从左往右各条支路电流依次为-3A，2.1A，0.7A，0.2A，-2A，2.2A（参考方向为从上到下或从左往右）。

3-10　64W。

3-11　$i_1=4\text{A}$，$i_2=6\text{A}$，$i_3=10\text{A}$。

3-12　$u_1=12\text{V}$，$i=2\text{A}$。

3-13　(a) $\left(\dfrac{1}{2}+\dfrac{1}{2}+8\right)u_1-\dfrac{1}{2}u_2=-12$；$-\dfrac{1}{2}u_1+\left(\dfrac{1}{2}+8\right)u_2=12+4$；

　　　(b) $\left(\dfrac{1}{1}+\dfrac{1}{5}+\dfrac{1}{2}+\dfrac{1}{5}\right)u_1-\dfrac{1}{2.5}u_2=\dfrac{10}{1}-\dfrac{10}{5}$；$-\dfrac{1}{2.5}u_1+\left(\dfrac{1}{5}+\dfrac{1}{5}+\dfrac{1}{10}\right)u_2$

$$=2+\dfrac{10}{5}。$$

3-14　32V。

3-15　8.4V。

3-16　3.5A。

3-17　0.75A。

3-18 0.75A。

3-19 1.67A。

3-20 3.67A。

3-21 5A。

3-22 9Ω，16W。

3-23 5.2Ω，4.8W。

3-24 4V。

3-25 2.2A。

3-26 −2A，8A，23V。

3-27 (1) 100V，10Ω；(2) 3.33A，222.2W；(3) 10Ω，250W。

3-28 2.5Ω。

习题四

4-1 若 $\varphi=\varphi_1-\varphi_2>0$，则 u_1 超前 u_2；若 $\varphi=\varphi_1-\varphi_2<0$，则 u_1 滞后 u_2；若 $\varphi=\varphi_1-\varphi_2=0$，则 u_1 和 u_2 同相；若 $\varphi=\varphi_1-\varphi_2=\pm\pi$，则 u_1 和 u_2 反相。

4-2 $\dot{U}_1=\dfrac{10}{\sqrt{2}}\angle-30°\text{V}, \dot{U}_2=\dfrac{5}{\sqrt{2}}\angle120°\text{V}, \varphi_{12}=-150°$。

4-3 $i_1=10\sqrt{2}\sin(\omega t-36.9°)A$，$i_1=10\sqrt{2}\sin(\omega t+143.1°)A$，$\varphi_{12}=-180°$。

4-4 379V。

4-5 $\varphi_i=48.6°$ 或 $131.4°$，$i=20\sin(628t+48.6°)$ A 或 $i=20\sin(628t+131.4°)$ A。

4-6 $i(t)=2.47\sin(314t-120°)A$。

4-7 $i(t)=5\sqrt{2}\sin(100t+127°)A$。

4-8 (1) 电阻，5Ω；(2) 电容，0.02F；(3) 电感，5H。

4-9 5V，5V。

4-10 (1) $\dot{I}=5\angle-23.3°A$；(2) $Z=24\angle53.3°\Omega$。

4-11 图 4-61 (c) 最亮，图 4-62 (b) 最暗。

4-12 $i(t)=0.5\sqrt{2}\sin(10^3t+90°)A$。

4-13 $(j20+12-j20)\dot{I}_1-(-j20)\dot{I}_2-12\dot{I}_3=-40\angle0°$；

$(-j20+5)\dot{I}_2-(-j20)\dot{I}_1-5\dot{I}_3=15\angle45°$；

$(j12+12+5)\dot{I}_3-12\dot{I}_1-5\dot{I}_2=0$。

4-14 $\left(\dfrac{1}{-j10}+\dfrac{1}{8+j6}\right)\dot{U}_1-\left(\dfrac{1}{8+j6}\right)\dot{U}_2=4\angle0°$

$\dot{U}_2=5\angle0°$

4-15 $\dot{U}_{oc}=3.78\angle-34.7°\text{V}$；$Z_0=7.12\angle-18.4°\Omega$。

4-16 $0.18\mu\text{F}$，u_{SC} 滞后 u_{SR} 30°。

4-17 $0.5X_C$。

4-18 50V。

4-19　　(1) 7.07A；(2) 40.3A。

4-20　　1200W，2110VA，0.569。

4-21　　(1) $10\angle-53°$A；(2) 800W，0.8（超前）。

4-22　　49.32°。

4-23　　1890W，367var，1925VA。

4-24　　4926.85μF，并联电容前后输电线的功率损失减少 20.57kW。

4-25　　(1) 33A，0.5；(2) 275.7μF；(3) 19.05A。

4-26　　5Ω，$u_\text{C}(t)=20\sin(5t-45°)$V。

4-27　　(1) 10.415A，0.65；(2) 67.6μF，7.52A。

习题五

5-1　　两电感串联时：(a) 顺接：$L=L_1+L_2+2M=16$（H）；(b) 反接：$L=L_1+L_2-2M=4$（H）。

两电感并联时：(a) 同名端同侧：$L=\dfrac{L_1L_2-M^2}{L_1+L_1-2M}=\dfrac{15}{4}$(H)；(b) 同名端异侧：$L=\dfrac{L_1L_{22}-M^2}{L_1+L_1+2M}=\dfrac{15}{16}$(H)。

5-2　　(1) 略；(2) 开关闭合时顺时针偏转，开关断开时逆时针偏转。

5-3　　$u_1(t)=10\sin(t+90°)$V，$u_2(t)=-2.5\sin(t+90°)$V。

5-4　　-24e^{-4t}V，-16e^{-4t}V，-8e^{-4t}V。

5-5　　$3\sqrt{2}\angle-45°$A，$60\sqrt{2}\angle45°$V。

5-6　　$u=8\sin(10t+90°)$V。

5-7　　22.2A，5.69A，21.4A。

5-8　　$0.8\angle0°$A，$-4\angle0°$A，16W。

5-9　　一次侧电流 $I_1=0.01$A，二次侧电流 $I_2=0.46$A，二次侧绕组 $N_2=5$ 匝。

5-10　　0.4472，2W。

5-11　　$\dfrac{4}{\sqrt{7}}-1$。

5-12　　j1Ω。

5-13　　j12Ω。

习题六

6-1　　图 6-22 (a) $A_u=\dfrac{\dot{U}_2}{\dot{U}_1}=\dfrac{1}{\sqrt{\left(\dfrac{R_1}{R_2}+1\right)^2+\left(\dfrac{1}{\omega C}\right)^2}}\angle\tan^{-1}\dfrac{R_2}{\omega(R_1+R_2)C}$，高通电路；

图 6-22 (b) $A_u=\dfrac{\dot{U}_2}{\dot{U}_1}=\dfrac{1}{\sqrt{\left(\dfrac{R_1}{R_2}+1\right)^2+\left(\dfrac{R_1}{\omega C}\right)^2}}\angle\tan^{-1}\dfrac{R_1R_2}{\omega(R_1+R_2)C}$，高通电路。

6-2　　3184Hz。

6-3　　796Hz, 100, $U_{L0}=U_{C0}=10$V。

6-4　　15.7Ω, 0.1H。

6-5　　0.2Ω, 4μF, 10nF。

6-6　　C 的变化范围为 39～355pF, Q 的变化范围 84～253。

6-7　　40Ω, 0.4H, 0.0694μF, 60。

6-8　　不能满足。

习题七

7-1　　380∠190°V, 380∠70°V, 380∠−50°V。

7-2　　$\dot{I}_C=2.4∠−20°$A, $\dot{I}_A=2.4∠−140°$A, $\dot{I}_B=2.4∠100°$A。

7-3　　$\dot{I}_A=3.46∠−20°$A, $\dot{I}_B=3.46∠−140°$A, $\dot{I}_C=3.46∠100°$A。

7-4　　A 相绕组反接了。

7-5　　(1) 50Hz, 380V, 220V;(2) 星形连接;(3) 11A。

7-6　　6.08A。

7-7　　$P_△=26$kW, $P_Y=8.7$kW。

7-8　　0.273∠0°A, 0.273∠−120°A, 0.553∠85.3°A, 0.364∠60°A。

7-9　　(1) 11.26A, 0.74, 19.53∠42.3°Ω;(2) 11.26A, 5.5kW。

7-10　　(1) 3.14A, 5.44A, 473.53W;(2) 1.82A, 1.82A, 158.42W。

7-11　　(1) 每相负载电阻 $R=15$Ω, 感抗 $X_L=16.1$Ω;(2) 当 AB 相断开时, $I_A=I_B=10$A, $I_C=17.3$A, $P=3$kW;(3) 当 A 线断开时, $I_A=0$A, $I_B=I_C=15$A, $P=2250$W。

习题八

8-1　　8V, 1A。

8-2　　1A, 2A, 2V。

8-3　　$u_C=12e^{−20t}$V, $i_C=0.24e^{−20t}$mA。

8-4　　$u_C(t)=50(1−e^{−\frac{t}{10}})$V。

8-5　　$u_C(t)=126e^{−3.33t}$V。

8-6　　(1) $5\dfrac{du_C(t)}{dt}+u_C(t)=15$;(2)5s;(3) $u_C(t)=15−12e^{−0.2t}$V,

　　　　$u_C(t)=3e^{−0.2t}+15(1−e^{−0.2t})$V。

8-7　　$u_C(t)=6(1−e^{−0.5t})$V; $u_0(t)=1.5(1+e^{−0.5t})$V。

8-8　　$u_C(t)=3−e^{−500t}$V; $i_C(t)=2e^{−500t}$mA。

8-9　　$u_C(t)=−5+15e^{−10t}$V。

习题九

9-1　　(1) 1.273A/m, $1.6×10^{−8}$T;(2) 1.273A/m, $1.6×10^{−2}$T。

9-2　　9.091cm²。

9-3 0.8T。

9-4 95.49A/m，10.61A/m。

9-5 0.35A。

9-6 1.95A。

9-7 89.2W，0.15。

9-8 100V。

参 考 文 献

［1］ 李瀚荪. 电路分析基础［M］. 4 版. 北京：高等教育出版社，2006.

［2］ 李瀚荪，吴锡龙. 电路分析基础学习指导［M］. 北京：高等教育出版社，2006.

［3］ 涂用军等. 电路基础［M］. 广州：华南理工大学出版社，2004.

［4］ 朱晓萍，王洪彩. 电路基础［M］. 北京：北京师范大学出版社，2008.

［5］ 王慧玲. 电路基础［M］. 北京：高等教育出版社，2007.

［6］ 范世贵. 电路分析基础［M］. 西安：西北工业大学出版社，2003.

［7］ 任尚清. 电路分析［M］. 北京：化学工业出版社，2002.

［8］ 蔡元宇. 电路及磁路基础［M］. 北京：高等教育出版社，2004.

［9］ 高岩，杜普选，闻跃. 电路分析学习指导及习题精解［M］. 北京：清华大学出版社，2005.

［10］ 熊伟等 . Multisim 7 电路设计及仿真应用［M］. 北京：清华大学出版社，2005.

［11］ 聂典，李北雁，聂梦晨等 . Multisim 12 仿真设计［M］. 北京：电子工业出版社，2014.